高等职业教育系列教材

# 通信工程管理

**第3版**

主　编　于润伟
参　编　聂　春　鄢长卿　杨子江
主　审　朱晓慧

机械工业出版社

本书系统地介绍了通信工程的项目分类、建设程序、定额、工程识图、工程量计算、费用标准、概预算文件的编制、施工规范以及工程监理等内容。通过工程实例，循序渐进地帮助读者掌握通信工程管理的内容与方法。本书在附录中给出了部分通信工程预算定额。

本书可作为高职高专院校通信技术或通信工程专业的教材，还可作为从事通信工程规划、设计、施工和监理人员的参考书。

本书配有授课电子课件和习题答案，需要的教师可登录 www.cmpedu.com 免费注册、审核通过后下载，或联系编辑索取（QQ：1239258369，电话：010-88379739）。


**图书在版编目（CIP）数据**

通信工程管理/于润伟主编．—3 版．—北京：机械工业出版社，2015.7（2024.1 重印）

高等职业教育系列教材

ISBN 978-7-111-51190-8

Ⅰ．①通…　Ⅱ．①于…　Ⅲ．①通信工程—监督管理—高等职业教育—教材　Ⅳ．①TN91

中国版本图书馆 CIP 数据核字（2015）第 189318 号

机械工业出版社（北京市百万庄大街 22 号　邮政编码 100037）

策划编辑：王　颖　责任编辑：王　颖

责任校对：张　薇　责任印制：郜　敏

中煤（北京）印务有限公司印刷

2024 年 1 月第 3 版第 6 次印刷

184mm×260mm · 14.25 印张 · 349 字

标准书号：ISBN 978-7-111-51190-8

定价：49.00 元

电话服务　　网络服务

客服电话：010-88361066　机　工　官　网：www.cmpbook.com

010-88379833　机　工　官　博：weibo.com/cmp1952

010-68326294　金　书　网：www.golden-book.com

**封底无防伪标均为盗版**　机工教育服务网：www.cmpedu.com

# 高等职业教育系列教材
# 电子类专业编委会成员名单

# 出 版 说 明

《国家职业教育改革实施方案》（又称“职教20条”）指出：到2022年，职业院校教学条件基本达标，一大批普通本科高等学校向应用型转变，建设50所高水平高等职业学校和150个骨干专业（群）；建成覆盖大部分行业领域、具有国际先进水平的中国职业教育标准体系；从2019年开始，在职业院校、应用型本科高校启动“学历证书+若干职业技能等级证书”制度试点（即1+X证书制度试点）工作。在此背景下，机械工业出版社组织国内80余所职业院校（其中大部分院校入选“双高”计划）的院校领导和骨干教师展开专业和课程建设研讨，以适应新时代职业教育发展要求和教学需求为目标，规划并出版了“高等职业教育系列教材”丛书。

该系列教材以岗位需求为导向，涵盖计算机、电子、自动化和机电等专业，由院校和企业合作开发，多由具有丰富教学经验和实践经验的“双师型”教师编写，并邀请专家审定大纲和审读书稿，致力于打造充分适应新时代职业教育教学模式、满足职业院校教学改革和专业建设需求、体现工学结合特点的精品化教材。

归纳起来，本系列教材具有以下特点：

1）充分体现规划性和系统性。系列教材由机械工业出版社发起，定期组织相关领域专家、院校领导、骨干教师和企业代表召开编委会年会和专业研讨会，在研究专业和课程建设的基础上，规划教材选题，审定教材大纲，组织人员编写，并经专家审核后出版。整个教材开发过程以质量为先，严谨高效，为建立高质量、高水平的专业教材体系奠定了基础。

2）工学结合，围绕学生职业技能设计教材内容和编写形式。基础课程教材在保持扎实理论基础的同时，增加实训、习题、知识拓展以及立体化配套资源；专业课程教材突出理论和实践相统一，注重以企业真实生产项目、典型工作任务、案例等为载体组织教学单元，采用项目导向、任务驱动等编写模式，强调实践性。

3）教材内容科学先进，教材编排展现力强。系列教材紧随技术和经济的发展而更新，及时将新知识、新技术、新工艺和新案例等引入教材；同时注重吸收最新的教学理念，并积极支持新专业的教材建设。教材编排注重图、文、表并茂，生动活泼，形式新颖；名称、名词、术语等均符合国家标准和规范。

4）注重立体化资源建设。系列教材针对部分课程特点，力求通过随书二维码等形式，将教学视频、仿真动画、案例拓展、习题试卷及解答等教学资源融入到教材中，使学生的学习课上课下相结合，为高素质技能型人才的培养提供更多的教学手段。

由于我国高等职业教育改革和发展的速度很快，加之我们的水平和经验有限，因此在教材的编写和出版过程中难免出现疏漏。恳请使用本系列教材的师生及时向我们反馈相关信息，以利于我们今后不断提高教材的出版质量，为广大师生提供更多、更适用的教材。

机械工业出版社

# 前　言

目前，通信技术正以前所未有的规模和速度发展，作为重点建设的通信传输网，其建设工程逐年增加，因此需要大批的工程设计、施工、维护和监理等技术人员。高职高专院校以就业为导向，本着面向社会、面向市场办学的指导思想，要求人才培养目标定位在通信工程管理上，培养工程项目管理、概预算文件编制、施工指导和工程监理等技能，为各级、各类通信工程公司、规划设计院以及通信监理公司输送合格人才。

针对通信工程管理的需要和特点，《通信工程管理第3版》优化了教学案例，增加了通信工程概预算软件使用等教学内容，培养学生解决工程实际问题的能力。本书介绍了通信工程项目分类、建设程序、定额、工程识图、工程量计算、费用标准、概预算文件的编制、施工规范以及工程监理等内容。全书共分7章。

第1章主要讲解通信工程的建设程序、定额的使用方法以及工程价款的结算方式。

第2章主要介绍通信工程的基础知识。通过讲解通信光缆、电缆、管道、工程制图和工程图例等内容，使读者能够绘制和分析通信工程施工图。

第3章讲解通信工程勘察和线路工程量的计算方法。结合具体的工程实例，使读者能够根据施工图计算出通信工程的工程量。

第4章讲解通信工程的费用构成及其标准。根据通信工程的工程量计算工程所需的人工工日、机械台班和材料消耗等项目，并统计各个项目所需的费用，为编制工程预算文件和造价控制打下基础。

第5章主要讲解电缆工程、光缆工程和移动通信基站工程的施工规范。

第6章主要讲解通信工程质量控制、进度控制、投资控制、安全控制以及工程协调等监理工作内容。

第7章是通信工程概预算文件编写的综合实训，通过通信管道穿光缆、长途光缆线路直埋和移动基站设备及馈线安装等工程实例，讲解概预算文件的编写程序和编写方法。

考虑到高职高专学生的学习习惯和接受能力，本书的理论教学和实训内容要合理安排，建议总学时为78学时。其中理论教学为42学时，校内实训教学为16学时，校外（施工现场参观）实训为20学时。

本书由黑龙江农业工程职业学院于润伟主编，朱晓慧主审；广东科学技术职业学院聂春工程师、黑龙江农业工程职业学院鄢长卿和杨子江参与编写。其中于润伟编写第1、4章，杨子江编写第2、3章，聂春编写第5、6章，鄢长卿编写第7章及附录。

在本书的编写过程中，得到了黑龙江省同信规划设计公司、哈尔滨大有通信工程监理公司的大力支持，在此表示真诚的谢意。

由于编者水平有限，对一些问题的处理难免有不当之处，衷心希望广大读者批评指正。

编　者

# 目 录

# 第1章 通信工程概述

## 本章要点

- 通信工程项目分类
- 通信工程建设程序
- 定额及其使用
- 工程价款结算

## 1.1 通信工程项目管理

简单来说，通信工程就是通信系统网络建设和设备施工，包括通信线路光（电）缆架设或敷设、通信设备安装调试及通信附属设施施工等。

### 1.1.1 通信工程项目划分

**1. 工程分类标准**

根据项目类型或投资金额的不同，通信工程可划分为一类工程、二类工程、三类工程和四类工程。每类工程对设计单位和施工企业级别都有严格的规定，不允许级别低的单位或企业承建高级别的工程。具体分类标准如下。

1）符合下列条件之一者为一类工程：大、中型项目或投资在5000万元以上的通信工程项目；省际通信工程项目；投资在2000万元以上的部定通信工程项目。

2）符合下列条件之一者为二类工程：投资在2000万元以下的部定通信工程项目；省内通信干线工程项目；投资在2000万元以上的省定通信工程项目。

3）符合下列条件之一者为三类工程：投资在2000万元以下的省定通信工程项目；投资在500万元以上的通信工程项目；地市局工程项目。

4）符合下列条件之一者为四类工程：县局工程项目；其他小型项目。

**2. 类别划分**

通信工程按照建设项目和工程性质可以归纳成通信线路工程和通信设备安装工程两大类。

1）通信线路工程的类别划分如表1-1所示。

**表1-1 通信线路工程的类别划分**

| 项目名称 | 一类工程 | 二类工程 | 三类工程 | 四类工程 |
|---|---|---|---|---|
| 长途干线 | 省际 | 省内 | 本地网 | |
| 海缆 | 50km以上 | 50km以下 | | |
| 市话线路 | | 中继光缆线路或2万门以上市话主干线路 | 局间中继电缆线路或2万门以下市话主干线路 | 市话配线电缆工程或4000门以下线路工程 |

（续）

| 项目名称 | 一类工程 | 二类工程 | 三类工程 | 四类工程 |
|---|---|---|---|---|
| 有线电视网 | | 省会及地市级城市有线电视网线路工程 | 县以下有线电视网线路工程 | |
| 建筑楼综合布线工程 | | $10km^2$ 以上建筑物综合布线工程 | $5km^2$ 以上建筑物综合布线工程 | $5km^2$ 以下建筑物综合布线工程 |
| 通信管道工程 | | 48 孔以上 | 24 孔以上 | 24 孔以下 |

2）通信设备安装工程的类别划分如表 1-2 所示。

**表 1-2　通信设备安装工程的类别划分**

| 项目名称 | 一类工程 | 二类工程 | 三类工程 | 四类工程 |
|---|---|---|---|---|
| 市话交换 | 4 万门以上 | 4 万门以下，1 万门以上 | 1 万门以下，4000 门以上 | 4000 门以下 |
| 长途交换 | 2500 路端以上 | 2500 路端以下 | 500 路端以下 | |
| 通信干线传输及终端 | 省际 | 省内 | 本地网 | |
| 移动通信及无线寻呼 | 省会局移动通信 | 地市局移动通信 | 无线寻呼设备工程 | |
| 卫星地球站 | C 频段天线直径 10m 以上及 Ku 频段天线直径 5m 以上 | C 频段天线直径 10m 以下及 Ku 频段天线直径 5m 以下 | | |
| 天线铁塔 | | 铁塔高度 100m 以上 | 铁塔高度 100m 以下 | |
| 数据网、分组交换网等非话业务网 | 省际 | 省会局以下 | | |
| 电源 | 一类工程配套电源 | 二类工程配套电源 | 三类工程配套电源 | 四类工程配套电源 |

注：1. 本标准中×××以上不包括×××本身，×××以下包括×××本身。
2. 天线铁塔、市话线路、有线电视网、建筑楼综合布线工程无一类工程。
3. 卫星地球站、数据网、分级交换网等专业无三、四类工程，丙、丁级设计单位和三、四级施工企业不得承担此类工程任务。其他专业依此原则办理。

### 3. 单项工程项目划分

单项工程是指具有单独的设计文件、建成后能够独立发挥生产能力或效益的工程，是建设项目的组成部分。工业建设项目的单项工程一般是指能够生产出符合设计规定的主要产品的车间或生产线；非工业建设项目的单项工程一般是指能够发挥设计规定的主要效益的各个独立工程，如教学楼、图书馆等。通信工程概（预）算应按单项工程编制。通信建设单项工程项目划分如表 1-3 所示。

**表 1-3　通信建设单项工程项目划分**

| 专业类别 | 单项工程名称 | 备注 |
|---|---|---|
| 通信线路工程 | ××光、电缆线路工程 | 进局及中继光（电）缆工程可按每个城市作为一个单项工程 |
| | ××水底光、电缆工程（包括水线房建筑及设备安装） | |
| | ××用户线路工程（包括主干及配线光、电缆、交接及配线设备、集线器、杆路等） | |
| | ××综合布线系统工程 | |

（续）

| 专业类别 | 单项工程名称 | 备　注 |
|---|---|---|
| 通信管道建设工程 | 通信管道建设工程 | |
| 通信传输设备安装工程 | ××数字复用设备及光、电设备安装工程 | |
| | ××中继设备、光放设备安装工程 | |
| 微波通信设备安装工程 | ××微波通信设备安装工程（包括天线、馈线） | |
| 卫星通信设备安装工程 | ××地球站通信设备安装工程（包括天线、馈线） | |
| 移动通信设备安装工程 | ××移动控制中心设备安装工程 | |
| | 基站设备安装工程（包括天线、馈线） | |
| | 分布系统设备安装工程 | |
| 通信交换设备安装工程 | ××通信交换设备安装工程 | |
| 数据通信设备安装工程 | ××数据通信设备安装工程 | |
| 供电设备安装工程 | ××电源设备安装工程（包括专用高压供电线路工程） | |

## 1.1.2　通信工程招投标

在确定工程项目承包人的过程中，需要进行招标和投标。招标和投标是指以契约的方式确定双方在工程项目建设中的合作关系。

（1）招标

一般而言，对通信工程建设单位称为甲方，对通信工程承建施工单位称为乙方。甲方需要建设通信工程，可以联系相关的通信施工单位，这个过程称为招标。招标通常可分为公开招标和邀标两种方式。按各地的规定，一般在50万元以上的通信工程都要求公开招标。

公开招标可通过媒体征询或委托工程招投标专业机构进行。本着公正、公平和公开的原则，接到标书后，在规定的时间内召开揭标大会，在甲方和所有参加竞标单位及有关专家和公证机构的监督下，公开标底，然后进一步与中标施工单位签订有关合同和协议。

邀标一般用于规模较小、造价不高、需要尽快施工的小型通信工程。一般邀请知名的或者有过业务往来的通信工程公司参加，通过公开的标书论证，从施工资质、施工经验、技术能力、企业信誉以及工程造价等方面进行全面衡量，汰劣选优，最后确定中标施工单位。

（2）投标

工程投标是争取工程业务的重要步骤。乙方在得到有关工程项目信息后，即可按照甲方的要求制作标书。通信工程的标书格式与一般建筑工程类似，主要内容包括：项目工程的整体解决方案；技术方案的可行性和先进性论证；工程实施步骤；工程的设备材料详细清单；工程竣工后所能达到的技术标准、作用和功能等；线路及设备安装费用；工程整体报价；样板工程介绍等。

制作标书一般由具有相关经验的工程技术人员负责。制作前要充分了解市场行情，掌握甲方的具体需求，尽量分析清楚参与竞标的其他工程公司的优势和劣势所在，以便扬长避短，克敌制胜。同时要精细测算，诚实报价，既不能报价太高失去机会，也不能估价过低，造成中标后难以实施。

### 1.1.3 通信工程设计文件

设计文件是指根据批准的设计任务书，按照国家的有关政策、法规和技术规范，考虑拟建工程的可行性、先进性及其社会效益、经济效益，结合客观条件并应用相关的科学技术成果和长期积累的实践经验，按照建设项目的需要，利用查勘、测量所取得的基础资料和国家技术标准等，把可行性研究中推荐的最佳方案具体化，能够为工程施工提供依据的文件。设计文件是决定项目建成投产后能否发挥经济效益的重要保证，是通信工程建设中的重要环节。

根据项目的规模、性质等的不同情况，工程设计分为以下 3 种方式：

1）大型、特殊工程项目或技术上比较复杂而缺乏设计经验的项目，采用初步设计、技术设计和施工图设计 3 阶段设计方案。

2）一般大中型工程采用两阶段设计，即初步设计和施工图设计。

3）小型工程项目采用只有施工图设计的一阶段设计，如设计施工比较成熟的市内光缆通信工程项目等。

编制设计文件的目的是使设计任务具体化，并为工程的施工、安装建设提供准确而可靠的依据。设计文件的主要内容一般由设计说明、概预算文件和图样 3 部分组成。

（1）设计说明

设计说明应通过简练、准确的文字反映该工程的总体概况，如工程规模、设计依据、主要工作量及投资情况、对各种可选用方案的比较及结论、单项工程与全程全网的关系、通信系统的配置和主要设备的选型等。

（2）概预算文件

建设工程项目的设计概预算是初步设计概算和施工图设计预算的统称，是以初步设计和施工图设计为基础编制的。编制时，应按相应的设计阶段进行。当建设项目采用两阶段设计时，初步设计阶段编制概算，施工图设计阶段编制预算；采用三阶段设计的技术设计阶段应编制修正概算；采用一阶段设计时，只编制施工图预算。概预算是确定和控制固定资产投资规模、安排投资计划、确定工程造价的主要依据，也是签订承包合同、实行投资包干及核定贷款额及结算工程价款的主要依据，同时又是筹备设备、材料，签订订货合同和考核工程设计技术、经济合理性及工程造价的主要依据，也是设计文件的重要组成部分。

（3）图样

设计文件中的图样是用符号、文字和图形等形式表达设计者意图的文件。不同的工程项目，图样的内容及数量不尽相同。因此，要根据具体工程项目的实际情况，准确绘制相应的图样。

## 1.2 通信工程建设程序

通信工程的大中型和限额以上的建设项目从建设前期筹备到建设、投产要经过立项、实施和验收投产 3 个阶段。

### 1.2.1 立项阶段

立项阶段是通信工程建设的第一阶段，包括项目建议书、可行性研究和专家评估等内容。

**1. 项目建议书**

项目建议书是工程建设程序中最初阶段的工作，是投资决策前拟定该工程项目的轮廓设想，包括如下主要内容：

1）项目提出的背景、建设的必要性和主要依据，介绍国内外主要产品的对比情况和引进理由以及几个国家同类产品的技术、经济分析。

2）建设规模、地点等初步设想。

3）工程投资估算和资金来源。

4）工程进度和经济、社会效益估计。

项目建议书提出后，可根据项目的规模、性质报送相关主管部门审批。批准后即可进行可行性研究工作。

**2. 可行性研究**

可行性研究是对建设项目在技术、经济上是否可行的分析论证，也是工程规划阶段的重要组成部分。可行性研究的主要内容如下。

1）项目提出的背景、投资的必要性和意义。

2）可行性研究的依据和范围。

3）线路容量和数量的预测，提出拟建规模和发展规划。

4）实施方案论证，包括线路组织方案、光缆、设备选型方案以及配套设施。

5）实施条件，对于试点性质的工程尤其应阐述其理由。

6）施工进度建议。

7）投资估计及资金筹措。

8）经济及社会效果评价。

工业和信息化部对通信基建项目规定：凡是大中型项目、利用外资项目、技术引进项目、主要设备引进项目、国际出口局新建项目及重大技术改造项目等都要进行可行性研究。有些项目也可以将提出项目建议书同可行性研究合并进行，但对于大中型项目还是应分两个阶段进行。

在可行性研究的基础上编写可行性研究报告，依据可行性研究报告编制初步设计概算和修正概算。

**3. 专家评估**

专家评估是由项目主要负责部门组织有理论、实际经验的专家，对可行性研究的内容进行技术、经济等方面的评价，并提出具体的意见和建议，专家评估报告是主管领导决策的依据之一。对于重点工程、技术引进项目等进行专家评估是十分必要的。

### 1.2.2 实施阶段

实施阶段的主要任务就是工程设计、施工并对施工工程进行监理，是建设程序最关键的阶段。

**1. 工程设计**

工程设计的主要任务就是编制设计文件并对其进行审定。

（1）初步设计

初步设计根据批准的可行性研究报告，以及有关的设计标准、规范，并通过现场勘察，在取得可靠的设计基础资料后进行。初步设计的主要任务是确定项目的建设方案、进行设备选型、编制工程项目的总概算。其中，初步设计中的主要设计方案及重大技术措施等应通过技术经济分析，进行多方案比较论证，未采用方案的扼要情况及采用方案的选定理由均应写入设计文件。

（2）技术设计

技术设计是根据已批准的初步设计，对设计中比较复杂的项目、遗留问题或特殊需要，通过更详细的设计和计算，进一步研究和阐明其可靠性和合理性，准确地解决各个主要技术问题。设计深度和范围基本上与初步设计一致，如有必要，应编制修正概算。

（3）施工图设计

施工图设计文件应根据批准的初步设计文件和主要设备订货合同编制，应绘制施工详图，标明建筑物和设备的结构尺寸，注明安装设备的配置关系和布线、施工工艺，提供设备、材料明细表，并编制施工图预算。

各个阶段的设计文件编制完成后，将根据项目的规模和重要性组织主管部门、设计、施工建设单位、物资及银行等单位的人员进行会审，然后上报批准。工程设计文件一经批准，执行中不得任意修改变更。施工图设计是承担工程实施部门（即具有施工执照的线路工程或设备安装工程施工队）完成项目建设的主要依据。

**2. 工程施工**

通信工程的施工阶段包括施工准备、施工招标、开工报告、施工及工程监理等过程。

（1）施工准备

施工准备是基本建设程序中的重要环节，是衔接基本建设和生产的桥梁。建设单位应根据建设项目或单项工程的技术特点，适时组成机构，做好以下几项工作：

1）制定建设工程管理制度，落实管理人员。

2）汇总拟采购设备、主材的技术资料。

3）落实施工和生产物资的供货来源。

4）落实施工环境的准备工作，如征地、拆迁及“三通一平”（水通、电通、路通和平整土地）等。

（2）施工招标

施工招标是建设单位将建设工程发包，鼓励施工企业投标竞争，从中评定出技术和管理水平高、信誉可靠且报价合理的中标企业。推行施工招标对于择优选择施工企业、确保工程质量和工期具有重要意义。

建设工程招标依照《中华人民共和国招投标法》规定，由建设单位编制标书，公开向社会招标，预先明确在拟建工程的技术、质量和工期要求的基础上，建设单位与施工企业各自应承担的责任与义务；依法组成合作关系。

（3）开工报告

经过施工招标、签订承包合同，建设单位在落实了年度资金拨款、设备和主材供货及工程管理组织后，应于开工前一个月会同施工单位向主管部门提出建设项目开工报告。在项目开工报批前，应由审计部门对项目的有关费用计取标准及资金渠道进行审计后，方可正式开工。

(4) 施工及工程监理

施工是按施工图设计的内容、合同书的要求和施工组织设计文件，由施工总承包单位组织与工程量相适应的一个或几个持有通信工程施工资质证书的施工单位组织施工。

施工单位应按批准的施工图设计进行施工。在施工过程中，对隐蔽工程在每一道工序完成后应由建设单位委派的通信工程监理工程师随工验收，验收合格后才能进行下一道工序。

### 1.2.3 验收投产阶段

为了保证通信工程的施工质量，工程结束后，必须经过验收才能投产使用。这个阶段的主要工作包括初步验收、生产准备、试运行以及竣工验收等方面。

(1) 初步验收

初步验收一般在施工企业完成承包合同工程量后，由施工企业依据合同条款向建设单位申请项目完工验收。初步验收由建设单位（或委托监理公司）组织，相关设计、施工、维护、档案及质量管理等部门参加。除小型建设项目外，其他所有新建、扩建、改建等基本建设项目以及属于基本建设性质的技术改造项目，都应在完成施工调测之后进行初步验收。初步验收的时间应在原定计划建设工期内进行。初步验收工作包括检查工程质量、审查交工资料、分析投资效益及对发现的问题提出处理意见，并组织相关责任单位落实解决。

(2) 生产准备

生产准备是指工程项目交付使用前必须进行的生产、技术和生活等方面的必要准备，应包括以下方面：

1) 培训生产人员。一般在施工前配齐人员，并可直接参加施工、验收等工作，便于熟悉工艺过程、方法，为今后独立维护打下坚实的基础。

2) 按设计文件配置好工具、器材及备用维护材料。

3) 组织好管理机构、制定规章制度以及配备好办公、生活等设施。

(3) 试运行

试运行是指工程初验后到正式验收、移交之间的设备运行。由建设单位负责组织供货厂商、设计单位、施工单位和维护单位参加，对设备、系统功能等各项技术指标以及设计和施工质量进行全面考核。经过试运转，如发现有质量问题，由相关责任单位负责免费返修。一般试运行期为 3 个月，大型或引进的重点工程项目，试运行期可适当延长。试运行期内，应按维护规程要求检查，并证明系统已达到设计文件规定的生产能力和传输指标。试运行期满后写出系统使用情况报告，提交给工程竣工验收部门。

(4) 竣工验收

竣工验收是通信工程的最后一项任务，当系统试运行结束并具备了验收交付使用的条件后，由相关部门组织对工程进行系统验收。竣工验收是全面考核建设成果、检验设计和工程质量是否符合要求，以及审查投资使用是否合理的重要步骤。该验收需对整个通信系统进行全面检查和指标抽测，因此其对保证工程质量，促进建设项目及时投产、发挥投资效益、总结经验教训等方面有着重要作用。

竣工项目验收后，建设单位应向主管部门提出竣工验收报告，编制项目工程总决算（小型项目工程在竣工验收后的1个月内将决算报上级主管部门；大中型项目工程在竣工验收后的3个月内将决算报上级主管部门），并整理出相关技术资料（包括竣工图样、测试资料、重大障碍和事故处理记录），以及清理所有财产和物资等，报上级主管部门审查。竣工项目经验收交接后，应迅速办理固定资产交付使用的转账手续（在3个月内应办理完毕），技术档案移交维护单位统一保管。

## 1.3 定额

在生产过程中，为了完成某一单位合格产品，就要消耗一定的人工、材料、机具设备和资金。由于受技术水平、组织管理水平及其他客观条件的影响，生产同一产品，不同企业的消耗是不相同的。因此，为了统一考核其消耗水平，便于经营管理和经济核算，就需要有一个统一的平均消耗标准，因此产生了定额。定额就是在一定的生产技术和劳动组织条件下，完成单位合格产品在人力、物力、财力的利用和消耗方面应当遵守的标准。定额反映了行业在一定时期内的生产技术和管理水平，是企业搞好经营管理的前提，也是企业组织生产、引入竞争机制的手段，是进行经济核算和贯彻“按劳分配”原则的依据。

### 1.3.1 定额的分类

为了对定额能有一个全面的了解，可以按照不同的原则和方法对其进行科学的分类。

**1. 按定额反映物质消耗的内容分类**

按反映物质消耗的内容可以把定额分为劳动消耗定额、材料消耗定额和机械消耗定额3种。

（1）劳动消耗定额

劳动消耗定额简称为劳动定额。在施工定额、预算定额、概算定额和概算指标等多种定额中，劳动消耗定额都是其中重要的组成部分。“劳动消耗”在这里的含义仅仅是指活劳动的消耗。劳动消耗定额是指完成一定的合格产品（工程实体或劳务）所需要消耗活劳动的数量标准。由于劳动定额大多采用工作时间消耗量来计算劳动消耗的数量，所以劳动定额的主要表现形式是时间定额，但同时也表现为产量定额。

（2）材料消耗定额

材料消耗定额简称为材料定额，是指完成一定数量的合格产品所需消耗材料的数量标准。材料是指工程建设中使用的原材料、成品、半成品和构配件等。材料作为劳动对象是构成工程的实体物资，需用数量大，种类繁多，所以材料消耗量多少，消耗是否合理，对建设工程的项目投资、建设产品的成本控制起着决定性影响。

（3）机械消耗定额

机械消耗定额简称为机械定额，是指为完成一定合格产品（工程实体或劳务）所需要的施工机械消耗的数量标准。机械消耗定额的主要表现形式是机械时间定额，但同时也表现为产量定额。在我国，机械消耗定额主要是以1台机械工作1个工作班（8h）为计量单位，所以又称为机械台班定额。

**2. 按照定额的编制程序和用途分类**

按编制程序和用途可将定额分为投资估算指标、概算定额、预算定额、施工定额和工期定额5种。

(1) 投资估算指标

投资估算指标是在项目建议书可行性研究阶段编制投资估算、计算投资需要量时使用的一种定额，往往以独立的单项工程项目为计算对象，概括程度与可行性研究阶段相适应。主要作用是为项目决策和投资控制提供依据。投资估算指标虽然往往根据历史的预、决算资料和价格变动等资料编制，但其编制基础仍然离不开预算定额和概算定额。

(2) 概算定额

概算定额是编制概算时使用的定额，是设计单位在初步设计阶段确定建筑（构筑物）概略价值、编制概算及进行设计方案经济比较的依据。也可作为概略地计算人工、材料和机械台班的需要数量，编制基建工程主要材料申请计划的依据。其内容和作用与预算定额相似，但项目划分较粗，没有预算定额的准确性高。

(3) 预算定额

预算定额是编制预算时使用的定额，是确定一定计量单位的分部、分项工程或结构构件的人工（工日）、机械（台班）和材料的消耗数量标准。

每一分部、分项工程的定额，都规定了工作内容，以便确定该项定额的适用对象，而定额本身则规定有：人工工日数（分等级表示或以平均等级表示）、各种材料的消耗量（次要材料亦可综合地以价值表示）和机械台班数量3方面的实物指标。

(4) 施工定额

施工定额是施工单位直接用于施工管理的一种定额，是编制施工作业计划、施工预算及计算工料，向班组下达任务书的依据。施工定额主要包括劳动定额、机械消耗定额和材料消耗定额3部分。

施工定额是按照平均先进的原则编制的，以同一性质的施工过程为对象，规定劳动消耗量、机械工作时间和材料消耗量。

(5) 工期定额

工期定额是为各类工程规定的施工期限，表现为定额天数。包括建设工期定额和施工工期定额两个层次。建设工期是指建设项目或独立的单项工程在建设过程中所耗用的时间总量，一般以月数或天数表示，指从开工建设时起，到全部建成投产或交付使用时为止所经历的时间，但不包括由于计划调整而缓建所延误的时间。施工工期一般是指单项工程或单位工程从开工到完工所经历的时间，施工工期是建设工期的一部分。

### 1.3.2 现行通信工程预算定额的构成

预算定额是编制施工图预算，确定和控制建筑安装工程造价的计价基础；是落实和调整年度建设计划，对设计方案进行技术经济比较、分析的依据；是施工企业进行经济活动分析的依据；是编制标底、投标报价、概算定额和概算指标的基础。

现行通信工程预算定额由总说明、册说明、章说明、节和定额项目及附录构成。

**1. 总说明**

1）通信工程预算定额系通信行业标准。

2）本定额按通信专业工程分册，包括如下：

第一册　通信电源设备安装工程（册名代号 TSD）

第二册　有线通信设备安装工程（册名代号 TSY）

第三册　无线通信设备安装工程（册名代号 TSW）

第四册　通信线路工程（册名代号 TXL）

第五册　通信管道工程（册名代号 TGD）

3）本定额是编制通信建设项目投资估算、概算、预算和工程量清单的基础，也可作为通信建设项目招标、投标报价的基础。

4）本定额适用于新建、扩建工程，改建工程可参照使用。本定额用于扩建工程时，其扩建施工降效部分的人工工日按乘以系数 1.1 计取，拆除工程的人工工日计取办法见各册的相关内容。

5）本定额以现行通信工程建设标准、质量评定标准、安全操作规程为编制依据；在 1995 年 9 月 1 日原邮电部发布的《通信工程预算定额》及补充定额的基础上（不含邮政设备安装工程），经过对分项工程实体消耗量再次分析、核定后编制；并增补了部分与新业务、新技术有关的工程项目的定额内容。

6）本定额是按符合质量标准的施工工艺、机械（仪表）装备、合理工期及劳动组织的条件制订。

7）本定额的编制条件如下：

① 设备、材料、成品、半成品、构件符合质量标准和设计要求。

② 通信各专业工程之间、与土建工程之间的交叉作业正常。

③ 施工安装地点、建筑物、设备基础及预留孔洞均符合安装要求。

④ 气候条件、水电供应等应满足正常施工要求。

8）本定额根据量价分离的原则，只反映人工工日、主要材料和机械（仪表）台班的消耗量。

9）关于人工。

① 本定额人工的分类为技术工和普通工。

② 本定额的人工消耗量包括基本用工、辅助用工和其他用工。其中基本用工是指完成分项工程和附属工程实体单位的加工量；辅助用工是指定额中未说明的工序用工量，包括施工现场某些材料临时加工、排除故障、维持安全生产的用工量；其他用工是指定额中未说明的而在正常施工条件下必然发生的零星用工量，包括工序间搭接、工种间交叉配合、设备与器材施工现场转移、施工现场机械（仪表）转移、质量检查配合以及不可避免的零星用工量。

10）关于材料。

① 本定额中的材料长度，凡未注明计量单位者均为毫米（mm）。

② 本定额中的材料消耗量包括直接用于安装工程中的主要材料使用量和规定的损耗量。规定的损耗量指施工运输、现场堆放和生产过程中不可避免的合理损耗量。

③ 施工措施性消耗部分和周转性材料按不同施工方法、不同材质分别列出一次使用量和一次摊销量。

④ 本定额仅计列直接构成工程实体的主要材料，辅助材料的计算方法按《通信工程费

用定额》的相关规定计列。定额子目中注明由设计计列的材料，设计时应按实计列。

⑤ 本定额不含施工用水电蒸汽消耗量，此类费用在设计概算、预算中根据工程实际情况在建筑安装工程费中按实计列。

11）关于施工机械。

① 本定额的机械台班消耗量是按正常合理的机械配备综合取定的。

② 施工机械单位价值在2000元以上，构成固定资产的列入本定额的机械台班。

③ 施工机械台班单价参照有关部门动态发布的《通信工程施工机械、仪表台班定额》。

12）关于施工仪表。

① 本定额的施工仪表台班消耗量是按通信建设标准规定的测试项目及指标要求综合取定的。

② 施工仪器仪表单位价值在2000元以上，构成固定资产的列入本定额的仪表台班。

③ 施工仪器仪表台班单价参照有关部门动态发布的《通信工程施工机械、仪表台班定额》。

13）定额子目编号原则。

定额字目编号由3部分组成：第1部分为册名代号，表示通信工程的各个专业，由汉语拼音（字母）缩写组成；第2部分为定额子目所在的章号，由一位阿拉伯数字表示；第3部分为定额子目所在章内的序号，由3位阿拉伯数字表示。

14）本定额适用于海拔高程2000m以下，地震烈度为七度以下地区，超过上述情况时，按有关规定处理。

15）在以下的地区施工时，定额按下列规则调整。

① 高原地区施工时，本定额人工工日、机械台班消耗量乘以表1-4中列出的系数。

**表1-4　高原地区调整系数表**

| 海拔高度/m | | 2000以上 | 3000以上 | 4000以上 |
|---|---|---|---|---|
| 调整系数 | 人工 | 1.13 | 1.30 | 1.37 |
| | 机械 | 1.29 | 1.54 | 1.84 |

② 原始森林地区（室外）及沼泽地区施工时人工工日、机械台班消耗量乘以系数1.30。

③ 非固定沙漠地带，进行室外施工时，人工工日乘以系数1.10。

④ 其他类型的特殊地区按相关部门规定处理。

以上4类特殊地区若在施工中同时存在两种以上情况时，只能参照较高标准计取一次，不应重复计列。

16）本定额中注有“××以内”或“××以下”者均包括“××”本身，“××以外”或“××以上”者则不包括“××”本身。

17）本说明未尽事宜，详见各专业册章节和附注说明。

**2. 册说明**

通信工程预算定额各个分册在总说明之后就是册说明。册说明阐述该册的内容、编制基础、使用该册应注意的问题及有关规定等。例如，第四册《通信线路工程》的册说明如下：

1）《通信线路工程》预算定额适用于通信光（电）缆的直埋、架空、管道和海底等线路的新建工程。

2）通信线路工程，当工程规模较小时，人工工日以总工日为基数按下列规定系数进行调整。

① 工程总工日在100工日以下时，增加15%。

② 工程总工日在100～250工日时，增加10%。

3）本定额中带有括号和以分数表示的消耗量，系供设计选用；“＊”表示由设计确定其用量。

4）本定额拆除工程，不单立子目，发生时按表1-5中规定执行。

**表1-5　拆除工程调整系数表**

| 序号 | 拆除工程内容 | 占新建工程定额的百分比（%） | |
|---|---|---|---|
| | | 人工工日 | 机械台班 |
| 1 | 光（电）缆（不需清理入库） | 40 | 40 |
| 2 | 埋式光（电）缆（清理入库） | 100 | 100 |
| 3 | 管道光（电）缆（清理入库） | 90 | 90 |
| 4 | 成端电缆（清理入库） | 40 | 40 |
| 5 | 架空、墙壁、室内、通道、槽道、引上光（电）缆（清理入库） | 70 | 70 |
| 6 | 线路工程各种设备以及除光（电）缆外的其他材料（清理入库） | 60 | 60 |
| 7 | 线路工程各种设备以及除光（电）缆外的其他材料（不需清理入库） | 30 | 30 |

5）敷设光（电）缆工程量计算时，应考虑敷设的长度和设计中规定的各种预留长度。

6）敷设光缆定额中，光时域反射仪台班量是按单窗口测试取定的，如需双窗口测试时，其人工和仪表定额分别乘以1.8的系数。

**3. 章说明**

每个分册都包含若干章，每章都有章说明。章说明主要说明分部、分项工程的工作内容，工程量计算方法和本章节有关规定、计量单位、起讫范围、应扣除和应增加的部分等。这部分是工程量计算的基本规则，必须全面掌握。例如，第四册《通信线路工程》中第1章《施工测量与开挖路面》的章说明如下：

1）工程的施工测量工程量按室外的路由长度计算。

2）开挖路面定额中不包括地下、地上障碍物处理用工、用料，工程中如发生时应由设计据实计列。

**4. 节和定额项目**

每章都包含若干节，每节包括本节的工作内容和定额项目表两个部分。定额项目表列出了分部、分项工程所需的人工、主要材料、机械仪表台班的消耗量。例如，第四册《通信线路工程》中第1章《施工测量与开挖路面》的第1节《施工测量》的内容如下：

1）工作内容。

① 施工测量：核对图样、复查路由位置、施工定点画线以及做标记等。

② GPS 定位：校表、测量和记录数据等。

2）定额项目表。施工定额项目表如表 1-6 所示。

**表 1-6　施工定额项目表**

| 定额编号 | | | TXL1-001 | TXL1-002 | TXL1-003 | TXL1-004 | TXL1-005 | TXL1-006 |
|---|---|---|---|---|---|---|---|---|
| 项　目 | | | 直埋光（电）缆工程施工测量 | 架空光（电）缆工程施工测量 | 管道光（电）缆工程施工测量 | 海上光（电）缆工程施工测量 | | GPS 定位 |
| | | | | | | 自航船 | 驳船 | |
| 定额单位 | | | 100m | | | | | 点 |
| 名　称 | | 单位 | 数量 | | | | | |
| 人工 | 技　工 | 工日 | 0.70 | 0.60 | 0.50 | 4.25 | 4.25 | 0.05 |
| 人工 | 普　工 | 工日 | 0.30 | 0.20 | | | | |
| 主要材料 | | | | | | | | |
| 机械 | 海缆施工自航船（5000t 以下） | 艘班 | | | | 0.02 | | |
| 机械 | 海缆施工自航船（5000t 以下）带拖轮 | 艘班 | | | | | 0.02 | |
| 仪表 | 地下管线探测仪 | 台班 | 0.10 | 0.05 | | | | |
| 仪表 | GPS 定位仪 | 台班 | | | | | | 0.05 |

注：施工测量不分地形和土（石）质类别，为综合取定的工日。

**5. 附录**

只有第四册《通信线路工程》和第五册《通信管道工程》列有附录，可供编制预算定额时参考。

## 1.4 工程造价和价款结算

工程造价是指建设一项工程预期开支或实际开支的全部固定资产的投资费用。投资者为了获得预期的效益，就要通过项目评估进行决策，然后进行设计招标、工程招标、实施，直至竣工验收等一系列建设管理活动，使投资转化为固定资产和无形资产，所有这些开支就构成了工程造价。因此，工程造价就是工程的投资费用，建设项目的工程造价就是建设项目的固定资产投资。工程造价控制是工程建设管理的重要组成部分，在工程投资决策阶段、设计阶段、建设项目发包阶段和建设实施阶段，把工程造价控制在批准的限额以内，并随时纠正偏差。在各个建设阶段中应以设计阶段为控制重点。

### 1.4.1 工程造价的计价特征

通信工程造价是指进行某项通信工程建设所花费的全部费用，即该工程项目在有计划地进行固定资产再生产和形成资产的过程中，其流动资金的一次性费用总和。其主要由设备工器具购置投资、建筑安装工程投资和工程建设其他投资组成。工程造价有单次和多次性计价特征，了解这些特征，对工程造价的确定与控制是非常必要的。

**1. 单次计价特征**

产品的差别性决定每项工程都必须依据其差别单独计算造价。这是因为每个建设项目所处的地理位置、地形地貌、地质结构、水文、气候、建筑标准以及运输、材料供应等都有其独特之处，需要一套单独的设计图样，并采取不同的施工方法和施工组织。故不能像对一般工业产品那样按品种、规格及质量等成批地定价。

**2. 多次计价特征**

建设工程周期长、规模大和造价高，因此按建设程序要分阶段进行，相应地也要在不同阶段进行多次性的不同方式、不同深度的计价，以保证工程造价确定与控制的科学性。多次性计价是个逐步深入、逐步细化和逐步接近实际造价的过程。涉及以下几个过程：

（1）投资估算

投资估算是指在项目建议书或可行性研究阶段，对拟建项目通过编制估算文件确定的项目总投资额，又称为估算造价。投资估算是决策、筹资和控制设计造价的主要依据。

（2）概算造价

概算造价指在初步设计阶段，按照概算定额或概算指标编制的工程造价。概算造价较投资估算造价准确，但受估算造价的控制。概算造价分为建设项目概算总造价、单项工程概算造价和单位工程概算造价等。

（3）修正概算造价

修正概算造价指在技术设计阶段按照概算定额或概算指标编制的工程造价。修正概算造价通过对初步设计概算进行修正调整，比概算造价更接近项目的实际价格。

（4）预算造价

预算造价指在施工图设计阶段按照预算定额编制的工程造价，比概算造价或修正概算造价更为详尽和接近实际。建筑安装工程造价是预算造价的重要组成部分。

（5）合同价

合同价是指在工程招投标阶段，通过签订总承包合同、建筑安装承包合同、设备采购合同，以及技术和咨询服务合同等确定的价格。合同价属于市场价格的性质，是由承、发包双方根据市场行情共同议定和认可的成交价格，但并不等同于实际工程造价。按计价方法不同，建设工程合同价有固定合同价、可调合同价和工程成本加酬金确定合同价 3 种类型，不同类型合同价的内涵也有所不同。

（6）结算价

结算价是指在工程结算时，根据不同合同方式确定的调价范围和调价方法，对实际发生的工程量增减、设备和材料价差等进行调整后计算和确定的价格。

（7）实际造价

实际造价是指竣工决算阶段，通过为建设项目编制竣工决算，最终确定的工程造价。

### 1.4.2 工程价款结算

工程价款结算是施工企业在承包工程实施过程中，依据已经完成的工程量和承包合同中关于付款的规定，依照程序向建设业主收取工程价款的经济活动。及时结算工程价款可以加速企业资金周转，降低企业内部运营成本，提高资金使用的有效性。工程价款由建筑安装工程费、设备工器具购置费、工程建设其他费用和基本预备费组成。其结算方式有多种。现行的工程价款结算是按照设计材料预算价值，以预算定额单价和调价文件为依据进行的。

**1. 工程价款结算的基本原则**

1）应以国家和原邮电部发布的各种预算定额、费用定额和批准的设计文件为依据。

2）通信工程发包单位和承包单位应根据批准的计划、设计文件和概、预算或招标投标的中标标书内容签订工程承包合同，明确工程项目名称、工程造价、工程开工、竣工日期以及材料供应方式和工程价款结算等事项，明确双方权利、义务。

3）价款结算必须符合国家政策和有关法规，严格按建设单位与施工单位签订的施工合同办理。

4）施工单位应缴或代缴的营业税等及缴税地点按国家财政部、国家税务局的相关规定办理。

5）工程承、发包双方应严格履行工程承发包合同，工程价款结算中双方如发生经济纠纷，应协商解决。也可向双方主管部门或国家仲裁机关申请解决或向法院起诉。

**2. 工程价款结算相关规定**

1）建设单位应根据施工单位按月编报的工程进度月报表和按季度编报的工程价款季度结算账单按季度拨付，拨付至承包合同总价值的95%（含预付工程款）时停止拨付，尾款在工程验收后结清。建设单位接到施工单位报表后的10天以内，按规定拨付工程款。

2）工程价款结算的时限要求：按合同项目交工验收后10天以内，由施工单位编报工程结算，建设单位在接到施工单位的工程价款结算文件后15天内审核完毕（如有争议，应在该期限内通知施工单位），送有关单位复审，建设单位应该在接到复审的工程价款结算文件后的15天内，付清工程总价款。

3）凡施工承包合同中明确规定按合同价款“一次包死时”，工程价款原则上不予调整。但遇到自然灾害、国家计划调整、国家政策性调价和设计变更而引起的增减工程造价超过合同价值2%以上时，可根据双方签证的资料进行合理调整。

4）凡施工承包合同中规定按施工图预算承包的工程，工程价款结算中由于自然灾害造成的损失、国家统一调价及设计变更等，加减费用应按实际结算。

5）由于建设单位的原因造成的停工，应根据双方签证的资料按实际进行结算，停工损失费用全部由建设单位承担，计费办法最高值为损失的人工工日 × 工日单价 ×（1 + 现场管理费率），工期顺延。由于施工单位的原因造成的停、窝工，全部损失由施工单位自负，工期不得顺延。

6）工程施工中建设单位委托施工单位，承担合同规定以外的工作，有定额规定的按定额计算，没有定额规定的按实际发生结算劳务费。

7）材料、设备工器具购置费中的采购保管费的处理：工程采用按施工图预算总承包或包工包料时，材料采购保管费由施工单位全额收取；工程采用包工不包料时，施工单位最高可按材料费的50%收取材料采购保管费。

8）根据国家建设部发布的工程建设保修办法的精神，通信工程建设实行保修的期限为6个月。在保修期间，施工单位应对由于自身原因造成的质量问题负责无偿修复。

9）工程竣工价款结算文件，应包括工程价款结算编制说明和工程价款结算表格。工程价款结算编制说明的内容，应包括工程结算总价款、工程价款结算的依据、合同价款增减的主要原因等。

**3. 工程价款结算的一般程序**

（1）工程预付款

施工企业承包的工程，如果采用包工包料方式，根据工程承包合同条款的规定，由发包单位在开工前拨给承包单位一定限额的预付款，作为施工企业为建设工程项目储备主要材料、结构所需的流动资金，一般不超过承包合同总价值的 60%；采用包工不包料方式承包时，通信管道工程预付款不得超过施工承包合同总价值的 40%，通信线路工程预付款不得超过施工承包合同总价值的 30%，通信设备工程预付款不得超过施工承包合同总价值的 20%。另外，地上、地下障碍物的处理费和各种赔偿费用，不得使用工程预付款支付。预付款应在施工承包合同生效后的 10 天内，由建设单位按规定向工程承包单位拨款。

（2）中间结算

施工企业在工程建设中，按月完成的分部、分项工程数量计算各项费用，向建设单位办理中间结算手续。

现行的中间结算办法是施工企业在旬末或月中向建设单位提出预支工程款账单，预支一旬或半月的工程款，月终再结算。工程款拨付累计额达到该工程造价的 95% 时，停止支付，预留造价的 5% 作为尾留数，在工程竣工结算时结清。

（3）竣工结算

施工企业在所承包的工程按照合同规定的内容全部完工、交工之后向发包单位进行最终工程价款结算。竣工结算时，若某些条件变化使合同工程价款发生变化，则需按规定对合同价款进行调整。

在实际工程中，当年开工、竣工的工程，只需办理一次性结算。跨年度工程，要在年终办理一次年终结算。将未完工程转到下一年度，此时竣工结算等于各年度结算的总和。

**4. 索赔的控制**

索赔是工程承包合同履行中，当事人一方因对方不履行或不完全履行既定的义务，或者由于对方的行为使权利人受到损失时，要求对方赔偿损失的权利。索赔是工程承包中经常发生的正常现象。由于施工现场条件、气候的变化，以及合同条款、规范、标准文件和施工图样的变更、差异和延误等因素的影响，使工程承包过程中可能出现索赔。工程建设时，必须注意原始资料的积累，双方所提出的索赔必须以合同为依据，要及时、合理地处理索赔，以免影响工程进度。当然，还要加强沟通协调，尽量避免工程索赔。

### 1.4.3 工程价款结算方式

我国现行的工程价款结算有静态结算和动态结算两种方式。

**1. 静态结算**

按现行规定，静态结算可以根据不同情况采取多种方式，如按月结算、竣工后一次结算、分段结算等方式。

1）按月结算：实行旬末或月中预支，每月月终结算，工程竣工后集中清算的办法。对于跨年度竣工的工程，在年终进行工程盘点时，还要办理年度结算。我国现行建筑安装工程价款结算中，相当一部分是实行按月结算。

2）竣工后一次结算：建设项目或单项工程建设期在 12 个月以内，或者工程承包合同价值在100万元以下的小型工程，可以实行每月月中预支，竣工后一次结算方式。

3）分段结算：当年开工而当年不能竣工的单项工程或单位工程，按照工程进度，划分不同阶段进行结算，分段结算可以按月预支工程款，阶段结束结算。分段划分标准，由各部门或省、自治区、直辖市、计划单列市规定。

**2. 动态结算**

静态结算虽具有方法简单的优越性，但同时也存在不少问题。最突出的表现为：没有反映价格等因素的变化影响，即使有些项目在甲、乙方签订合同时规定了某几种材料可以凭发票按时结算，但由于方法不尽科学，因而弊病较多。因此，要把各种动态因素渗透到结算过程中，使结算大体能反映实际的消耗费用，就需要采用动态结算。动态结算可分为按竣工调价系数结算和按实际价格结算两种方式。

（1）按竣工调价系数结算方式

目前不少地区按竣工调价系数进行竣工结算。这种方式是甲、乙方采用当时的概、预算定额的人工、材料、机械台班单价作为合同承包价，在竣工时，根据合理工期及建设造价管理部门规定的各种季度竣工调价系数，在定额价格的基础上对原工程造价进行调整，调整由于实际人工费、材料费、机械使用费等费用上涨及工程变更等因素造成的价差。

（2）按实际价格结算方式

按实际价格结算就是工程承包人可凭采购发票实报实销。由于材料市场采购范围越来越大，该方法操作较为方便，但由于是实报实销，因而承包人对降低成本不感兴趣。为了避免副作用，基建主管部门要定期公布最高限价，同时合同中应规定建设单位有权要求承包人选用更廉价的供应来源。

## 1.4.4 FIDIC合同条件下工程费的结算

FIDIC（国际咨询工程师联合会）合同条件所规定的工程结算范围主要包括两部分：一部分费用是工程清单中的费用，这部分费用是承包商在投标时，根据合同条件的有关规定提出报价，并经业主认可的费用。另一部分费用是工程量清单以外的费用，这部分费用虽然在工程量清单中没有规定，但是在合同条件中却有明确的规定，因此也是工程结算的一部分。

**1. 工程结算条件**

1）质量合格是工程结算的必要条件。结算以工程计量为基础，计量必须以质量合格为前提。所以并不是对承包商已完的工程全部支付，而只支付其中质量合格部分，对于质量不合格的部分一律不予支付。

2）符合合同条件。一切结算均需要符合合同的要求。

3）变更项目必须有监理工程师的变更通知，否则承包商不得作任何变更。如果承包商未收到指示就进行变更的话，就不能因此类变更的费用要求补偿。

4）支付金额必须大于临时支付证书规定的最小限额。合同条件规定，如果在扣除保留金和其他金额之后的净额，少于投标书附件中规定的临时支付证书的最小限额时，监理工程师没有义务开具任何支付证书。不予支付的金额按月结转，直到达到或超过最低限额时才予以支付。

5）为了通过经济手段约束承包商履行合同中规定的各项责任和义务，合同条件中规定对于承包商申请支付的项目，即使达到以上所述的支付条件，但承包商其他方面的工作未能使监理工程师满意，也可通过任何临时证书对他所签发过的原有证书进行修正或更改，有权删去或减少该工作的价值，所以承包商使监理工程师满意，也是工程支付的重要条件。

**2. 工程量清单结算的项目**

工程量清单项目，分为一般项目、暂定金额和计日工 3 种。

1）一般项目的结算。一般项目是指工程量清单中除暂定金额和计日工以外的全部项目。这类项目的结算以造价工程师计算的工程量为依据，乘以工程量清单中的单价，其单价一般是不变的。这类项目的结算占了工程费用的大部分，应给予足够的重视。但这类结算，程序比较简单，一般通过签发支付证书支付进度款，每月支付一次。

2）暂定金额。暂定金额是指包括在合同中，供工程任何部分的施工、提供货物、材料、设备或提供不可预料事件之费用的一项金额。这项金额可能全部或部分使用，或根本不予动用。

3）计日工。计日工以单个工作日为单位计算费用。计日工费用的计算一般采用下述方法：一是按合同中包括的计日工作表中所定项目和承包商在其投标中所确定的费率和价格计算；二是对于清单中没有定价的项目，应按实际发生的费用加上合同中规定的费率，计算有关费用。所以，承包商应向造价工程师提供可能需要的证实所付款的收据或其他凭证，并且在订购材料之前，向造价工程师提交订货报价单供其批准。

对此类按计日工实施的工程，承包商应在该工程持续进行过程中，每天向造价工程师提交该工作的所有工人姓名、工种和工时的确切清单（一式两份），以及表明所有该项工程所用和所需材料及承包商设备的种类和数量的报表（一式两份）。

**3. 工程量清单以外项目的结算**

1）动员预付款。动员预付款是业主借给承包商进驻场地和工程施工的准备用款。预付款额度的大小，是承包商在投标时，根据业主规定的额度范围（一般为合同价的 5% ~ 10%）和承包商本身资金的情况，提出预付款的额度，并在标书附录中予以明确。

2）材料设备预付款。材料设备预付款是对承包商买进并运到工地的材料、设备，业主应支付预付款，预付款按材料设备的某一比例（通常为材料发票价的 70% ~80% 或设备发票价的 50% ~60%）支付。

3）保留金。保留金是为了确保在施工阶段或在缺陷责任期间，由于承包商未能履行合同义务，由业主（或监理工程师）指定他人完成应由承包商承担的工作所发生的费用。FIDIC 合同条件规定，保留金的款额为合同总价的 5%，从第一次付款证书开始，按其中支付工程款的 10% 扣留，直到累计达到合同总额的 5% 为止。

**4. 工程费用结算的程序**

1）承包商提出付款申请，填报一系列指定格式的月报表，说明承包商认为这个月其应得的有关款项，包括已实施的永久工程的价值。

2）说明工程量表中任何其他项目的价格调整。

3）核算按合同规定有权得到的其他金额之后的净额。

4）造价工程师审核编制期中付款证书。

5）业主支付。

## 1.5 实训 ××工程项目预算定额统计

**1. 实训目的**

通过本次实训，能够学会通信工程项目定额的查询方法；熟悉定额手册中工程项目的名称、单项工程所需主材的名称、单位和用量；学会单项工程人工工日、机械台班量和仪表台班量的确定方法。

**2. 实训注意事项**

在实训过程中，除了对定额的作用、内容和适用范围应有足够的认识外，在选用时还要注意以下几点：

1）定额项目名称的确定。设计概（预）算的计价单位划分应与定额规定的项目内容相对应，才能直接套用。定额数量的换算，应按定额规定的系数调整。

2）定额的计量单位。定额在编制时，为预算价值的精确性，对许多定额项目，采用了扩大计量单位的办法。例如定额 TXL2-001：挖、松填光（电）缆沟及接头坑（普通土），以 $100m^3$ 为单位，在使用定额时必须注意计量单位的规定，避免出现了小数点定位的错误。

3）定额项目的划分。定额中的项目划分是根据分项工程对象和工种的不同、材料品种的不同、机械类型的不同而划分的，套用时要注意工艺、规格的一致性。

4）注意注释。注意定额项目表下的注释，因为注释说明了人工、材料、机械以及仪表台班消耗量的使用条件和增减的规定。

**3. 实训内容**

1）定额使用举例。查询工程项目“人工开挖混凝土路面（150mm 以下）”的定额：从工程含义上分析，查看定额目录，应在第四册《通信线路工程》第 1 章《施工测量与开挖路面》第二节《开挖路面》（见附录 A 表 A-9），可知定额编号为 TXL1-007，单位为 $100m^2$、技工工日为 6. 88、普工工日为 61. 92；不需要主材；机械消耗量为燃油式路面切割机 0. 7 台班，燃油式空气压缩机 $6m^3/min$（含风镐）1. 5 台班；没有使用仪表；查询通信工程机械台班单价定额可知；燃油式路面切割机台班单价为 121 元；燃油式空气压缩机 $6m^3/min$（含风镐）单价为 330 元。

2）查询附录 A 中定额，工程定额统计见表 1-7。

表 1-7 工程定额统计

| 项目名称 | 定额编号 | 单位 | 单位定额工日 | |
|---|---|---|---|---|
| | | | 技工 | 普工 |
| 安装室外馈线走道（水平） | | | | |
| 安装数字分配架、箱（壁挂式） | | | | |
| 安装定向天线楼顶铁塔上（高度）（20m 以下） | | | | |
| 布放射频同轴电缆 7/8″以上（布放 10m） | | | | |
| CDMA 基站系统调测（6 个扇载以下） | | | | |
| 架空光（电）工程施工测量 | | | | |
| 平原地区敷设埋式光缆（36 芯以下） | | | | |

（续）

| 项目名称 | 定额编号 | 单位 | 单位定额工日 | |
|---|---|---|---|---|
| | | | 技工 | 普工 |
| 人工顶管 | | | | |
| 铺砖保护（竖铺砖） | | | | |
| 立 11m 以下水泥杆（坚石） | | | | |
| 装设 2×7/3.0 拉线（综合土） | | | | |
| 架设自承式架空光缆（36 芯以下） | | | | |
| 安装落地式交接箱（2400 对以下） | | | | |
| 人孔坑抽水（中水流） | | | | |
| 铺设水泥管道一平型 | | | | |
| 管道混凝土包封 C15 | | | | |
| 砖砌人孔（现场吊装上覆）中号直通型 | | | | |
| 人孔壁开窗口 | | | | |

**4. 实训报告**

1）说明工程项目定额的查询过程和内容。

2）举例说明《通信工程定额》的使用方法。

## 1.6 习题

1. 名词解释：

（1）建设项目　　（2）单项工程　　（3）初步设计

（4）施工定额　　（5）工程造价　　（6）机械台班定额

2. 判断下列各题是否正确：

（1）可行性研究的主要内容是财务评价。(　　)

（2）定额子目中的人工量包括基本用工和其他辅助用工。(　　)

（3）凡是只列入人工量而未列主材消耗量的定额子目，说明此项目在施工时不需要消耗材料。(　　)

（4）建设单位接到复审的工程价款结算文件后，应在 15 天内付清工程总价款。(　　)

（5）工程价款按月结算的结算对象一般是单项工程。(　　)

3. 选择题：

（1）三级施工企业可承担（　　）。

A. 一类工程　　B. 一类及以下工程

C. 二类工程　　D. 三类及以下工程

（2）可行性研究报告是编制（　　）的依据。

A. 估算　　B. 初步设计概算

C. 结算　　D. 施工图预算

（3）根据国家有关规定，国内投资大中型建设项目和利用外资筹建项目，一律编报可行性研究报告，它是在（　　）编制。

A. 批准的项目建议书以后　　B. 在可行性研究的基础上

C. 在投资确定以后　　D. 在初步设计以后

（4）工程造价控制应贯穿于工程建设的全过程，在各个建设阶段中应以（　　）为控制重点。

A. 设计阶段　　B. 施工阶段

C. 发包阶段　　D. 决策阶段

（5）下列（　　）不是工程造价的计价依据。

A. 材料预算价格　　B. 预算定额

C. 工程量计算规则　　D. 施工定额

（6）加强通信工程建设市场的管理和监督目的是为了（　　）。

A. 提高经济效益　　B. 增加收入

C. 限制市场的发展　　D. 加强市场的监管，提高工程质量

（7）邀标形式是指通信工程规模较小，造价不高，需要尽快施工的小型通信工程。关于邀标形式下列说法正确的是（　　）。

A. 通过广告发布工程信息　　B. 通过私下交易

C. 邀请有资质的公司公开参与　　D. 规定一个参与竞争

4. 什么是单项工程？单项工程与建设项目有什么关系？

5. 画图说明通信工程建设程序。

6. 通信工程是如何招标的？其具体流程和步骤是什么？

7. 通信工程是如何投标的？其目的、意义是什么？怎样进行？

8. 定额的特点是什么？

9. 预算定额的作用是什么？现行定额由哪些内容组成？

10. 通信工程价款结算包括哪些内容？

11. 工程价款动态结算的方式及其内容是什么？

# 第 2 章　通信工程基础

## 本章要点

- 常用通信光（电）缆的选用与防护
- 通信工程常用器材和通信管道
- 通信工程常用图例
- 通信工程施工图分析

## 2.1　常用通信光（电）缆

由于通信光缆具有良好的传输特性，所以广泛应用于长途干线、市话局中继和部分用户线路工程，是通信线路的主要组成部分。相对于光缆线路，通信电缆线路的应用总量正在逐步减少，但由于各种通信用户终端的电气特性及电缆接续简单、灵活的特点，使电缆线路在用户网中仍有使用。

### 2.1.1　通信光缆的选用

光缆是依靠其中的光纤提供的信道来传递信息的，光纤是由折射率较高的玻璃纤芯和包围在纤芯外面的折射率较低的包层所组成的光传输媒质。

**1. 常用光缆的分类**

光缆一般由缆芯、加强构件、填充物和保护层等几部分组成。另外，根据需要还有防水层、缓冲层和绝缘金属导线等构件。按照不同的分类方式，光缆有以下几类：

（1）按缆芯结构分类

1）层绞式光缆。层绞式光缆是将几根、十几根或更多根光纤或光纤带子单元围绕中心加强件，螺旋绞合成一层或几层的光缆。

2）中心管式光缆。中心管式光缆是光纤或光纤带无绞合，直接放到光缆中心位置的光缆。

3）骨架式光缆。骨架式光缆是将光纤或光纤带经螺旋绞合后，置于塑料骨架槽中的光缆。

（2）按线路敷设方式分类

1）管道光缆。管道光缆是指在城市环路、人口稠密场所和横穿马路时，敷设在地下管道内的光缆。

2）直埋光缆。直埋光缆是指光缆线路经过市郊或农村时，直接埋入规定深度和宽度缆沟的光缆。

3）架空光缆。架空光缆是指光缆线路在经过地形陡峭、跨越江河等特殊地形条件和城市市区无法直埋及赔偿昂贵的地段时，借助吊挂钢索或自身具有的抗拉元件，悬挂在已有的电线杆、杆塔上的光缆。

4）隧道光缆。隧道光缆是指经过公路、铁路等交通隧道的光缆。

5）水底光缆。水底光缆是指穿越江、河、湖、海等水底的光缆。

（3）按缆中心光纤状态分类

1）松套光纤光缆。松套光纤光缆是指光纤在光缆中有一定的自由移动空间。这样的结构有利于减少外界机械应力（或应变）对涂覆层的影响。

2）紧套光纤光缆。紧套光纤光缆是指光缆中心光纤无自由移动空间。紧套光纤是在光纤预涂覆层外直接紧贴一层合适的塑料紧套层，紧套光纤光缆直径小、质量轻、易剥离和接续，但高的拉伸力会直接影响光纤的衰减性能。

3）半松半紧光纤光缆。半松半紧光纤光缆是指光纤在光缆中的自由移动空间介于松套光纤光缆和紧套光纤光缆之间。

（4）按使用环境与场合分类

根据使用环境与场合，光缆主要分为室内光缆、室外光缆及特种光缆 3 大类。由于室内、外环境（气候、温度、人为破坏）的差异很大，故这几类光缆在构造、材料及性能等方面也有很大区别。

1）室内光缆。室内光缆主要是结构紧凑、轻便柔软并具有阻燃性能的光缆。

2）室外光缆。室外光缆结构复杂，具有足够的机械强度、防渗能力和良好的温度特性。

3）特种光缆。特种光缆用于特殊场合，如海底、污染区或高原地区等。

（5）按网路层次分类

按网路层次的不同，光缆可分为长途光缆、市内光缆和接入网光缆 3 类。

1）长途光缆。长途光缆用于长途端局之间的线路，包括省际一级干线、省内二级干线。

2）市内光缆。市内光缆用于长途端局与市话端局、市话端局与其他市话端局之间的中继线路。

3）接入网光缆。接入网光缆用于市话端局到用户之间的线路。

**2. 常用光缆型号**

根据原邮电部颁布的通信行业标准《光缆型号命名方法》（编号：YD/T 908—1997），表 2-1 中列出了一些典型光缆的名称、型号及使用场合。

**表 2-1　常用光缆名称、型号及使用场合**

<table>
<tr><th>习惯名称</th><th>型号</th><th>光缆全称</th><th>使用场合</th></tr>
<tr><td rowspan="3">中心管式光缆</td><td>GYXTY</td><td>室外通信用金属加强构件、中心管全填充夹带加强构件的聚乙烯护套光缆</td><td>架空、农话</td></tr>
<tr><td>GY3XTS</td><td>室外通信用单细圆钢丝铠装加强构件、中心管全填充钢-聚乙烯黏结护套光缆</td><td>架空、农话</td></tr>
<tr><td>GYXTW</td><td>室外通信用金属加强构件、中心管全填充夹带加强构件的钢-聚乙烯黏结护套光缆</td><td>架空、农话、管道</td></tr>
<tr><td>中心金属加强构件层绞式光缆</td><td>GYTA</td><td>室外通信用金属加强构件、松套层绞全填充铝-聚乙烯黏结护套光缆</td><td>架空、管道</td></tr>
</table>

（续）

| 习惯名称 | 型　号 | 光缆全称 | 使用场合 |
|---|---|---|---|
| 中心金属加强构件层绞式光缆 | GYTS | 室外通信用金属加强构件、松套层绞全填充钢-聚乙烯黏结护套光缆 | 架空、管道、埋式 |
| | GYTY53 | 室外通信用金属加强构件、松套层绞全填充聚乙烯护套、皱纹钢带铠装、聚乙烯外护层光缆 | 架空、管道 |
| | GYTA33 | 室外通信用金属加强构件、松套层绞全填充铝-聚乙烯黏结护套、单细圆钢丝铠装、聚乙烯外护层光缆 | 爬坡、埋式 |
| | GYTY53 +33 | 室外通信用金属加强构件、松套层绞全填充聚乙烯护套、皱纹钢带、聚乙烯层 + 双细圆钢丝铠装、聚乙烯外护层光缆 | 埋式、水底 |
| 金属加强构件骨架式光缆 | GYGTA | 室外通信用金属加强构件、骨架全填充铝-聚乙烯黏结护套光缆 | 架空、管道 |
| | GYGTY53 | 室外通信用金属加强构件、骨架全填充聚乙烯护套光缆、皱纹钢带铠装、聚乙烯外护层光缆 | 埋式 |
| 非金属光缆 | GYFTY | 室外通信用非金属加强构件、松套层绞全填充聚乙烯护套光缆 | 架空 |
| | GYFTY05 | 室外通信用非金属加强构件、松套层绞全填充聚乙烯护套、无铠装、聚乙烯外护层光缆 | 架空、槽道 |
| 高压电用光缆 | ADSS | 全介质自承式层绞式光缆 | 悬挂于高压输电塔上 |
| 带状光缆 | GYDXTW | 室外通信用金属加强构件光纤带、中心管全填充夹带加强构件的钢-聚乙烯黏结护套光缆 | 架空、管道、用户接入网 |
| | GYDTY | 室外通信用金属加强构件光纤带、松套层绞全填充聚乙烯护套光缆 | 架空、管道、用户接入网 |
| | GYDTY53 | 室外通信用金属加强构件光纤带、松套层绞全填充聚乙烯护套光缆、皱纹钢带铠装聚乙烯外护层光缆 | 架空、管道、用户接入网 |
| | GYDGTY | 室外通信用金属加强构件、光纤带骨架、全填充聚乙烯护套光缆 | 架空、管道、用户接入网 |
| 阻燃光缆 | GYTZS | 室外通信用金属加强构件、松套层绞全填充钢-阻燃聚乙烯黏结护套光缆 | 架空、管道、防火场合 |

### 2.1.2　通信电缆的选用

电缆家族主要包括长途电缆和市话电缆。由于干线传输光缆的大量使用，长途电缆已经被光缆所替代，因此，这里介绍的通信电缆以市话电缆为主。

**1. 市话电缆的分类**

市话电缆的结构类型多种多样，可按以下几种方式分类：

1）按导线线芯材料分为铜导线和铝导线两类。

2）按绝缘形式分为实心绝缘、泡沫绝缘和泡沫加实心皮绝缘 3 类。

3）按线对绞合方式分为对绞和星绞两类。

4）按绝缘颜色分为全色谱和普通色谱两类。

5）按屏蔽方式分为单层金属带屏蔽、多层金属带复合屏蔽两类。

6）按护套方式分为单层塑护套、双层塑护套、综合护套、黏结护层（套）、密封金属加塑料护套和特种密封金属加塑料护套6类。

7）按外护层方式分为单层或双层钢带铠装和钢丝铠装两类。

8）按用途分为传输模拟信号和传输数字信号两类。

9）按有无填充分为填充型和非（不）填充型两类。

**2. 常用通信电缆**

（1）铜心聚烯烃绝缘铝塑综合护层市内通信电缆

这种电缆常用于城镇的本地电信线路中。带有钢索及护套结构的可以用于架空和直埋式铺设；当缆芯带有高频隔离带时，也可以在全部线对上开通PCM（脉冲编码调制）一次群。电缆的工作环境温度为 -30 ~60℃，埋设环境温度不低于 -5℃。

（2）聚氯乙烯绝缘聚氯乙烯护套低频通信电缆

这种电缆用于通信设备互相连接，如交换机及其他传输设备、电话和电报设备、数据处理设备等。产品按有无屏蔽分为两种形式：HJVV 铜心聚氯乙烯绝缘聚氯乙烯护套局用电缆；HJVVP 铜心聚氯乙烯绝缘聚氯乙烯护套屏蔽局用电缆。产品标记用字母及数字序列表示：

形式代号标称 成缆元件数 ×元件结构 ×线径（标准号）

例如：铜心聚氯乙烯绝缘聚氯乙烯护套局用电缆，140 个成缆元件，3线组，线径为0.5mm，表示为 HJVV140 ×3 ×0.5（GB/T 11327.2—1999）；铜心聚氯乙烯绝缘聚氯乙烯护套屏蔽型局用电缆，30 个成缆元件，4 线组，线径 0.6mm，表示为 HJVVP30 × 4 × 0.6（GB/T 113272—1999）。

（3）聚氯乙烯绝缘聚氯乙烯护套低频通信电缆（对线组的）

这种电缆可用于以下场合做短距离配线：一级配线、二级配线，并与分线设备相连；引入建筑物内的各分支电缆，即房屋配线电缆；沿建筑物墙壁敷设的电缆及墙壁配线电缆；架空用配线电缆。产品的形式代号为 HPVV。电缆标称成缆元件（对线组）数系列如下：10，20，30，50，100，200，300，400，600。产品标记用字母及数字序列表示：

形式代号标称 成缆元件数 ×元件结构 ×线径（标准号）

例如，铜心聚氯乙烯绝缘聚氯乙烯护套局用电缆，200 个对线组，线径 0.8mm，表示为 HPVV200 ×2 ×0.8（GB/T 11327.3—1999）。

### 2.1.3 通信光（电）缆的防护

光（电）缆的防护主要包括防机械损伤、防强电、防雷、防腐蚀、防鼠和防蚁等内容。

**1. 光缆的防护**

光缆虽然具有一定的强度，但仍然较脆弱，经不起弯转、扭曲和侧压力的作用，光缆又承担较重的通信任务，设计施工时，要做好光缆的防护工作。

（1）机械损伤防护措施

光缆的机械防护主要保护光缆不受外力作用而造成损坏。一般地光缆线路穿越铁路、公路和街道等不能开挖地段时，应采取顶管方式，用钢管或塑料管加以保护，通常在放缆前就已采取了这种保护措施。光缆穿放时，应先在钢管内穿好塑料管，然后穿放光缆，且在管口处用油麻或其他材料堵塞。对于在简易公路或乡村大道等地方的穿越保护，一般采取在光缆上方加盖水泥盖板或铺红砖保护。当采用砖保护时，应先在光缆上方覆盖 20cm 厚的碎土，然后再竖铺红砖，同沟敷设两条光缆时，应横铺红砖进行保护。

（2）防强电措施

为防止强电线路对通信线路的干扰和发生危险，可采取下列措施。

1）在选择光缆路由时，应与现有强电线路保持一定的隔距。当不得不与之接近时，应通过计算保证在光缆金属构件上产生的危险影响不应超过光缆的容许值。

2）光缆线路与强电线路交越时宜垂直通过；在困难情况下，其交越角度应不小于45°。

3）光缆接头处两侧金属构件不做电气连通，也不接地。

4）当上述措施无法满足安全要求时，可增加光缆绝缘外护层的介质强度，也可采用非金属加强心或无金属构件的光缆。

5）在与强电线路平行地段进行光缆施工或检修时，应将光缆内的金属构件做临时接地。

（3）防雷措施

在光缆中光纤是非金属材料，不受雷电的影响。但由于光缆中还有金属护套、金属加强心或有少量的铜线，因此光缆线路也会受到雷电的危害。光缆线路的通信容量大，一旦光缆被雷电击坏，将对通信造成巨大损失，所以采取防雷措施，提高光缆的防雷能力是至关重要的。年平均雷暴日数大于20天的地区、有雷击历史的地段、有金属材料或有金属构件的直埋光缆线路都要防雷。防雷可采用如下措施：

1）埋式光缆架设防雷地线，防雷地线的电阻值要小于100Ω。当光缆在野外长途塑料管道中敷设时，可将光缆接头处两侧的金属构件不做电气连通；局站内的光缆金属构件应接防雷地线；雷害严重地段，光缆可采用非金属加强心或无金属构件的结构形式。

2）架空光缆线路应尽量绕避雷暴危害严重地段的孤立大树、杆塔、高耸建筑、人行道树木以及树林等易引雷目标。在无法避开时，应采用消弧线、避雷针等措施对光缆线路进行保护。光缆吊线需要间隔接地，雷害特别严重地段可装设架空地线。

（4）防腐蚀措施

光缆的塑料外护套、金属护套或铠装已具有良好的防腐蚀作用，故对光缆通信线路，可以不考虑外加的防电化学腐蚀措施。但在光缆的生产、运输和施工过程中，光缆的塑料护套有可能会受到局部损伤，致使光缆金属护套对地绝缘性能下降，还可能透潮气或进水。可采取以下防护措施。

1）在光缆的接头点设置监测路缘石，通过监测路缘石中的光缆监测线来监测光缆内金属护套对地的绝缘和电位。

2）由土壤和水引起的腐蚀，可根据土壤腐蚀性的强弱，采用塑料管保护或在光缆上包沥青油麻、沥青玻璃丝带等。

（5）防蚁措施

白蚁不但啃咬光缆，而且还分泌蚁酸，加速对金属护套的腐蚀。根据白蚁的生态习性，在敷设光缆线路时，应尽量避开白蚁滋生的地方，如森林、木桥、坟场和堆有垃圾的潮湿地方等。当光缆线路必须经过白蚁活动的地区时，可采用防蚁毒土埋设光缆，包括在沟底喷洒药液，以及用药浸过的土壤填沟等。

（6）防鼠措施

鼠类有磨牙齿的天性，当遇到地下光缆阻挡它们的通道或寻找食物时，就会咬坏光缆。

根据鼠类的习性，可采用以下措施：

1）在光缆的路由选择上应避免一些多鼠的地方，如桥头、涵洞等。在穿越农田的田埂、河堤及经济作物坡地时，尽量垂直通过，减少在其边缘的敷设长度；沿山坡公路敷设时，应在靠山坡一侧通过。由于鼠类的活动范围多在耕作层，因此应保证光缆埋深，符合规定要求，可减少鼠类的危害。

2）在不得不经过鼠类活动频繁的地带时，用硬塑料管或钢管来保护光缆，并且用土夯实。不要用石块及硬物塞进光缆沟，做到沟内不留缝隙。

3）对于管道光缆来说，将光缆穿进子管内，并将子管用油麻或热缩管封闭，也是很有效的防鼠措施。

**2. 电缆的防护**

电缆防护的内容和方法大部分与光缆相似，但由于电缆线路常用于用户终端，建设环境复杂，易受外界影响，具有一些自身的防护特点，除采用光缆的防护措施外，还常采取以下防护措施：

1）电缆敷设遇建筑物的突出部分时，可采取绕过或穿越障碍物的敷设方法。

2）电缆如在墙内角转弯，而墙内角中有较大障碍物时，可将电缆附挂在一根铁管或撑铁上。

3）电缆与其他障碍物交叉时，电缆应敷设在墙壁与障碍物之间，并使电缆距障碍物保持2cm以上，必要时可将电缆嵌入墙内，以使电缆与障碍物交叉处能有2cm以上的距离，如电缆不能嵌入墙内时，可设法将电缆从障碍物上面穿过，在电缆护层外包缠绝缘胶布等进行保护。

4）卡钩式敷设的墙壁电缆，如有受外界损伤可能时，可用U形铁罩、角钢、木槽板或竹板进行保护；对个别小部位，也可用缠包铅皮带等方法保护。

5）墙壁电缆在房屋建筑内部穿越时，电缆应用钢管或硬质塑料管保护，保护的高度一般应距地面不小于2m，保护管的内径一般为电缆外径的15~20倍。

6）电缆与电力线交叉时，电缆一般从电力线与墙壁之间通过，达不到最小隔距要求时，可把电缆嵌入墙内敷设。另外，可在电缆外层缠包两层绝缘胶布，或套以塑料管、石棉管等加以保护，并避免其互相碰触。

7）墙壁电缆与保护地线交叉时，电缆应在其内侧；达不到隔距要求时，在电缆上套以绝缘管、包缠胶布或将电缆嵌入墙内。

8）墙壁电缆与热力管交叉达不到隔距要求时，可将电缆上套以石棉管保护；墙壁电缆与不包封的热力管交叉，其隔距小于10cm时，则禁止交叉敷设。

9）墙壁电缆与给水管、煤气管平行或交叉敷设时，应妥善加固，不应互相碰触。

## 2.2 常用器材

通信工程的常用器材包括线路铁件和光（电）缆接续器材。

### 2.2.1 线路铁件

线路铁件主要用于敷设架空光（电）缆，种类和型号较多，常用的线路铁件见表2-2。

表 2-2　常用的线路铁件

| 图　　例 | 名称和用途 | 图　　例 | 名称和用途 |
|---|---|---|---|
|  | 名称：吊线抱箍<br>用途：在无预留孔的水泥杆上，配合钢绞线板吊挂电缆钢绞线 |  | 名称：拉线抱箍<br>用途：固定水泥杆上的拉线 |
| 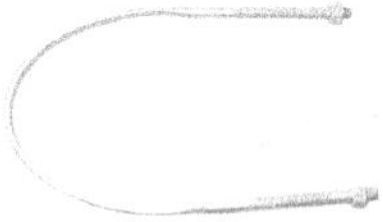 | 名称：U 形抱箍<br>用途：在无预留孔的水泥杆上安装线担 | 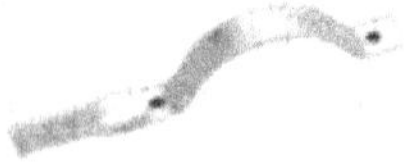 | 名称：上杆抱箍<br>用途：线务员上、下水泥杆 |
|  | 名称：单槽夹板<br>用途：在电线杆上，夹紧吊挂电缆的钢绞线 |  | 名称：地线夹板<br>用途：安装地线 |
|  | 名称：双槽夹板<br>用途：用于吊缆、钢绞线和钢绞线拉线的接续或终端 | 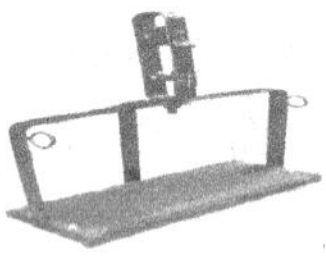 | 名称：坐滑车<br>用途：在吊线上人工架设光（电）缆时人员乘坐 |
|  | 名称：分线箱站台<br>用途：业务员在杆上操作 |  | 名称：交接箱站台<br>用途：在两根电杆上安装 3600 对以下电缆交接箱 |
|  | 名称：拉线地锚<br>用途：配合横木作拉线 |  | 名称：地线棒<br>用途：架空通信线路连接保安地线 |
|  | 名称：穿钉<br>用途：线缆固定 |  | 名称：墙担<br>用途：架设用户引入线 |
|  | 名称：玻璃钢穿线器<br>用途：布放光（电）缆 |  | 名称：挂钩<br>用途：悬挂光（电）缆 |
|  | 名称：衬圈<br>用途：固定电线杆拉线 |  | 名称：拉线双螺旋<br>用途：调整拉线松紧程度 |

## 2.2.2　接续器材

将两根光（电）缆的物理（电气）连接称为接续。

1）光缆接续器材见表 2-3。

表 2-3　光缆接续器材

| 图　例 | 名称和用途 | 图　例 | 名称和用途 |
|---|---|---|---|
|  | 名称：光纤配线架<br>用途：适用于大容量交换局、CATV 光纤系统以及光纤接入网中局端主干光缆的成端和分配，可以方便地实现光纤线路的连接、分配与调度 |  | 名称：数字配线架<br>用途：适用于传输速率为 2~155Mbit/s 以下的数字终端设备或程控交换机数字信号的配线与转接，具有电路调度转接和测试等功能 |
| 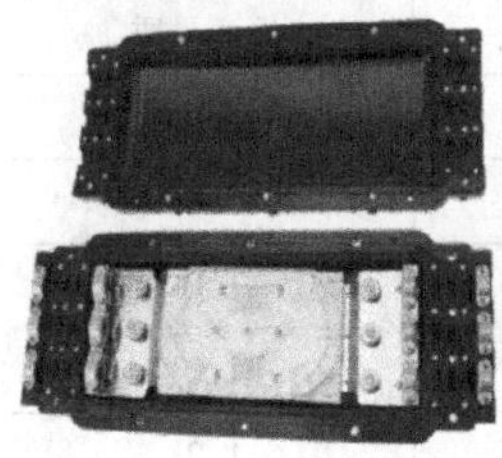 | 名称：光缆接头盒<br>用途：适用于光缆线路中架空、管道（人孔）直埋等敷设方式的直通和分歧接续，并对光缆接头起保护作用 |  | 名称：光缆终端盒<br>用途：适用于室内外光缆与配线尾纤的保护性连接及光纤接续和分歧 |

2）电缆接续器材见表 2-4。

表 2-4　电缆接续器材

| 图　例 | 名称和用途 | 图　例 | 名称和用途 |
|---|---|---|---|
| 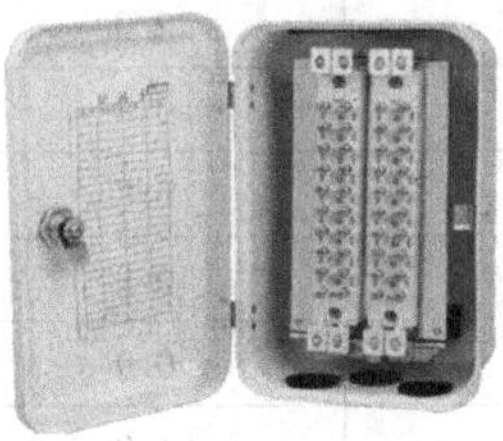 | 名称：电缆分线盒<br>用途：用于用户电缆和分户线的连接，分室内和室外两种型号 |  | 名称：电缆接头筒<br>用途：用于电缆接头保护，内部还可以安置接线模块，可作为小型无端子电缆交接箱、小型电缆接头盒、电缆分线盒等 |
| 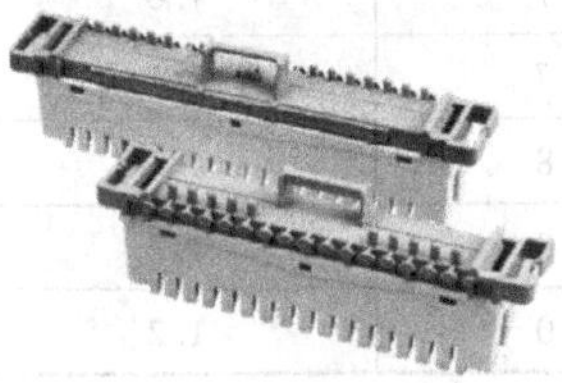 | 名称：卡接模块<br>用途：大对数电缆缆线连接 |  | 名称：旋卡接模块<br>用途：交接箱内缆线连接 |

## 2.2.3　杆路器材

杆路器材由电杆和固定电杆的拉线组成。光（电）缆可以沿着电杆敷设，施工简单方便、建设成本低。

**1. 电杆**

电杆位置必须能保证通信线路安全，不影响主要建筑物的美观和市容，不妨碍交通和行人安全。在道路、桥梁或下坡拐弯处，不应设立电杆；在街道路口或分线处，电杆的设置应考虑线路转弯、引线或分支等措施能否符合技术规范的要求；杆路应尽量选择直线，减少角杆；角杆、终端杆和分线杆的位置应考虑有无设立拉线或撑杆的地方；现场地点如不宜立杆时，可将前后杆距适当调整，或采取其他线路建筑方式。

1）电杆洞深应符合部颁验收规范，洞深偏差应小于±50mm。水泥电杆、木质电杆洞深表见表2-5。

2）电杆应按设计规定的杆距立杆。一般情况下，市区线路的杆距为35～40m，郊区线路的杆距为45～50m。

**表2-5 水泥电杆、木质电杆洞深表** （单位：m）

| 电杆类别 | 杆长 | 电杆洞深 | | | |
|---|---|---|---|---|---|
| | | 普通土 | 硬土 | 水田湿地 | 石质 |
| 水泥电杆 | 6.0 | 1.2 | 1.0 | 1.3 | 0.8 |
| | 6.5 | 1.2 | 1.0 | 1.3 | 0.8 |
| | 7.0 | 1.3 | 1.2 | 1.4 | 1.0 |
| | 7.5 | 1.3 | 1.2 | 1.4 | 1.0 |
| | 8.0 | 1.5 | 1.4 | 1.6 | 1.2 |
| | 8.5 | 1.5 | 1.4 | 1.6 | 1.2 |
| | 9.0 | 1.6 | 1.5 | 1.7 | 1.4 |
| | 10.0 | 1.7 | 1.6 | 1.8 | 1.6 |
| | 11.0 | 1.8 | 1.8 | 1.9 | 1.8 |
| | 12.0 | 2.1 | 2.0 | 2.2 | 2.0 |
| 木质电杆 | 6.0 | 1.2 | 1.0 | 1.3 | 0.8 |
| | 6.5 | 1.3 | 1.1 | 1.4 | 0.8 |
| | 7.0 | 1.4 | 1.2 | 1.5 | 0.9 |
| | 7.5 | 1.5 | 1.3 | 1.6 | 0.9 |
| | 8.0 | 1.5 | 1.3 | 1.6 | 1.0 |
| | 8.5 | 1.6 | 1.4 | 1.7 | 1.0 |
| | 9.0 | 1.6 | 1.4 | 1.7 | 1.1 |
| | 10.0 | 1.7 | 1.5 | 1.8 | 1.1 |
| | 11.0 | 1.7 | 1.6 | 1.8 | 1.2 |
| | 12.0 | 1.8 | 1.6 | 2.0 | 1.2 |

3）立电杆应达到下列标准：

① 直线线路的电杆位置应在线路路由的中心线上，电杆中心线与路由中心线的左右偏差应不大于50mm，电杆本身应上下垂直。

② 角杆应在线路转角点内移。水泥电杆的内移值为100～150mm，木杆内移值为200～400mm，因地形限制的角杆可不内移。

③ 终端杆竖立后应向拉线侧倾斜100～200mm。

**2. 接杆**

当电杆的长度不够时，可采用接杆。木杆接杆杆高在12m以下（轻负荷的电杆为15m以下）时可采用单接杆；超过12m（轻负荷的电杆为15m以上）时采用品接杆。单接杆和品接杆示意图如图 2-1 所示。

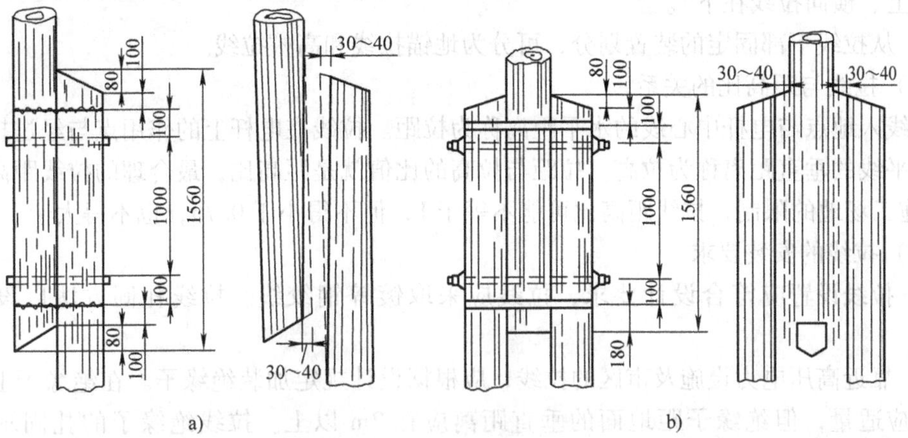


图 2-1　单接杆和品接杆示意图

a）单接杆　b）品接杆

木杆接杆应符合下列规定。

1）杆身挺直、径差较小、表面无大节疤。

2）下接杆梢径不得小于上接杆的梢径。

3）单接杆下接杆梢径不得小于上接杆根径的 3/4。

**3. 杆根装置**

1）水泥电杆杆根装置应用混凝土卡盘，用“U”形抱箍固定；木杆杆根装置应用横木，以 $\phi$4.0mm 钢线缠绕固定。

2）一般线路的直线杆路电杆杆根应按设计规定装置，无明确规定时应装在线路的一侧，但相邻杆均设杆根装置时，应交错装设；杆距长度不等时应装在长杆档侧。

3）角杆、终端杆杆根装置位置应符合下列规定。

① 单装置应装在拉线方向的反侧，与拉线方向呈“T”形垂直。

② 双装置的下装置应装在电杆拉线侧，上装置应装在拉线方向的反侧。上下装置与拉线方向呈“T”形垂直。

③ 电杆杆根装置位置偏差应不大于 ±50mm。

④ 负荷较大的电杆或土质松软的地方可使用杆根垫木。杆根垫木捆扎方式示意图如图 2-2 所示。

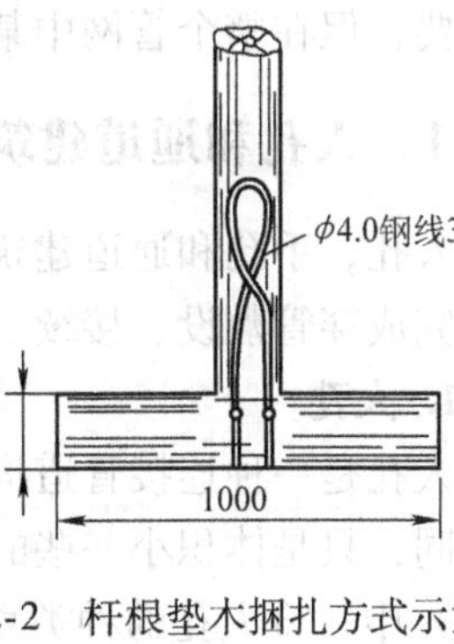


图 2-2　杆根垫木捆扎方式示意图

**4. 拉线**

拉线是杆路承受拉力的装置之一，利用拉线的反作用力来平衡杆路产生的不平衡张力，以保持杆路的稳定。线路的拐弯处和终端处要设拉线，目的是使这些电杆受力平衡。在直线杆路上，每隔若干根电杆要用拉线加固（防风拉线）。制作拉线时，要进行测量，主要测量拉线方位、拉线入土点、拉线洞的位置等。

（1）拉线的种类

1）按拉线与线路行进的方向划分，可分为侧面拉线和顺线拉线。

2）按拉线本身的方向划分，可分为单方拉线、双方拉线、三方拉线和四方拉线（顺向拉线在上、横向拉线在下）。

3）从拉线下部固定的装置划分，可分为地锚拉线和高桩拉线。

（2）拉线与距高比的关系

拉线入地点与电杆中心线的水平距离称为拉距。拉线在电杆上的作用点与经过拉线的入土点水平线的垂直距离称为拉高。拉距与拉高的比值就是距高比，最合理的拉线距高比等于1。受施工场地的限制，拉线距高比可能不等于1，但不得小于0.75，也不得大于1.25。

（3）拉线的安装要求

1）拉线设置应符合设计要求，拉线应采取镀锌钢绞线。拉线扎固方法以设计图样为准。

2）靠近高压电力设施及市区的拉线，应根据设计规定加装绝缘子。在绝缘子上方的拉线长度应适量，但绝缘子距地面的垂直距离应在2m以上。拉线绝缘子的扎固示意图如图2-3所示。

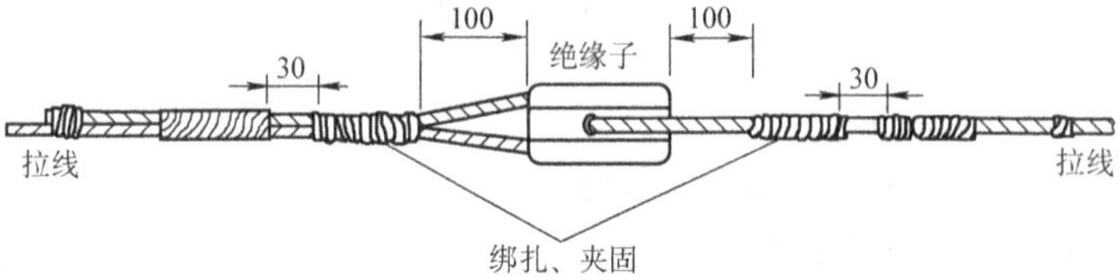


图2-3　拉线绝缘子的扎固示意图

3）人行道上的拉线宜以竹筒保护。

## 2.3　通信管道

通信管道是建设在城市地下的通信线路，每个路由中通信管道的施工对城市交通和人民生活的影响很大，所以在同一路由中不考虑分期建设，其设计容量要考虑将来一定时间的发展需要，但在整个管网中某些路由可能发展不均衡，所以建设管网时又要有一定的灵活性。

### 2.3.1　人孔和通道建筑

人孔、手孔和通道建筑都是通信管道工程设置的地下建筑，光（电）缆可以利用这些建筑完成穿管敷设、接续、测试以及维护等工作。

**1. 人孔**

人孔是一种连接管道沟的地下井，施工人员可以在里面工作。还有一些功能和用途与人孔相同，只是体积小一些的地下井称为手孔。原邮电部颁发的《通信管道人孔和管块组群图集》中，将人孔的种类划分为以下几种。

（1）以通信管块容量划分

人孔按可容纳的标准块（宽360mm、高250mm，能够容纳六孔内径90mm管道的水泥块简称为标准块）或单孔管道（管孔内径90mm）的数量，分为大、中、小3类：大号人孔适合48孔以上的通信管道使用；中号人孔适合24～48孔的通信管道使用；小号人孔适合

24孔以下的通信管道使用。

(2) 以人孔的通向划分

按照人孔中通信管道的通向划分为直通人孔、三通人孔、四通人孔和斜通人孔。

1) 直通人孔：在直线通信管道中间设置的有两个管道走向的人孔。

2) 三通人孔：在直线通信管道上有另一方向的分歧通信管道，在其分歧点上设置的有3个管道走向的人孔，可作为局前人孔。

3) 四通人孔：在两条通信管道的交叉点上设置的有4个管道走向的人孔，常作为局前人孔。

4) 斜通人孔：适用于在非直线（弧形、弯道）管道的折点上设置。斜通人孔分为15°、30°、45°、60°、75°五种。每种斜通人孔的角度可在±7.5°的范围内调整。

(3) 以人孔上覆承受负荷能力划分

有些通信人孔建造在公路上，人孔上覆需要承受一定的压力，可分为汽—10级和汽—20级两类。汽—10级适合在10t级以下载重卡车通过的地方设置，通常在一般人行道上设置；汽—20级适合在20t级以下、10t级以上载重卡车通过地方设置，通常在快车道上设置。

**2. 通道**

通道是一种大的电信管道。与光（电）缆管道相比，通常具有容纳光（电）电缆条数多、内部工作空间大、光（电）缆工作安全可靠，有利于施工、维护、运营和管理，可延长光（电）缆使用寿命，减少维护费用，能适应今后通信发展需要的特点，但通道具有建设初期投资大、技术要求高、施工难度大、占据地下断面多以及在地下管线较多的场合难以安排等缺点，在一定程度上限制了通道的使用。目前，通道的主要使用场合如下。

1) 电话局、所的进局区段。如果进局光（电）缆条数很多时，也可延伸到局所附近左右两个方向的交叉路口（一般离局2km以内的地段）。

2) 穿越城市的广场、大型立交桥、高速公路、地下铁道和主干道路等市政设施。

3) 光（电）缆条数很多（如已接近48条时），且今后不易扩建的地段，如城市中心的繁华商业区街道以及其他有特殊要求的地段。

## 2.3.2 通信管道沟

通信管道沟的开挖影响道路交通、建筑物和施工人员的安全，并关系到工程土方量，所以通信管道沟的设计是通信管道设计的重要组成部分。一般通信管道沟断面如图2-4所示。

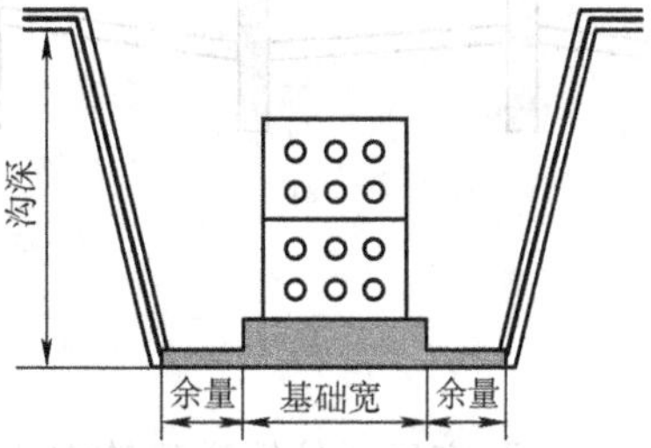

图2-4 一般通信管道沟断面

**1. 沟槽的断面设计**

开挖沟槽的断面形状应结合通信管道埋深、土壤性质、地面荷载及施工条件。通信管道沟槽的断面分陡峭沟槽和斜坡沟槽两种。

(1) 陡峭沟槽

陡峭沟槽即沟槽的上部和下部宽度相等。挖掘这样断面的沟槽，必须在土质含水量适中的地段进行，并立即铺管施工。一般较为松软的土壤，陡峭沟槽沟深不能大于1m，中等密实土壤沟深不能大于1.5m，坚硬土壤沟深不能大于2m。

(2) 斜坡沟槽

通信管道施工工期较长时，一般采用斜坡沟槽。挖沟时采用的坡度视土质情况而定，不同土壤中通信管沟槽壁的坡度见表2-6。

**表2-6 不同土壤中通信管沟槽壁的坡度**

| 土壤种类 | 垂直∶水平 | |
|---|---|---|
| | 沟深小于2m | 2m＜沟深＜3m |
| 黏土 | 1∶0.1 | 1∶0.15 |
| 砂质黏土 | 1∶0.15 | 1∶0.25 |
| 砾砂 | 1∶0.25 | 1∶0.5 |
| 瓦砾、卵石 | 1∶0.5 | 1∶0.75 |
| 炉渣、回填土 | 1∶0.75 | 1∶1 |

**2. 沟槽的保护措施**

在土质差，地下水位高于沟底，沟深大于1.5m，沟边距房屋等建筑物水平距离小于1.5m；挖沟深度大于3m；沟深小于3m，但土质松散；在横穿车行道施工和与通信管道路由平行接近的其他管线距通信管道沟壁小于0.3m的情况下，挖掘通信管道沟槽时应考虑加保护措施，以防止沟槽侧壁塌陷。

通信管道槽壁的保护措施，一般采用支撑土板的方法，即每隔一定距离，在两侧壁横放或竖放或横竖组合放置木板，用两根或数根圆木抵撑。

**3. 管道的坡度**

为避免渗入管孔的污水或淤泥积于管孔中，造成长期腐蚀通信光（电）缆或堵塞管孔，相邻两人（手）孔间的通信管道应有一定的坡度，以使渗入管孔中的水能随时流入人（手）孔，便于清理。管道的坡度一般应为0.3%～0.4%左右，最小不宜低于0.25%。

为减小施工土方量，通信管道斜坡的方向应和地面的斜坡方向一致。水平地面中通信管道坡度的建筑方法有“一”字坡和“人”字坡两种，如图2-5所示。

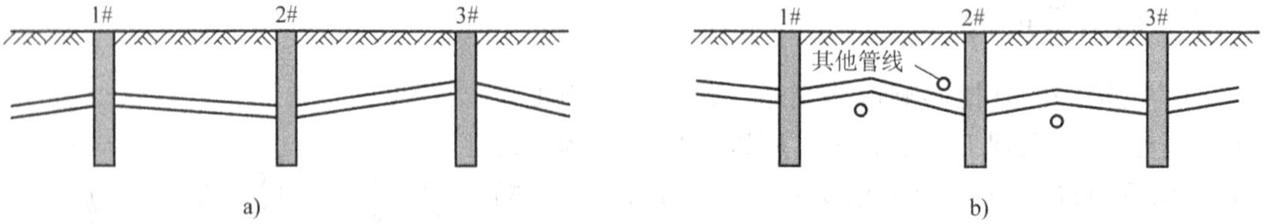


图2-5 通信管道坡
a）“一”字坡 b）“人”字坡

“一”字形通信管道建筑方法简单，容易保证通信管道的建筑质量，这是一种最常用的通信管道建筑方式。但在通信管道路由中穿越其他管线时，有时在高程上会出现矛盾，通信管道不得不避让时，应采用施工比较困难的“人”字形通信管道坡建筑方式，采用该种方法时，管道一般选用塑料材质。

为使光（电）缆及接头在人孔中有适宜的曲率半径和合理布置，在不过度影响管道坡度和埋深等要求下，应尽量使人孔内两边管道的对应管孔水平位置接近一致，在一般情况下，相对位置（标高）的管孔高差不应大于0.5m，应尽量缩小管道错口的程度。

### 2.3.3 管材

通信管道管材的选用关系到通信线路的质量，影响着城市交通和人民生活及工程造价等，所以设计时对管材应结合具体情况，深入调查，因地制宜地加以选用。

**1. 管材选用**

常用管材有水泥管、塑料管和钢管3种。一般的选用规则如下：

1）通信管道路由于地下水位很高或管路附近排污情况严重、要求施工工期短，要尽快恢复路面交通及地下障碍物太多或通信管道需做较大弯曲时，宜采用塑料管。

2）附挂在桥梁或穿越沟渠，宜采用钢管或塑料管。

3）因条件限制不易埋深或受压很重的路由，宜采用钢管。

4）有重复的剧烈振动地区，不宜采用水泥管，宜采用钢管或塑料管。

5）在与热力管接近或交越的情况下不宜采用塑料管，可用水泥管或钢管。

6）土壤中含有较严重的腐蚀物，或杂散电流较大的地区，不宜采用钢管，可用水泥管或塑料管。

7）水泥管、塑料管和钢管的使用性能见表2-7。

表2-7 水泥管、塑料管和钢管的使用性能

| 参数 | 水泥管 | 塑料管（PVC） | 钢管 |
|---|---|---|---|
| 与塑料的摩擦因数 | 0.571 | 0.363 | 1.4 |
| 密度/($g/cm^3$) | 2.2~2.4 | 1.4~1.6 | 7.85 |
| 密封性能 | 差 | 好 | 好 |
| 施工操作难度 | 难 | 方便 | 方便 |
| 耐热性能 | 好 | 软化点低 | 好 |
| 抗拉强度/($kg/cm^2$) | 无 | 400~600 | 2400 |
| 抗弯强度/($kg/cm^2$) | 15~20 | 800~1200 | 1700~2400 |
| 抗压强度/($kg/cm^2$) | 60 | 700~1600 | 好 |
| 耐酸碱性能 | 强 | 耐化学腐蚀 | 差 |
| 绝缘性能 | 较好 | 良好 | 差 |

**2. 管材的施工**

（1）水泥管

标准水泥管分为六孔和四孔两种：六孔水泥管体积为600mm×360mm×250mm，管孔内径为90mm；四孔水泥管体积为600mm×250mm×250mm，管孔内径为90mm。水泥管接口是刚性的，其抗拒地基不均匀沉降的能力很差，所以在水泥通信管道与地基之间需要建筑基础。水泥管排列断面应考虑以下因素：

1）管群组成矩形或正方形，矩形的高度一般不超过管群底宽的一倍，为其他管线的交叉提供方便。

2）在管群高度许可的情况下，应尽可能地减小横向宽度，减少破坏路面，节约通信管

道地基处理及基础建设费用。

3）在躲避或穿越其他管线（或障碍物）时，管群组合的高度和宽度可根据实际情况排列。

4）引入落地光（电）缆交接箱基座的管孔宜排成一排，以利于光（电）缆进入光（电）缆交接箱的端子板。

（2）塑料管

由于塑料管重量轻、强度大，具有较大的纵向抗折弯能力，所以建筑塑料管通过管道时对基础的要求较低。目前使用的PVC塑料管一般长度为6m，采用承插接续，两管接续部位间用密封圈将通信管道密封。小孔径PE硅芯管采用套管接续方法，一般先在套管内壁或被接续塑料管插入套管部分的外壁上涂黏结剂，然后立即插入套管，受黏结剂化学性质的限制，在0℃以下不宜施工。另外，使用塑料管还应该遵循以下原则：

1）当土质较好又无地下水时，夯实底土，然后铺一层5cm厚的沙子或细土，即可在其上敷设塑料管。

2）当土质较好但有地下水时，先铺一层10cm厚的砂土垫层，找平后在其上敷设塑料管。

3）当沟底为岩石、半风化的石质土壤或砾石时，先铺一层10cm厚的砂土，然后敷设塑料管。

4）当沟底的土质较差，又有涌水，或经过流沙或淤泥地段时，应先抛石夯实，建筑8cm厚的混凝土基础，再加5cm厚的沙垫层，然后在其上敷设塑料管。

5）同沟敷设多层塑料管时，上下左右通信管道均间隔10cm，各塑料管之间用含一定水分的中沙或过筛的细土填充，并用棍棒捣实。最上层铺一层10cm含一定水分的砂土或过筛的细土，并用手夯实。

6）塑料管从人孔外侧1m开始，每隔3m用塑料架或10mm的钢筋将塑料管卡定固位，以保持管孔排列整齐，间隔均匀。

7）在由不同孔径组成的通信管道路由中，应遵循大孔径管孔敷设在断面的底部或两侧、小孔径管孔敷设在上部或中部的原则。

8）在地面上压力或机械冲击力很大或路面有被开挖可能的地区，管顶顶部需加管顶保护设施，如混凝土盖板保护或混凝土包封保护。

9）流沙严重地带，用砖砌侧壁并加盖保护，以防止通信管道断面层中的砂土流失。

（3）钢管

由于钢管价格昂贵，耗用金属多又易腐蚀，一般不作为通信管道的主要建筑材料，仅在以下特殊地区使用。

1）由于条件限制，通信管道埋深较浅，而地面荷载很重，冲击力很大的地带。

2）土质松软、跨越沟渠或小河沟的通信管道建筑。

3）必须采用顶管施工的地带。

4）短距离的引上通信管道。

5）桥梁上的过桥通信管道。

如果工程中使用了钢管，钢管埋入地下易受土壤腐蚀，所以在敷设前需要对钢管涂敷防腐保护层（一般情况下使用沥青）。对钢管的外保护层有以下要求：

1）保护材料是中性的，不透水，组织结构紧密，使钢管与外界的侵蚀物隔离。

2）对金属有良好的附着性能，经涂敷后能牢固地粘结在管体的表面，并具有与钢管相近的膨胀系数。

3）有一定的耐热和抗冻性能，有足够的机械强度，能经受施工及运输过程中可能发生的碰撞以及埋设以后土壤弯扭等的压力。

## 2.3.4 通信管道建设

通信管道建设规模大，一经建成就成为永久性固定设施。设计施工时，要结合通信网络发展和城市建设的长期规划，配合城市道路、桥梁等工程的施工，考虑水、电、热和煤气等管线综合布置的影响，要编制管网建设的长远规划。

**1. 管道位置复测**

通信管道施工前必须依据设计图样和现场交底的控制桩点，对通信管道及人（手）孔的位置进行复测，并按施工需要钉设桩点复测。管道位置复测应符合下列规定：

1）施工现场必须设置临时水准点，并标定管道及人（手）孔施工直测时使用的水准点。

2）自人（手）孔中心 3 ~ 5m 处开始，沿管线每隔 20 ~ 25m 钉设一个桩点。

3）桩点设置应牢固，顶部宜与地面平齐。桩点附近有永久建筑物时，可做定位桩点，并做好标志和记录。

4）平面复测时，管道中心线偏差不得大于 ± 10mm、直通型人（手）孔中心位置偏差不得大于 100mm、管道的转角处人（手）孔中心位置偏差不得大于 20mm。

5）准桩点、临时水准点必须牢固可靠且两点的间距不大于 150m；水平桩的顶部必须平整、稳定，并且有明显标记；水平桩应按顺序编号，测定相应高程，计算出各点的相应沟底深度，做好记录并标在平尺板上。

6）施工时，在完成沟（坑）挖方及地基处理后，应校测管道沟人（手）孔坑的基底高程是否符合设计规定。挖土方工作完成后，凡在沟中的其他管线等地下设施及已移改完毕的地下设施，必须测量其顶部的高程、宽度、与临近人（手）孔和通信管道的相对位置、垂直间距，并做好记录。记录中必须注明其类别、规格等，为绘制竣工图准备资料。

**2. 开挖土方**

通信管道建筑是以岩石或土壤为承受物，开挖土方时，要对所开挖的土壤充分认识。作为通信管道地基的土壤通常可分为一般土和特殊土两大类：一般土壤包括碎石土类、砂土类和黏土类；特殊土包括黄土、软土、填土、冻土、膨胀土、盐渍土和流沙。施工时，要注意以下几项：

1）通信管道施工中，遇到不稳定土壤或有腐蚀性的土壤时，要及时提出，并上报有关单位，待有关单位提出处理意见后方可施工。

2）通信管道在经过人行道、车行道和铁路时，通信管道过道最小埋深见表 2-8。

3）管道施工开挖时，遇到地下已有其他管线，与现有管线的平行或垂直距离小于通信管道设计规范要求，或可能危及其他设施安全时，应向建设单位反映。通信管道与其他管线的最小单位距离见表 2-9。

4）施工现场土层坚实及地下水位低于沟（坑）底，且挖深超过时，可采用放坡施工。

挖沟（坑）的深度与放坡宽度的关系见表2-10。

**表2-8　通信管道过道最小埋深**　（单位：m）

| 管道类别 | 管顶距地表最小距离 | | |
|---|---|---|---|
| | 人行道 | 车行道 | 铁　路 |
| 塑料管 | 0.5 | 0.7 | 1.5 |
| 钢管 | 0.2 | 0.4 | 1.2 |
| 水泥管 | 0.5 | 0.7 | 1.5 |

**表2-9　通信管道与其他管线最小单位距离**

| 其他地下管线及建筑物名称 | | 最小平行净距/m | 最小平行交越/m |
|---|---|---|---|
| 给水管 | 直径<300mm | 0.5 | 0.15 |
| | 直径为300~500mm | 1.0 | 0.15 |
| | 直径>500mm | 1.5 | 0.15 |
| 排水管 | | 1.0 | 0.5 |
| 热网 | | 1.0 | 0.25 |
| 煤气 | 气体压力<294.2kPa | 1.0 | 0.3 |
| | 气体压力为294.2~784.55kPa | 1.0 | 0.3 |
| 电力 | 电压为35~30kV | 0.5 | 0.5 |
| | 电压在30kV以下 | 2.0 | 0.5 |
| 其他通信电缆（通信管道） | | 0.5 | 0.25 |

**表2-10　挖沟（坑）的深度与放坡宽度的关系**

| 土壤类型 | 沟深 <2m时，沟深与放坡一侧宽度比 | 2m<沟深 <3m时，沟深与放坡一侧宽度比 |
|---|---|---|
| 黏土 | 1:0.1 | 1:0.15 |
| 夹砂黏土 | 1:0.15 | 1:0.25 |
| 砂质土 | 1:0.25 | 1:0.50 |
| 瓦砾、卵石 | 1:0.5 | 1:0.75 |
| 炉渣、回填土 | 1:0.75 | 1:1.00 |

5）遇有管道沟及人孔坑超过3m时，应适当增设倒土平台（宽400mm）或加大放坡系数。

6）开挖不需要支撑护土板的人（手）孔坑，其坑的平面形状可基本上与人（手）孔开口相同，坑的侧壁与人（手）孔外壁的外侧间距应不小于0.4m，其放坡也按表2-10执行。

7）开挖需支撑护土板的人（手）孔坑，宜挖矩形坑。人（手）孔坑的长边与人（手）孔壁长边的外侧（指最大宽处）间距应不小于0.3m，宽不小于0.4m。

8）通信管道工程的沟（坑）挖成后，凡遇被水冲泡的，必须重新进行人工地基处理；否则，严禁进行下一道工序的施工。

9）凡图样上标明需支撑护土板的地段，均应按照设计文件的规定进行施工；设计文件中没有具体规定是否使用支撑护土板时，遇下列地段应支撑护土板：

①横穿车行道的管道沟。

② 沟（坑）的土壤是松软的回填土、瓦砾、砂土和级配砂石层等。

③ 沟（坑）土质松软且其深度低于地下水位的。

④ 受施工现场条件所限无法采用放坡法施工而需要支撑护土板的地段，或与其他管线平行较长的地段。

10）挖沟（坑）接近设计的底部高程时，应避免挖掘过深破坏土壤结构，如挖深超过设计标高 100mm，应填铺灰土或级配砂石并应夯实。

11）通信管道工程施工现场堆土，应符合下列要求：

① 开凿的路面及挖出的石块等应与泥土分别堆置。

② 堆土不应紧靠碎砖或土坯墙，并应留有行人通道。

③ 城镇内的堆土高度不宜超过 1.5m。

④ 堆置土不应压埋消火栓、闸门、电缆（光缆）线路路缘石以及热力、煤气和雨（污）水等管线的检查井，雨水口及测量标志等设施。

⑤ 土堆的坡脚边应距沟（坑）边 40cm 以上。

⑥ 堆土的范围应符合市政、市容、公安等部门的要求。

12）挖掘通信管道沟（坑）时，严禁在有积水的情况下作业，必须将水排放后进行挖掘工作，室外最低气温在 -5℃以下时，对所挖的沟（坑）底部，应采取有效的防冻措施。

13）挖管道沟坑时，如发现地下文物，必须立即停止施工，及时上报有关单位，在解决之前施工单位严禁在该地区内继续施工。

**3. 回填土方**

1）回填土前应先清除沟（坑槽）内的遗留杂物，如有积水或淤泥，必须排除后方可进行回填。管道顶部 30cm 以内及靠近管道两侧的回填土内，不应含有直径大于 5cm 的砾石、碎砖等坚硬物。设计文件有特殊要求的应做换土或过筛。

2）管道两侧（两腮）回填土要求每回填 15cm 厚，用木夯排夯两遍。管道顶 30cm 以上，每回填 30cm 应用木夯排夯三遍或用蛤蟆夯排夯两遍，直至回填完。

3）在市内主干道路上的回填土，应与路面平齐；市内一般道路的回填土应高出路面 5～10cm；郊区应高出路面 15～20cm。注意：严禁用砂子进行回填（破道回填除外）。

**4. 管道地基和基础**

通信管道的地基是承受地层上部全部荷重的地层。在地下水位很低的地区，如果通信管道沟原土地基的承载能力超过通信管道及其上部压力的两倍以上，而且又属于稳定性的土壤，则沟底经过平整以后，即可直接在其上铺设通信管道。如果原土层土质松散，必须经过人工加固，使上层较大的压力经过扩散以后均匀地分布于下部承载能力较差的土壤上。

基础是管道与地基之间的媒介结构，是在地基上建筑的具有一定强度的建筑。稳定的土壤经过夯实，即可承受通信管道建筑及其上部的荷载，这时不需要基础。但遇到不稳定的土壤时，如在城区内，考虑到其他各种管线建筑在通信管道相邻位置，开挖管沟时会使该地区地基土壤疏松，造成通信管道区域土质不均匀沉陷，这时应做基础。

在地基上做基础，在基础上建筑通信管道。地基和基础的施工要求如下：

1）当管道基础为 63cm 以下宽时，其沟底宽度为基础宽度加 30cm，即每侧各加 15cm；管道基础为 63cm 以上宽时，其沟底宽度为基础宽度加 60cm，即每侧各加 30cm；当设计规定管道沟槽需要支撑挡土板时，沟底宽度应另加 10cm。

2）基础位置要求距管道中心线左右偏移不超过3cm；钢筋应搭在预留口墙上不小于10cm。管道基础的混凝土应振捣密实、表面平整、无波浪、无毛刺、不起皮和不粉化。

3）混凝土比例为：1份水泥、3份砂子、5份石子，常温下养护时间为24h，冬期施工应加保温措施。

4）为避免管孔内积水，调整埋深纵向坡度不小于2.5‰，放一字坡或人字坡时坡度为3‰左右。

**5. 人（手）孔和通道建筑**

1）砖、混凝土砌体墙面应平整、美观，不应出现竖向通缝，砖砌体砂浆饱满程度应不低于80%，砖缝宽度应为8～12mm，同一砖缝的宽度应一致，设计规定抹面的砌体，应将墙面清扫干净，抹面应平整、压光、不空鼓，墙角不得歪斜。抹面厚度、砂浆配比应符合设计规定，其墙体外面要抹鱼鳞灰防水。在水大的地区要进行防水处理。

2）通信人（手）孔的建筑规格、尺寸、结构形式及铁件的安装等均应符合设计要求；人（手）孔基础的外形、尺寸应符合设计规定，其外形偏差应不大于±20mm，厚度偏差应不大于±10mm。

3）基础的混凝土水泥标号、配筋应符合设计要求，浇注混凝土前应清除模板内的杂物，按设计挖好积水罐坑，其大小应与积水罐相吻合，基础表面应从四周向积水罐做2cm泛水（水向积水罐处流）。

4）墙体与基础应结合严密、不漏水，结合部的内外侧应用1:2.5水泥砂浆抹八字，基础进行抹面处理的可不抹内侧八字。抹墙体与基础的内、外八字角时，应严密、贴实、不空鼓、表面光滑、无欠茬、无飞刺和无断裂等。砌筑墙体的水泥砂浆标号应符合设计规定；设计无明确要求时，应使用不低于150#的水泥砂浆。通信管道工程的砌体严禁使用掺有白灰的混合砂浆进行砌筑。

5）人（手）孔和通道墙体的预埋铁件应符合下列规定：

① 穿钉的规格、位置应符合设计规定，穿钉与墙体应保持垂直；上下穿钉应在同一垂直线上，允许垂直偏差不大于5mm，间距偏差应小于10mm；相邻两组穿钉间距应符合设计规定，偏差应小于20mm；穿钉露出墙面应适度，一般应为50～70mm，露出部分应无砂浆等附着物，穿钉螺母应齐全有效；穿钉安装必须牢固。

② 拉力（拉缆）环的安装位置应符合设计规定，一般情况下应与对面管道底保持200mm以上间距；露出墙面部分应为80～100mm；安装必须牢固。

③ 管道进入人（手）孔通道的位置，应符合设计规定，允许偏差应不大于10mm，管道端边至墙体面应呈圆弧状的喇叭口，人（手）孔通道内的窗口及窗口外侧应堵抹严密，不得有浮塞，表面平整，窗口四边呈八字形。当管道窗口大于700mm或使用承重易变形的管材时，应加过梁或窗套。

6）人（手）孔上覆（分现场浇注和预制两种）。

① 上覆的钢筋型号应符合设计要求，可参考施工图的人（手）孔上覆配筋图，如第2章的图2-8，上覆厚度一般根据现场实际情况而定，例如车行道上不低于20cm、人行道上不低于15cm，实际施工应根据设计而定。

② 预制上覆与盖板之间的缝隙应尽量小，其拼缝必须用1:2.5水泥砂浆堵抹填平。上覆必须达到设计强度后方可使用。上覆与墙体搭接处的内外侧应用1:2.5水泥砂浆抹八字

角。现场直接在墙体上浇注的上覆可不抹角。

7）人（手）孔铁盖。

① 铁盖由铸铁制造，材料抗拉强度不低于1.2MPa，并在表面涂两层红丹后再涂黑色防锈漆一层。直径公差为直径±2mm，其他部分为±5%。

② 铁盖的整体厚度应一致，不得有裂缝、颗粒隆起及不平等缺点。

③ 铁盖边缘必须紧密切合支座边槽，还应便于开启。

④ 铁盖重约116kg，应高出地面约为3cm。

**6. 管道敷设**

通信管道常采用聚氯乙烯管、双壁波纹管、硅芯塑料管以及多孔式塑料管敷设，其敷设方法、组群方式、接续方式有如下要求：

1）塑料管道敷设在直线路由时，塑料管道长度要根据设计文件和现场实际情况而定，一般最长不超过150m，在公路上的塑料管道段长最长不宜超过200m。

2）塑料管道敷设时，受到地形限制或躲避障碍物时可敷设弯管道，管材严禁加热弯曲，只能在外力作用下形成自然弧度，弯曲半径不得小于15m；弯曲塑料管道段长不得超过150m；同一段塑料管道不得出现反向弯曲（即S弯）。弯曲段的塑料管道接口应做混凝土包封，包封长度为2m，包封厚度为10mm。

3）敷设多孔式简易塑料管道时，管道沟槽基础要平整夯实。敷设多根塑料管时，组群管间缝隙宜为10~15mm，接口处与包封管道一般错位30cm左右，每隔2m固定一次，在过路时要加保护。

4）敷设混凝土包封塑料通信管道时，管孔排列一般根据设计要求组合，一般在4孔以上每层基数为双数，每2m设一处定位架，每层管之间加一层砂浆（厚度为20mm）填平，塑料管接口处要用防水胶圈并插入到位，接口部位的相邻管道之间错开（不小于300mm）之后，用堵头或塞子堵上，防止进土影响穿放光（电）缆。

5）在做塑料管道包封加固处理之前，要做好与沟槽内侧的隔离挡土板（或油纸），以防尘土进入。塑料管孔两侧及上面混凝土厚度不小于80mm，使用的混凝土必须在45min内浇筑完毕，使用拉耙拉平，夯实，进行洒水养护24h，如温度低应加保温措施。管道顶部距地面不小于800mm，如果小于800mm，应采取加固措施（上部铺设钢筋帘）。

**7. 顶管**

顶管分为机械顶管（微控定向钻机、液压机械顶管）和人工顶管（水钻顶管）两种。通信管道在通过公路、铁路时要进行顶管，一般要求顶$\phi$80mm的热轧钢管（或根据设计而定）。深度：公路一般在1.5m以上，铁路在1.8m以上，但还要以设计文件为标准。管孔在路边两侧各长出1m。

综上所述，管道施工过程是在管道沟开挖完成后，根据土壤的条件做好地基和基础，选择适合的管材，完成通信管道、人（手）孔以及通道建筑后，再敷设管线。

## 2.4 通信工程识图

通信工程图样是通过图形符号、文字符号、文字说明及标注表达工程性质的文件。专业技术人员通过图样能够了解工程规模、工程内容、统计出工程量及编制工程概预算。在概预算文件编制中，阅读图样、统计工程量的过程就称为识图。

## 2.4.1 通信工程制图

**1. 通信工程制图的基本要求**

1）图面布局合理、排列均匀、轮廓清晰、便于识别。

2）选用合适的图线宽度，避免图中线条过粗和过细。

3）正确使用图标和行业规定的图形符号。派生新的符号时，应符合图标、图形符号的派生规律，并在合适的地方加以说明。

4）在保证图面布局紧凑和使用方便的前提下，应选择合适的图样幅面，使图样大小适中。

5）应准确地按规定标注各种必要的技术数据和注释，并按规定进行书写或打印。

6）工程设计图样应按规定设置图签，并按规定的责任范围签字，各种图样应按规定顺序编号。

**2. 通信工程制图的统一规定**

（1）图样幅面尺寸

工程设计图样幅面和图框大小应符合国家标准 GB/T 6988.1—1997《电气技术用文件的编制　第1部分：一般要求》的规定，一般采用 A0、A1、A2、A3、A4 及其加长的图样幅面。

（2）图线

1）通常只选用两种宽度图线。粗线宽度是细线的两倍，主要图线采用粗线，次要图线采用细线。

2）使用图线绘图时，应使图形的比例和配线协调恰当，重点突出，主次分明。

3）细实线是最常用的线条。指引线、尺寸标注应使用细实线。

4）当需要区分新安装的设备时，粗线表示新建，细线表示原有设施，虚线表示规划预备部分。

5）平行线之间的最小间距不宜小于粗线宽度的两倍，同时最小不能小于 0.7mm。

（3）比例

1）对于建筑平面图、平面布置图、管道线路图、设备加固图及零部件加工图等图样，一般应有比例要求；对于系统框图、电路图及方案示意图等图样则无比例要求。

2）对平面布置图、线路图和区域规划性质的图样推荐的比例有 1:10、1:20、1:50、1:100、1:200、1:500、1:1000、1:2000、1:5000、1:10000 及 1:50000 等。

3）对于设备加固图及零部件加工图等图样推荐的比例有 1:2、1:4 等。

4）应根据图样表达的内容深度和选用的图幅，选择合适的比例。对于通信线路及管道类的图样，为了更方便地表达周围的环境情况，可采用沿线路方向按一种比例绘制，而周围环境的横向距离采用另外一种比例或基本按示意性比例绘制。

（4）尺寸标注

1）图中的尺寸单位，除标高和管线长度以米（m）为单位外，其他尺寸均以毫米（mm）为单位。按此原则标注的尺寸可不加计量单位的文字符号。若采用其他单位时，应在尺寸数值后加注计量单位的文字符号。

2）尺寸界线用细实线绘制，两端应画出尺寸箭头，箭头指到尺寸界线上，表示尺寸的起止。尺寸的箭头使用实心箭头，箭头的大小应按可见轮廓选定，其大小在图中应保持一致。

3）尺寸数值应顺着尺寸线方向写，并符合视图方向，数值的高度方向应和尺寸线垂直，并不得被任何图线通过。当无法避免时，应将图样断开，在断开处填写数字。

4）有关建筑用尺寸标注，可按 GBJ 104—87《建筑制图标准》要求标注。

### 2.4.2 通信工程常用图例

目前，通信工程规划、设计和施工部门均使用制图软件进行工程制图。使用计算机绘图，必须采用规范化和标准化的符号，因此从通信行业标准、相关设计手册、设计文件和常用设计软件中收集一些具有代表性的制图符号作为图例。图例就是用来表示设计意图的符号。使用统一的图例，可以使工程图样通俗易懂、规范清晰，若采用其他符号绘制，必须在图中加以说明。

**1. 通信线路工程常用图例**

通信线路工程图例可分为通信管道、光（电）缆敷设、通信杆路和综合布线 4 部分，由于图例数量众多，这里仅选列部分，通信线路工程常用图例见表 2-11。

**表 2-11 通信线路工程常用图例**

| 项目类别 | 图形符号 | 说明 | 项目类别 | 图形符号 | 说明 |
|---|---|---|---|---|---|
| | —塑 φ110×10 —<br>100 | 原有塑料管道（10 根内径为 110mm 的单孔塑料管组合的管道，段长 100m） | | —灰6×4—<br>80 | 新建水泥管道（4 根 6 孔水泥管块组合的 24 孔管道，段长 80m） |
| | 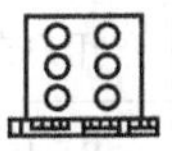 | 原有管道断面（6 孔管道，并做管道基础，管孔材料可为水泥管、钢管、塑料管等） | |  | 新建塑料或钢管管道断面（上面为 6 孔水泥管道，下面做管道基础） |
| | 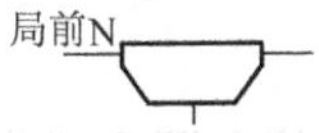 | 局前人孔（原有为细线，新建为粗线，N 为编号） | | 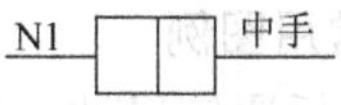 | 手孔<br>注：有大号、中号、小号之分，中手表示中号手孔，N1 为编号 |
| |  | 原有直通型人孔（大直为大号直通型） | |  | 斜通型人孔 |
| 通信管道 | 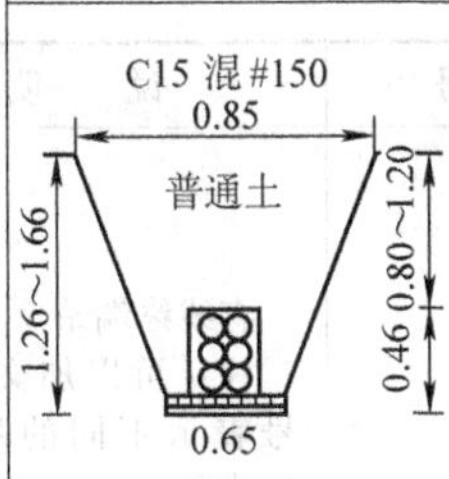 | 一立型（一般要标注管道挖深范围，管道基础厚度和宽度，并标注路面情况（如 C15），挖土土质（普通土），管群净高度，管道包封情况，管群上方距路面高度） | 通信管道 | 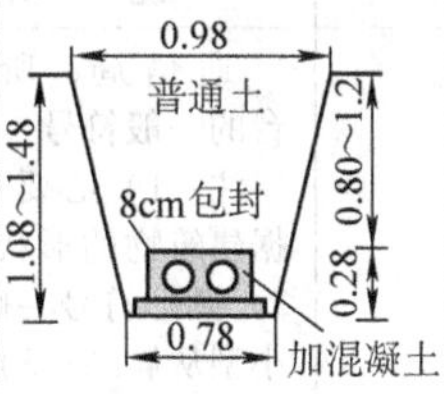 | 2 孔（2×1），（一般要标注管道挖深范围，管道基础厚度和宽度，并标注路面情况，挖土土质，管群净高度，管道包封情况，管群上方距路面高度） |
| | 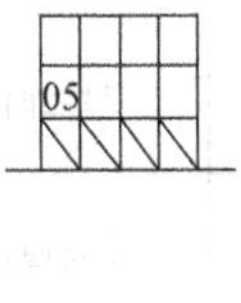 | 管道光（电）缆管孔占用示意图（管孔数量依实际排列情况定，⧄表示已穿放电缆，□表示管孔空闲，05 表示本次敷设的光缆及编号） | | 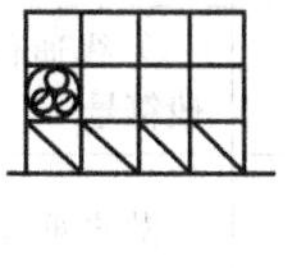 | 光缆子管占用管道示意图（⊛表示 1 个管道中穿 3 根子管） |

（续）

| 项目类别 | 图形符号 | 说　明 |
| --- | --- | --- |
| 光（电）缆敷设 |  | 光缆或光纤的一般符号 |
| | 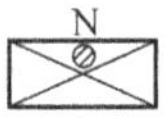 | 架空式光缆交接箱（N为交接箱编号，既有用细线表示，新设用粗线表示） |
| | L<br>—(钉)HYAn+2+d——<br>N | 钉固式墙壁电缆 |
| |  | 水线地锚 |
| | 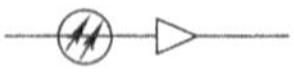 | 光缆中继器（原有用细线表示，新设用粗线表示） |
| | 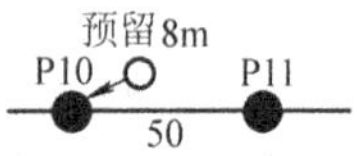 | 架空光缆在电杆上预留的标注（既有用细线表示，新设用粗线表示） |
| | 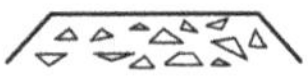 | 石砌坡、坎、堵塞保护 |
| |  | 路由路缘石 |

| 项目类别 | 图形符号 | 说　明 |
| --- | --- | --- |
| 通信杆路 |  | 原有电杆（P18为电杆标号，8为电杆程式，电杆程式也可用文字具体表示） |
| | 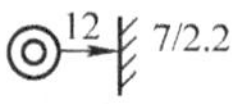 | 新设墙壁拉线（12为距离12m） |
| | 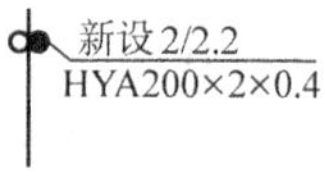 | 架空电缆杆面程式（穿钉式，架空吊线的条数和位置依实际情况画，新设吊线为实心，利旧为空心） |
| | 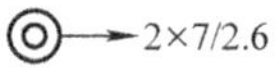 | 原有双股拉线（程式有7/2.2，7/2.6，7/3.0；既有用细线表示，新设用粗线表示） |
| | 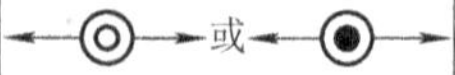 | 双方拉线（粗线为新设、细线为原有） |
| |  | 原有卡盘或单横木 |
| 综合布线 |  | 信息插座（单孔） |
| | LANX | 局域网交换机 |
| | PABX | 用户自动交换机 |
| | 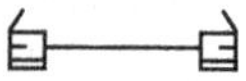 | RJ-45引线 |

**2. 通信设备工程常用图例**

通信设备的图例包括通信局站、机房设施、数据通信、天线和通信电源5部分，通信设备工程常用图例见表2-12。

**表2-12　通信设备工程常用图例**

| 项目类别 | 图形符号 | 说　明 |
| --- | --- | --- |
| 通信台、局、站 | 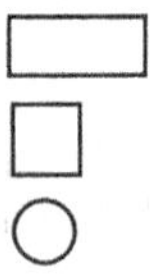 | 通信局、所、站、台的一般符号<br>注：1）必要时可根据建筑物的形状绘制；2）圆形符号一般表示小型从属站；3）可以加注文字符号来表示不同的等级、规模、用途、容量及局号等 |
| |  | 无线通信局站的一般符号 |
| | 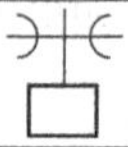 | 微波通信中间站 |

| 项目类别 | 图形符号 | 说　明 |
| --- | --- | --- |
| 通信台、局、站 | 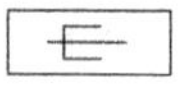 | 有线终端站<br>注：可以加文字符号表示不同的规模、形式 |
| | 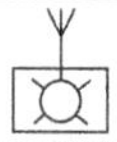 | 卫星通信地球站 |
| | 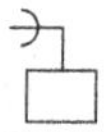 | 微波通信终端站 |

（续）

| 项目类别 | 图形符号 | 说明 | 项目类别 | 图形符号 | 说明 |
|---|---|---|---|---|---|
| 机房设施 |  | 屏、盘、架的一般符号 | 数据通信 |  | 适配器<br>注：*号可用技术标准或特征表示 |
| | 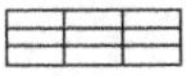 | 总配线架 | |  | 数据终端设备 |
| |  | 电缆槽道（架顶） | 天线 |  | 天线的一般符号 |
| |  | 多种电源配电箱（屏） | |  | 天线塔的一般符号 |
| | 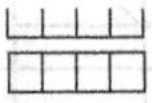 | 列架的一般符号 | | 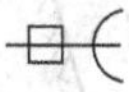 | 矩形导馈电抛物面天线 |
| | 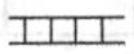 | 走线架、电缆走道 | |  | 环形（或矩形）天线 |
| |  | 照明配电箱（屏） | | | |
| |  | 插座、插孔的一般符号 | | | |

## 2.5 实训 通信工程识图

### 2.5.1 ××电信分公司进局管道工程施工图分析

**1. 实训目的**

通过本实训，能够熟悉通信工程图例，学会分析管道光缆施工图，了解施工图绘制特点；能够正确统计施工项目类型及通信设施的安装位置。

**2. 实训题目**

1）×××电信分公司进局管道工程图，如图2-6所示。

2）×××电信分公司进局管道工程纵断面图，如图2-7所示。

3）人孔井规格1.2m×1.7m×1.8m（内宽×内长×内高），人孔内部规格图如图2-8所示。

4）4×1孔塑料管道剖面图如图2-6所示。

**3. 实训内容**

1）新建人孔的位置、类型、编号及间距。

2）出土管的位置、程式及间距。

3）人工顶管的长度及管道数量。

4）管道断面排列情况。

5）主要路面情况。

6）主要参照物。

7）管道包封尺寸。

8）人孔内部建筑的详细尺寸。

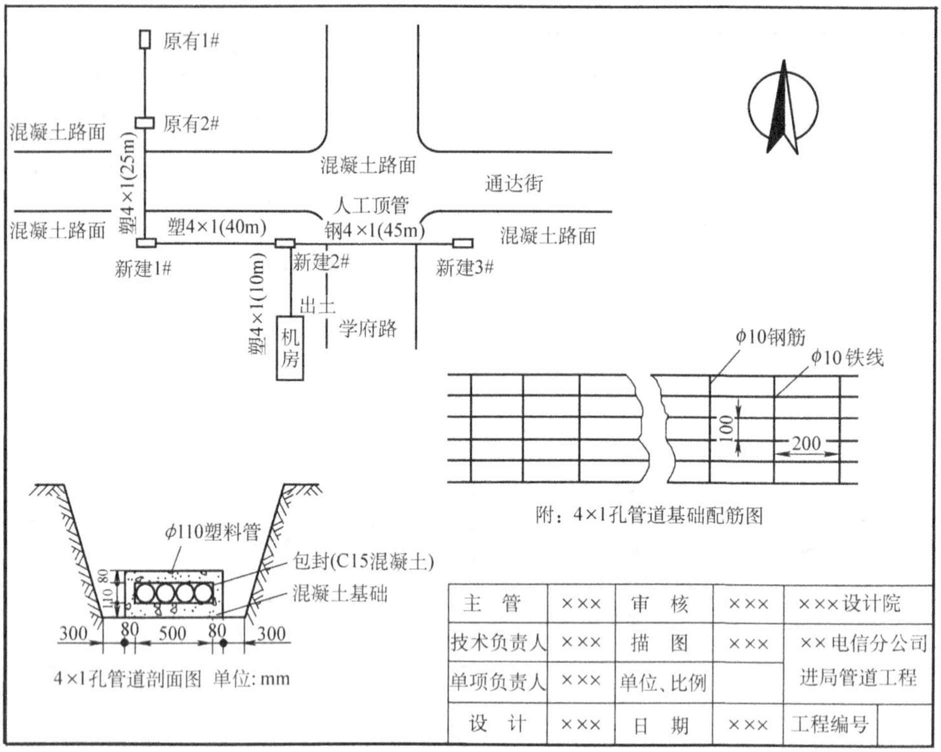


| | | | | |
|---|---|---|---|---|
| 主　管 | ××× | 审　核 | ××× | ×××设计院 |
| 技术负责人 | ××× | 描　图 | ××× | ××电信分公司进局管道工程 |
| 单项负责人 | ××× | 单位、比例 | | |
| 设　计 | ××× | 日　期 | ××× | 工程编号 |

图 2-6　×××电信分公司进局管道工程图

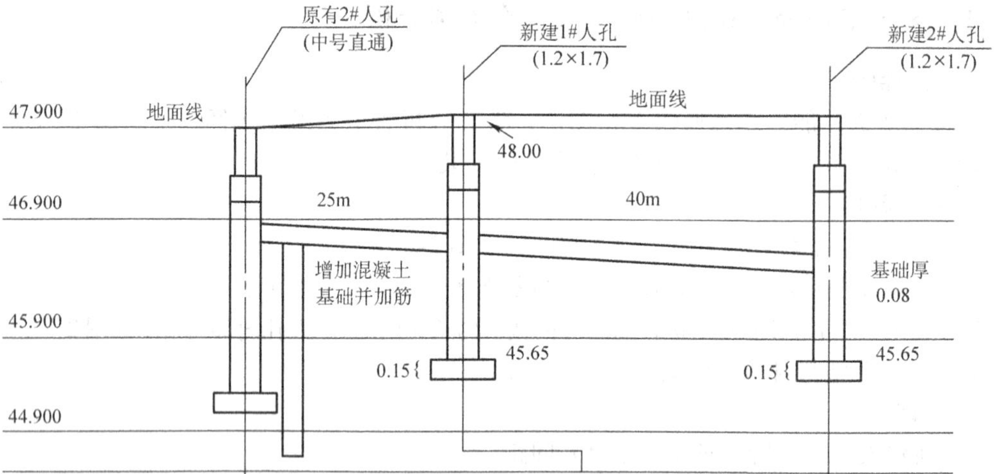


| | | | | | | |
|---|---|---|---|---|---|---|
| 人孔口圈顶部高程 | 47.9 | $L$:25m | 48.800 | | $L$:40m | 48.00 |
| 人孔上覆底部高程 | 47.45 | 孔型4×1塑料管 | 47.45 | | 孔型4×1塑料管 | 47.45 |
| 管道外部顶部高程 | 46.77 | 高差：0.100m | 46.67 | 46.66 | 高差：0.150m | 46.51 |
| 管道基础顶部高程 | 46.66 | | 46.56 | 46.55 | | 46.4 |
| 人孔基础顶部高程 | 45.2 | | 45.65 | 45.65 | | 45.65 |
| 人孔内高 | 2.250 | | 1.800 | | | 1.800 |

图 2-7　×××电信分公司进局管道工程纵断面图

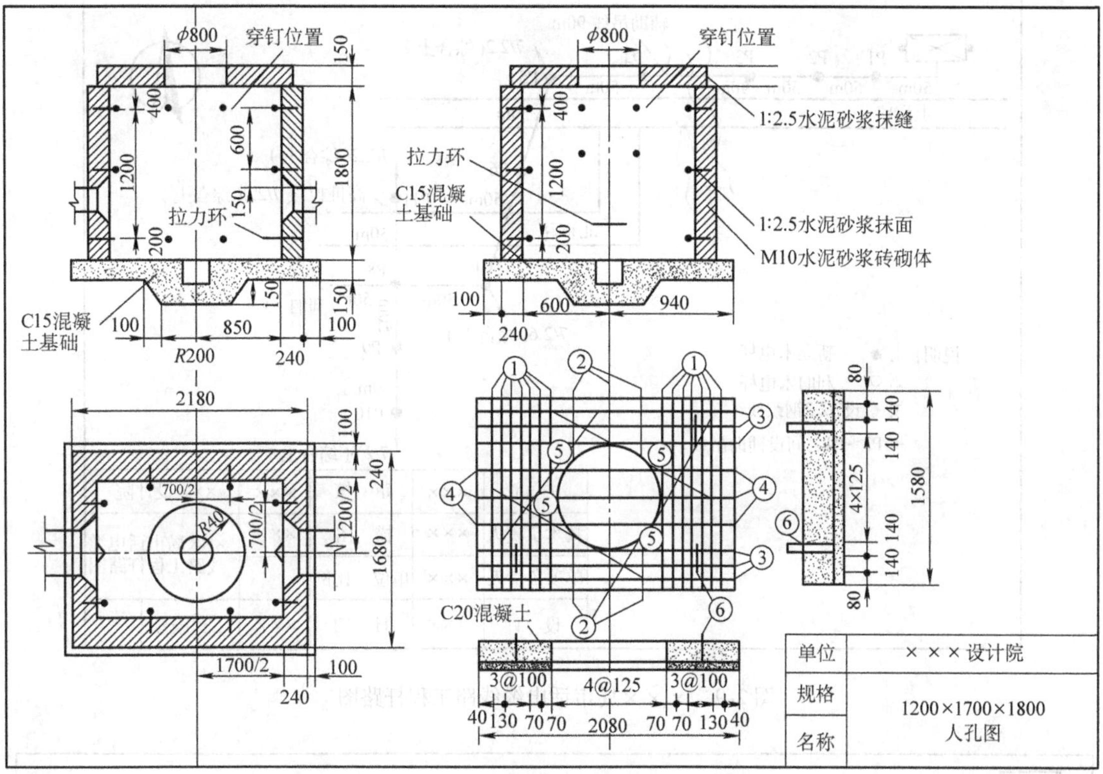


图 2-8　人孔内部规格图

**4. 实训报告**

1）写出施工图中的图例。

2）说明人孔井的规格。

3）说明管道路由走向。

## 2.5.2　× ×市话电缆线路工程施工图分析

**1. 实训目的**

通过本实训，能够熟悉通信工程图例，学会分析架空光缆施工图，了解施工图绘制特点；能够正确统计施工项目类型及通信设施的安装位置。

**2. 实训题目**

1）× × ×局市话电缆线路工程杆路图（见图 2-9）分析。

2）× × ×局市话电缆线路工程电缆施工图（见图 2-10）分析。

**3. 实训内容**

1）架空杆路电杆的数量、编号及间距。

2）架空吊线的规格。

3）拉线的规格及施工土壤类型。

4）原有杆路位置。

5）主要参照物。

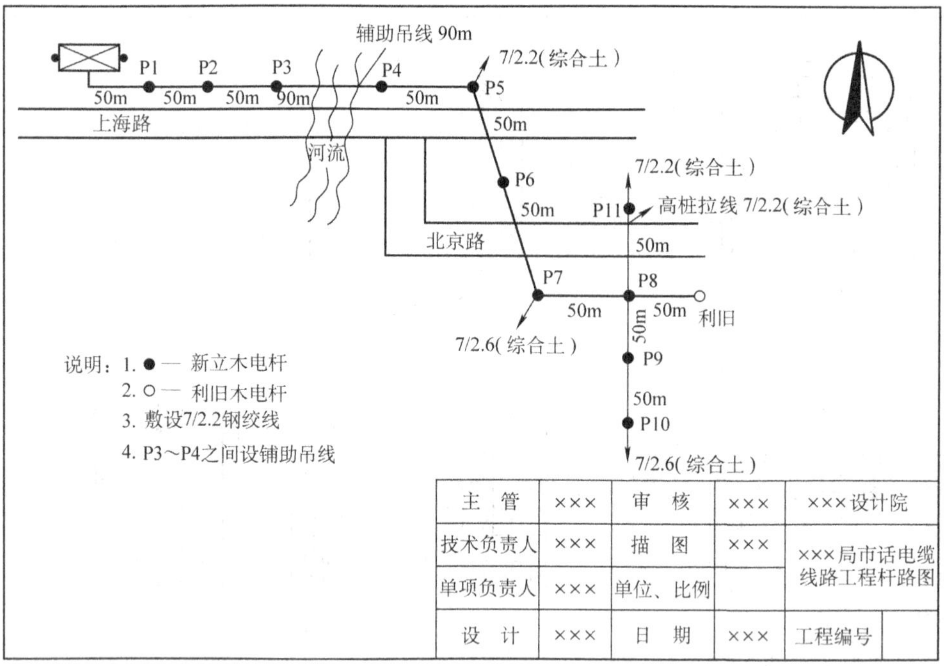


图 2-9 ×××局市话电缆线路工程杆路图

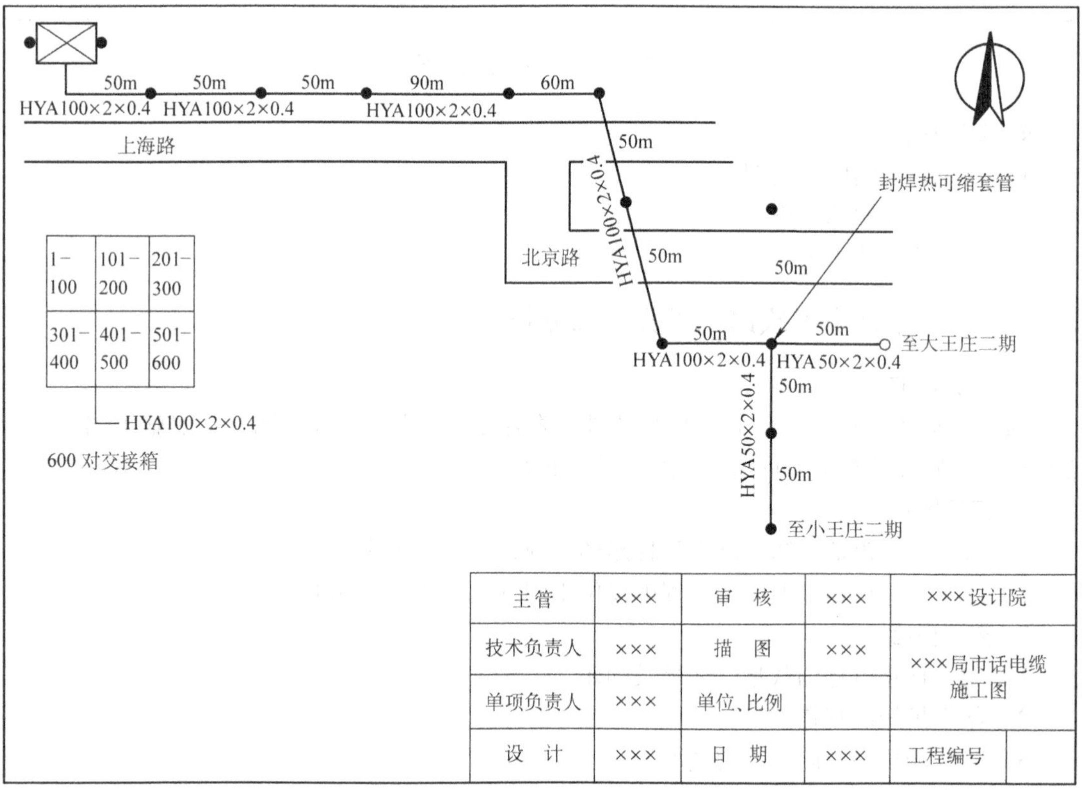


图 2-10 ×××局市话电缆线路工程电缆施工图

6）配线电缆的规格及割接位置。

**4. 实训报告**

1）写出施工图中的图例。

2）说明拉线、吊线的用途。

## 2.6 习题

1. 名词解释：

（1）管道光缆　　（2）直埋光缆　　（3）架空光缆

（4）光纤配线架　　（5）电缆分线盒　　（6）图例

2. 填空题：

（1）光缆一般由缆芯、________、填充物和________等几个部分组成。

（2）光（电）缆的防护主要包括防机械损伤、________、防雷、________、防鼠和________等内容。

（3）人孔、________和________建筑都是通信管道工程设置的地下建筑。

（4）常用管材有________、塑料管和________ 3 种。

（5）通信工程图样是通过________、文字符号、________及标注表达工程性质的文件。

3. 简述常用通信光缆、电缆的种类及其用途。

4. 说明光（电）缆的防护要点。

5. 简述人（手）孔和通道建筑的用途。

6. 说明常用通信管材的应用特点。

7. 通信工程制图有哪些基本要求？

8. 简述施工图分析的要点及注意事项。

# 第 3 章　工程量的计算

## 本章要点

- 通信工程勘察要点
- 工程量计算方法

## 3.1　通信工程勘察

工程勘察的目的是为设计和施工提供可靠的依据。在现场勘察工作中，如果发现与设计任务书有较大出入的问题，应上报原下达任务书的单位重新审定，并在设计中特别加以论证说明。

### 3.1.1　初步设计勘察

初步设计勘察小组由设计专业人员和建设单位代表共同组成。勘察前应首先研究设计任务书（或可行性报告）的内容与要求；收集与工程有关的文件、图样与资料；在 1∶50000 地形图上初步标出拟定的通信线路路由方案；初步拟定无人站站址的设置地点，并测量标出相关位置；制定组织分工、工作程序与工程进度安排；准备勘察工具等。

**1. 初步设计勘察的内容**

勘察人员应与建设单位协商勘察中人员配合的具体要求，并请对方提供有关需要调查的资料（即可行性研究报告和方案等已收集的资料）。

如果是主体设计单位，需了解由建设单位委托其他设计单位的分项工程项目，商定提交分项设计的时间及有关工程项目的配合等问题。在向沿途各有关单位进行调查和商议具体工作时，还需要收集如下资料：

1）调查电信企业内部的建设单位与沿途局（站），了解相关城市现有市话管道分布及管孔占用位置、人孔形式和可利用的情况；在本工程光缆路由附近，有无已敷设本企业或外单位通信光（电）缆线路；有关现有通信光（电）缆遭受雷击、腐蚀或啮齿动物损伤等的记录；现有省内通信维护组织系统和分布情况的有关内容；相关部门对本工程的要求与建议。

2）向城市建设与规划部门调查城市发展规划、地下隐蔽工程、地下管线的分布情况和有关影响光缆线路安全的地点，如具有腐蚀性的工厂、爆炸物资仓库、军事性质设施和大型变电站的设置地点等；同城市建设与规划部门商议光缆线路进市区的路由计划，指定敷设光缆的平、断面位置；查询有关设计竣工图样备案要求，以及对施工的配合要求；商请提供城市测绘图样。

3）与公路部门商议光缆线路穿越公路、沿路的敷设，以及需挂桥梁的要求、修复和破路赔偿等事项。

4）向航运部门调查光缆穿越河流，通航的船只种类、吨位、夜航和抛锚等；商议水底光缆线路穿越河道的具体路由、禁锚区范围、禁锚区标志牌的位置和夜航灯光要求；有关航道疏浚、修建码头的情况；商请提供航道测绘图；有关施工租用船只及配合施工等事宜。

5）向水利部门调查光缆线路拟穿越重要河流的平、断面及河床土质情况。河堤加宽、加高，河坝修建的规划和光缆通过或穿越时的特殊要求；根据需要委托相关单位协助进行河床断面测量。

6）向乡镇人民政府调查有关乡镇公路、小型农田水利设施、养殖场以及乡镇企业、工厂等的建设计划。

7）调查水文部门，了解河床的封冻、解冻月份，冰冻厚度。山区河流洪水暴发时河床冲刷情况；上游流域的地面植被情况，暴雨量及河床变化情况；较大河流的水准点资料（供测量河床断面时使用）。

8）向气象部门了解雨季、风季和冰雹等情况。

9）向地质、农林部门了解沿线土壤分布情况、土壤的 pH 值、硝酸根离子及有机质含量的粗略数值；矿藏资料，已开采矿区的沉陷深度、范围及沉陷时间；土壤翻浆和冻裂情况；地震资料；地下水位高低与水质资料；主要农作物、青苗和占地的赔偿标准，果树及经济作物的赔偿标准。

10）与土地管理部门协商农作物和土地的临时用地赔偿费用。

11）调查文化考古部门、白蚁防治所及有关单位，地下建筑物或隐蔽工程的位置、结构；光（电）缆、线路设备及有关施工仪表、材料的供应情况，产品性能与价格；新产品、新技术的研制情况等。

**2. 初步设计的现场勘察**

1）分析评估所收集了解到的资料内容的可靠性，核实地形、地物和建筑设施等的实际情况，对初拟路由中地形不稳固或受其他建筑影响的地段进行修改调整，通过现场勘察比较，选择最佳路由方案。

2）会同维护技术人员在现场确定通信线路进入市区时，利用现有管道的长度、需新建管道的地段和管孔配置、计划安装制作接头的人孔位置；根据现场地形，研究确定利用桥梁附挂的方式和采用架空敷设的地段。

3）确定光缆线路穿越河流、铁路及公路的具体位置，并提出相应的施工方案和保护措施；拟定通信线路的防雷、防蚀、防强电、防洪、防机械损伤的地段及其防护措施。勘察沿线土壤种类，初步估算土（石）方工程量和沟坎的数量；了解沿线白蚁和啮齿动物繁殖及对敷设地下光（电）缆的伤害情况。

4）配合数字传输设备、电力和土建专业人员进行机房选址和确定光（电）缆的进线方式与走向；会同当地局（站）维护人员研究拟定初步设计中通信系统的配置和维护制式等有关事项。

**3. 整理图样资料**

通过对现场勘察和先期收集的有关资料的整理、加工，形成初步设计的图样；将线路路由两侧一定范围（各 2000m）内的有关设施，如军事重地、矿区范围、水利设施、接近的输电线路、电气化铁道、公路、居民区、输油管线及其他重要建筑设施（包括地下隐蔽工程）等，准确地标绘在 1∶50000 的地形图上。

用量（滚）图仪在地形图上计量以下距离长度：路由总长度；终端站、转接站、分路站、有人及无人中继站间的距离；与重大军事目标、重要建筑设施的距离；路由沿线的不同地形、不同土质，顺沿公路、铁道、接近的高压输电线和电气化铁道、防雷地段、防腐蚀地段、防机械损伤地段的具体长度及不同路由方案的相关长度；统计各种规格的光（电）缆长度。整理图样时，应使用专业符号。资料整理后，形成的主要图样及内容如下：

1）在1∶50000地形图上绘制线路路由图：勘察选定的线路路由；终端站、转接站、分路站、有人及无人中继站间的位置；其他重要设施位置，如水库、矿区、高压输电线、变电站以及电气化铁道牵引站等。

2）路由方案比较图：对路由中主要复杂地段绘制详图，并提出路由方案的比较意见。

3）系统配置图：概要地绘出整个路由与各站的系统分布情况；无人中继站的电源供给方式；业务联络系统与监控中心的设置传递方式；巡房、水线房的设置；维护段的划分及主要设施等。

4）市区管道系统图：绘出如何利用现有管道以及新建管道的路由、管段长度及规模等。

5）敷设水底线路的主要河流平面、断面图：按所选定水底线路路由和河道、河床概况绘制。

最后，勘察组全体人员对选定的路由、站址、系统配置、各项防护措施及维护设施等具体内容进行全面的总结，并形成勘察报告，向建设单位汇报。对于暂时不能解决的问题以及超出设计任务书范围的问题，报请上级主管部门批示。

### 3.1.2 施工图测量

施工图测量是对施工单位进行直接施工用图的具体测绘工作，也是对初步设计审核中的修改部分进行的补充勘测工作。通过施工图测量，使线路敷设的路由位置、安装工艺，各项防护保护措施进一步具体化，并为编制工程预算提供第一手资料。进行测量工作之前，首先研究初步设计和审批意见，了解设计方案、设计标准和各项技术措施的确定原则，明确初步设计会审后的修改意见；了解对外调查联系工作的进展情况和遗留给施工图测量中需要补做的工作；了解现场实际情况与原初步设计勘察时的变化情况，例如因路由变化而导致站址以及进城路由走向的变动等；确定参加测量的人数，明确人员分工，制订测量进度计划；准备测量用的工具仪器。

**1. 测量工作**

施工图测量时，人员一般分为5个组：大旗组、测距组、测绘组、测防组及对外调查联系组。可根据需要配备一定的人员。

（1）大旗组

大旗组负责确定光（电）缆敷设的具体位置。大旗插定后，在1∶50000的地形图上进行标注，发现新修公路、高压输电线、水利及其重要建筑物设施时，在地形图上补充绘入。

测量时不能与初步设计路由偏离太大，当不涉及与其他建筑物的隔距要求，又不影响协议文件规定时，允许适当调整路由，使其更为合理和便于维护。发现路由不妥时应返工重测，个别特殊地段可以测量两个方案，作技术经济比较。注意穿越河流、铁路、公路、输电线等的交越位置，注意与电杆的隔距要求。与重要建筑物的隔距应符合初步设计要求。大旗位置选择在路由转弯点或高坡点，直线段较长时，中间增补1或2面大旗。

（2）测距组

测距组负责测量路由长度的准确性，配合大旗组用花杆定线定位，量距离，定标桩，登记累计距离，登记工程量和对障碍物的处理方法，确定S弯预留量。登记和障碍处理由技术人员承担，并对现场测距工作全面负责。测量时保证测量准确性的措施如下：

1）至少每两天用钢尺核对测绳（又称地链）长度一次。

2）遇到上、下坡或沟坎或需要S形上、下的地段，测量绳要随地形与光（电）缆的布放形态一致。

3）先由拉后链的技工将每次新测档距离写在标桩上，并负责登记、钉标桩。测绘组的工作人员到达每一标桩点时，都要进行检查，对有怀疑的可进行复量，并在工作过程中相互核对。每天工作结束时，总核对一遍，发现差错随时更正。

在每千米终点、转弯点、水线起止点、直线段每100m钉一个标桩。测量时的登记和障碍处理措施如下：

1）编写标桩编号，以累计距离作为标桩编号，一般只写百以下的3位数。

2）登记过河、沟渠、沟坎的高度、深度、长度，穿越铁路以及公路的保护长度，靠近坟墓、树木、房屋和电杆等的距离，各项防护加固措施和工程量。

3）确定S弯预留的预留量。

4）登记各测档内的土质、距离。

（3）测绘组

测绘组负责现场测绘图样，经整理后作为施工图样；负责所提供图样的完整性与准确性。图样绘制内容与要求如下：

1）埋式光缆线路施工图以路由为主，将路由长度和穿越的障碍物准确绘入图中。路由50m以内的地形、地物要详绘，50m以外的重点绘，与车站、村镇等的距离也要在图中标出。

2）光缆穿越河流、渠道、铁路、公路和沟坎等所采取的各项防护加固措施。

3）绘图比例为直埋、架空、桥上光缆施工图1∶2000；市区管道施工图平面图1∶500或1∶1000，断面图1∶100；水底光缆施工图平面图1∶1000或1∶2000，断面图1∶100。

4）图样每页中间标出指北方向。进入城市规划区内的光缆施工图按1∶5000或1∶10000地形图正确放大，并按比例补充绘入地形、地物图。

与测距组共同完成的工作内容如下：

1）丈量线路与孤立大树、电杆、房屋、坟堆等的距离。

2）测定山坡路由中坡度大于20°的地段。

3）三角定标路由转弯点（在穿越河流、铁路、公路和直线段每隔1km左右进行一次三角定点）。

4）测绘光（电）缆穿越铁路、公路干线、堤坝的平面、断面图。

5）绘制光（电）缆引入局（站）进线时、机房内的布缆路由及安装图。

6）绘制引入无人中继站的布缆路由及安装图。

7）复测水底光缆线路平面、断面图。

8）测绘市区新建管道平面、断面图，原有管道路由及主要人孔展开图。

9）绘制光（电）缆附挂桥上安装图。

10）绘制架空光（电）缆施工图，包括配杆高度、拉线程式，定杆位和拉线地锚位置，登记杆上设备的安装内容。

（4）测防组

测防组主要配合测距组、测绘组提出防雷、防蚀、防强电的意见，对土壤的 pH 值和所含有机物按初步勘察的抽测值进行测量。

（5）对外调查联系组

对外调查联系组请建设单位有关人员一起深入现场，进行更加详细的调查研究工作，以解决在初步设计中所遗留的下列问题。

1）在初步设计勘察中已与有关单位谈成意向，但尚未正式签订的协议。

2）邀请当地政府有关部门的领导深入现场，介绍并核查有关农田、河流和渠道等设施的整治计划，乡村公路、干道及工农副业的建设计划，以便测量时考虑避让或采取相应的保护措施。

3）按有关政策及规定与有关单位及个人洽谈关于迁移电杆、砍伐树木、迁移坟墓、路面损坏以及损伤青苗等的赔偿问题，并签订书面协议。

4）了解并联系施工时的住宿、工具、机械和材料囤放及沿途可能提供劳力的情况。

**2. 整理图样资料**

整理图样资料包括检查各项测绘图样；整理登记资料、测防资料及对外调查联系工作记录；收集建设单位与外单位签订的有关路由批准协议文件；统计各种程式的光（电）缆长度、各类土质的挖沟长度及各项防护加固措施的工程量。

测量工作结束后，测量组应进行全面系统地总结，在路面图上对路由与各项防护加固措施作重点描述。对于未能取得统一看法的问题，应与建设单位协商，广泛征求意见，把问题尽快解决在编制设计文件之前，以加快设计进度，提高设计质量。

### 3.1.3 路由选择

线路路由方案的选择，应以工程设计任务书和通信网络规划为依据，进行多方案比较，必须满足通信需要，保证通信质量，使线路安全、可靠、经济、合理、便于维护和施工。长途干线光缆在满足干线通信的要求下，选择路由还应考虑沿线区间的通信需要。市区内的线路路由，应与当地城建、电信等有关部门协商确定。

**1. 长途干线线路路由的选择**

1）选择线路路由时，应以现有的地形、地物、建筑设施和既定的建设规划为主要依据，并应考虑有关部门发展规划对线路的影响。

2）线路路由一般应避开干线铁路，且不应靠近重大军事目标（军用线路除外）。

3）长途线路的路由一般应沿公路或可通行机动车辆的大路，应顺路取直并避开公路用地、路旁设施、绿化带和规划改造地段，光缆线路路由距公路一般不宜小于50m（特殊情况除外）。

4）线路路由应选择在地质稳固、地势较平坦的地段。在平原地区应避开湖泊、沼泽、排涝蓄洪的地带，尽量少穿越水塘、沟渠，不宜强求长距离的大直线，并考虑当地的水利和平整土地规划的影响。应尽量少翻越山岭，需要通过山区时，宜选择在地势变化不剧烈、土石方工作量较少的地方，避开陡峭、沟堑、滑坡、泥石流以及洪水危害、水土流失的地方。

5）线路穿越河流时，应选择在符合敷设水底光缆要求的地方，并应兼顾大的路由走向，不宜偏离过远。对于大的河流或水运繁忙的航道，应着重保证水底光缆的安全，可局部偏离大的路由走向。

6）线路通向水库时，路由应选在水库的上游。如果必须在水库的下游通过，应考虑当水库发生突发事故，危及光（电）缆安全的保护措施。光（电）缆不应在水坝上或坝基下敷设。如确需在该地段通过，必须经过工程主管单位和水坝主管单位的共同批准。

7）线路不宜穿越城镇，尽量少穿越村庄。当穿越或靠近村庄时，应适当考虑村庄建设规划的影响。线路不宜通过森林、果园、茶林、苗圃及其他经济林场。对于地面上的建设设施和电力、通信杆线等设施应尽量避开。

**2. 中继线路和进局（站）线路路由的选择**

1）中继线路一般不宜采用架空方式，远郊区的线路宜采用直埋式，但如果经过技术经济比较，或在原路由上有计划增设光（电）缆时，为了避免重复挖沟覆土，也可采用有备用管孔的塑料管道敷设形式。在市区，应结合城市和电信管线规划来确定采用直埋式或管道敷设方式。不管采用那种建设方式，路由选择都应结合具体情况。

2）光（电）缆在市话管道中敷设时，路由选择应满足光（电）缆的曲率半径和接头位置的要求。如需新建管道，其路由选择应与城建和电信管线网的发展相配合。

3）引入有人中继站、分路站、转接站和终端局的进局（站）光（电）缆线路，宜通过局（站）前人孔进入进线室。局（站）前人孔与进线室间的光（电）缆，可根据具体情况采用隧道、地沟、水泥管道、钢管、硬塑料管等敷设方式。

## 3.2 通信线路工程量计算

通信线路工程依据设计图样统计工程量。工程量的计算涉及工程量项目的划分、计量单位的取定以及有关系数的调整换算等，都应按相关专业的计算规则要求确定。计算时，应以设计规定的所属范围和设计分界线为准、布线走向和部件设置以施工技术验收规范为准、工程量的计量单位必须与施工定额计量单位相一致。另外，涉及材料和设备时应以施工安装的实际数量为准，设计所用材料数量不能作为安装工程量，因为设计所用材料数量和实际安装的材料数量有一个差值。

### 3.2.1 通信管道工程

通信管道工程主要包括开挖（填）土（石）方、通信管道勘测、敷设光（电）缆、光（电）缆接续与测试和通信线路设备安装（光缆、电缆充气设备）5 个部分。开挖（填）土（石）方工程中，凡在铺砌路面下开挖管道沟或人（手）孔坑时，其沟（坑）土方量应减去开挖的路面铺砌物的土方量；管道沟回填土体积按挖土体积扣除地面以下管道和人（手）孔（包括基础）等的体积计算。

（1）施工测量（单位：100m）

管道工程施工测量长度 = 各人孔中心至其相邻人孔中心的距离之和

光（电）缆工程施工测量长度 = 路由图末长度 − 路由图始长度

（2）计算人（手）孔坑挖深（单位：m）

通信人（手）孔是地下管道光（电）缆敷设、接续、检测和维修使用的地下设施。一般来说，人孔的体积大于手孔，可连接多个通信管道。通信人孔设计示意图如图 3-1 所示。

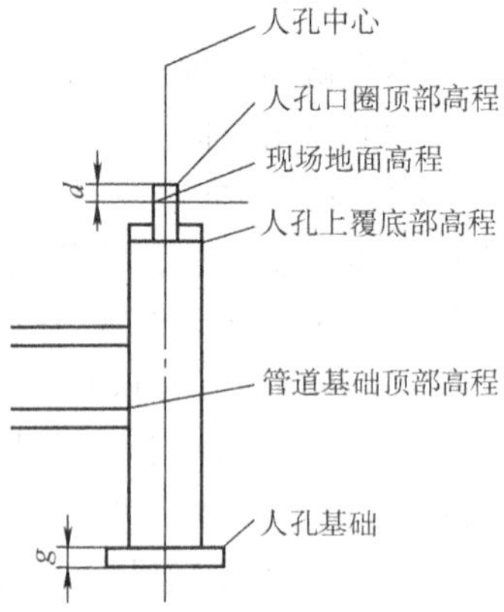

图 3-1　通信人孔设计示意图

$$H = h_1 - h_2 + g - d$$

式中　$H$——人孔坑挖深（m）；

$h_1$——人孔口圈顶部高程（m）；

$h_2$——人孔基础顶部高程（m）；

$g$——人孔基础厚度（m）；

$d$——路面厚度（m）。

（3）计算管道沟深（单位：m）

计算某段管道沟深是在两端分别计算沟深后，取平均值，再减去路面厚度作为沟深。管道沟挖深和管道设计示意图分别如图 3-2a 和图 3-2b 所示。

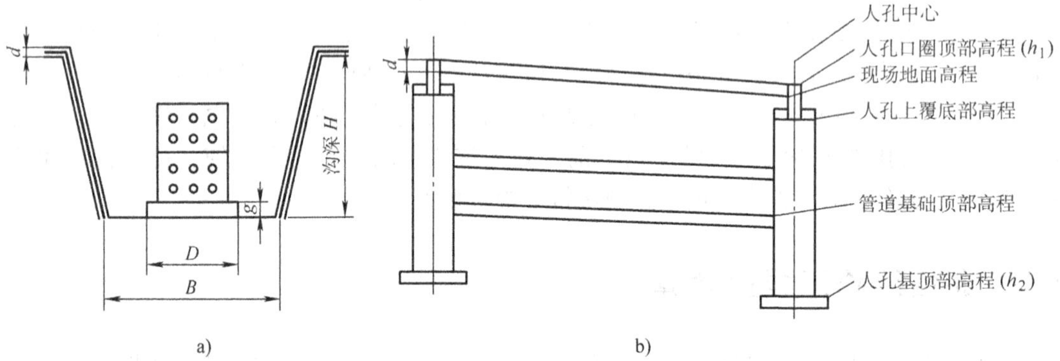

图 3-2　管道沟挖深和管道设计示意图

a）管道沟挖深　b）管道设计示意图

$$H = [(h_1 - h_2 + g)_{人孔1} + (h_1 - h_2 + g)_{人孔2}]/2 - d$$

式中　$H$——管道沟深（平均埋深，不含路面厚度）（m）；

$h_1$——人孔口圈顶部高程（m）；

$h_2$——管道基础顶部高程（m）；

$g$——管道基础厚（m）；

$d$——路面厚度（m）。

（4）计算开挖路面面积（单位：$100m^2$）

开挖路面包括管道沟和人（手）孔对应的面积，分为放坡和不放坡两种方式。开挖时是否放坡，可依据施工图或现场土壤情况。

1）开挖管道沟路面面积工程量（不放坡）：

$$A = BL/100$$

式中　$A$——路面面积工程量（$100m^2$）；

$B$——沟底宽度（m），$B = D + 2d$；

$L$——管道沟路面长（两相邻人孔坑边间距）（m）；

$D$——管道基础宽度；

$d$——施工余度。当 $D>630$mm 时，$2d=0.6$m（每侧各 0.3m）；$D\leqslant 630$mm 时，$2d=0.3$m（每侧各 0.15m）。

2）开挖管道沟路面面积工程量（放坡）：

$$A=(2Hi+B)L/100$$

式中 $A$——路面面积工程量（$100m^2$）；

$H$——沟深（m）；

$B$——沟底宽度（m），$B=D+2d$；

$i$——放坡系数（由设计按规范确定）；

$L$——管道沟路面长（两相邻人孔坑边间距）（m）。

$D$——管道基础宽度；

$d$——施工余度。$D>630$mm 时，$2d=0.6$m（每侧各 0.3m）；$D\leqslant 630$mm 时，$2d=0.3$m（每侧各 0.15m）。

3）开挖一个人孔坑路面面积工程量（不放坡）：

人孔坑开挖土石方示意图如图 3-3 所示。

$$A=ab/100$$

式中 $A$——人孔坑面积（$100m^2$）；

$a$——人孔坑底长度（m），$a$ = 人孔外墙长度 +0.8m = 人孔基础长度 +0.6m；

$b$——人孔坑底宽度（m），$b$ = 人孔外墙宽度 +0.8m = 人孔基础宽度 +0.6m。

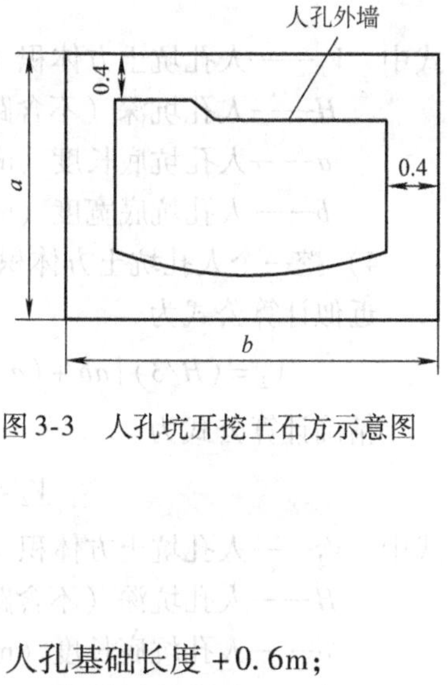

图 3-3 人孔坑开挖土石方示意图

4）开挖人孔坑路面面积工程量（放坡）：

$$A=(2Hi+a)\times(2Hi+b)/100$$

式中 $A$——人孔坑路面面积（$100m^2$）；

$H$——坑深（不含路面厚度）（m）；

$i$——放坡系数（由设计按规范确定）；

$a$——人孔坑底长度（m），$a$ = 人孔外墙长度 +0.8m = 人孔基础长度 +0.6m；

$b$——人孔坑底宽度（m），$b$ = 人孔外墙宽度 +0.8m = 人孔基础宽度 +0.6m。

5）开挖路面总面积

总面积 = 各人孔开挖路面总和 + 各管道沟开挖路面面积总和

（5）计算开挖土方体积（单位：$100m^3$）

1）挖管道沟土方体积（不放坡）

$$V_1=BHL/100$$

式中 $V_1$——挖沟体积（$100m^3$）；

$B$——沟底宽度（m），$B=D+2d$；

$H$——沟深（不包含路面厚度）（m）；

$L$——沟长（两相邻人孔坑坑口边间距）（m）；

$D$——管道基础宽度；

$d$——施工余度。$D>630$mm 时，$2d=0.6$m（每侧各 0.3m）；$D\leqslant 630$mm 时，$2d=0.3$m（每侧各 0.15m）。

2）挖管道沟土方体积（放坡）：

$$V_2=(Hi+B)HL/100$$

式中　$V_2$——挖管道沟体积（$100\text{m}^3$）；

$H$——平均沟深（不含路面厚度）（m）；

$i$——放坡系数（m）（由设计按规范确定）；

$B$——沟底宽度（m），$B=D+2d$；

$L$——沟长（两相邻人孔坑坡中点间距）（m）；

$D$——管道基础宽度；

$d$——施工余度。$D>630$mm 时，$2d=0.6$m（每侧各 0.3m）；$D\leqslant 630$mm 时，$2d=0.3$m（每侧各 0.15m）。

3）挖一个人孔坑土方体积（不放坡）：

$$V_1=abH/100$$

式中　$V_1$——人孔坑土方体积（$100\text{m}^3$）；

$H$——人孔坑深（不含路面厚度）（m）；

$a$——人孔坑底长度（m），$a$ = 人孔外墙长度 +0.8m = 人孔基础长度 +0.6m；

$b$——人孔坑底宽度（m），$b$ = 人孔外墙宽度 +0.8m = 人孔基础宽度 +0.6m。

4）挖一个人孔坑土方体积（放坡）：

近似计算公式为

$$V_2=(H/3)\{ab+(a+2Hi)\times(b+2Hi)+[ab(a+2Hi)\times(b+2Hi)]^{1/2}\}$$

精确计算公式为

$$V_2=[ab+(a+b)Hi+4/3H^2i^2]H/100$$

式中　$V_2$——人孔坑土方体积（$100\text{m}^3$）；

$H$——人孔坑深（不含路面厚度）（m）；

$a$——人孔坑底长度（m），$a$ = 人孔外墙长度 +0.8m = 人孔基础长度 +0.6m；

$b$——人孔坑底宽度（m），$b$ = 人孔外墙宽度 +0.8m = 人孔基础宽度 +0.6m；

$i$——放坡系数。

5）总开挖土方体积（在无路面情况下）：

总开挖土方量 = 各人孔开挖土方总和 + 各段管道沟开挖土方总和

（6）回填土（石）方工程量（单位：$100\text{m}^3$）

回填土（石）工程量 = 挖管道沟与人孔坑土方量之和 − 管道建筑体积（基础、管群、包封）之和 − 人（手）孔建筑体积之和

（7）混凝土管道基础工程量（单位：100m）

$$N=\sum_{1}^{m}L_i/100$$

式中　$\sum_{1}^{m} L_i/100$——$m$ 段同一种管群组合的管道基础总长度（m）；

$L_i$——第 $i$ 段管道基础的长度（m）。

注意：分别按管群组合系列计算工程量。

（8）铺设水泥管道工程量（单位：100m）

$$n = \sum_{1}^{m} L_i/100$$

式中　$\sum_{1}^{m} L_i/100$——$m$ 段同一种组群管道的总长度（m）；

$L_i$——第 $i$ 段管道基础的长度（两相邻人孔中心间距）（m）。

注：铺设钢管、塑料管管道工程分别按管群组合系列计算工程量。

（9）通信管道包封混凝土工程量（单位：$m^3$）

管道包封示意图如图 3-4 所示。

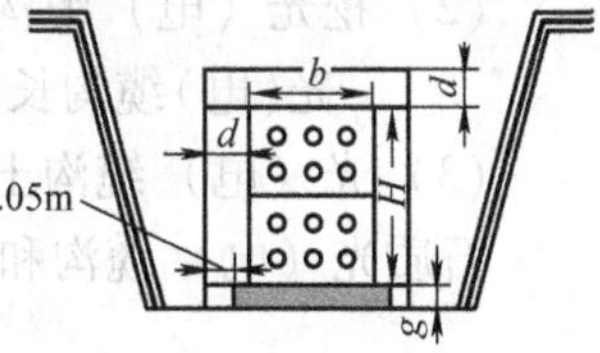

图 3-4　管道包封示意图

$$n = (V_1 + V_2 + V_3)$$

式中　$V_1$——管道基础侧包封混凝土体积（$m^3$），$V_1 = (d - 0.05)g \times 2L$；

$V_2$——基础以上管群侧包封混凝土体积（$m^3$），$V_2 = dHL \times 2$；

$V_3$——管道顶包封混凝土体积（$m^3$），$V_3 = (b + 2d)dL$；

$d$——包封厚度（左、右和上部相同）（m）；

0.05——基础每侧外露宽度（m）；

$g$——管道基础厚度（m）；

$L$——管道基础长度（相邻两人孔外壁间距）（m）；

$b$——管道宽度（m）；

$H$——管群侧高（m）。

（10）无人孔部分砖砌通道工程量（单位：100m）

$$n = \sum_{1}^{m} L_i/100$$

式中　$\sum_{1}^{m} L_i/100$——$m$ 段同一种型号通道总长度（m）；

$L_i$——第 $i$ 段通道长度（m），$L_i$ = 两相邻人孔中心间距 − 1.6m。

（11）混凝土基础加筋工程量（单位：100m）

$$n = L/100$$

式中　$L$——除管道基础两端 2m 以外的需加钢筋的管道基础长度（m）。

（12）敷设光（电）缆长度（单位：km・条）

$$敷设光缆长度 = 施工丈量长度 \times (1 + K‰) + 设计预留$$

式中　$K$——自然弯曲系数，管道工程中 $K = 5$。

注意：在统计工程量中统计的是敷设光（电）缆长度，不是光（电）缆的使用长度，即定额中规定的单位器材用量。

（13）光（电）缆使用长度（单位：km·条）

$$光缆的使用长度 = 敷设长度 \times (1 + \&‰)$$

式中　&——自然弯曲系数，管道工程中 & =15。

通信管道工程还可能涉及槽道敷设、槽板敷设、室内通道敷设、引上、光（电）缆接续、测试和线路设备安装等工程，均按实际工程量计取。

### 3.2.2　直埋线路工程

直埋线路工程包括挖（填）光（电）沟、敷设、接续、测试与防护等，其他与直埋线路有关系的工程，应按其相应规定另行计算。

（1）施工测量（单位：100m）

$$光(电)缆工程施工测量长度 = 路由图末长度 - 路由图始长度$$

（2）挖光（电）缆沟长度计算（单位：100m）

$$光(电)缆沟长度 = 图末长度 - 图始长度 - (截流长度 + 过路顶管长度)$$

（3）光（电）缆沟土（石）方开挖（或回填）工程量（单位：$100m^3$）

石质光（电）缆沟和土质光（电）缆沟结构示意图分别如图 3-5a 和图 3-5b 所示。

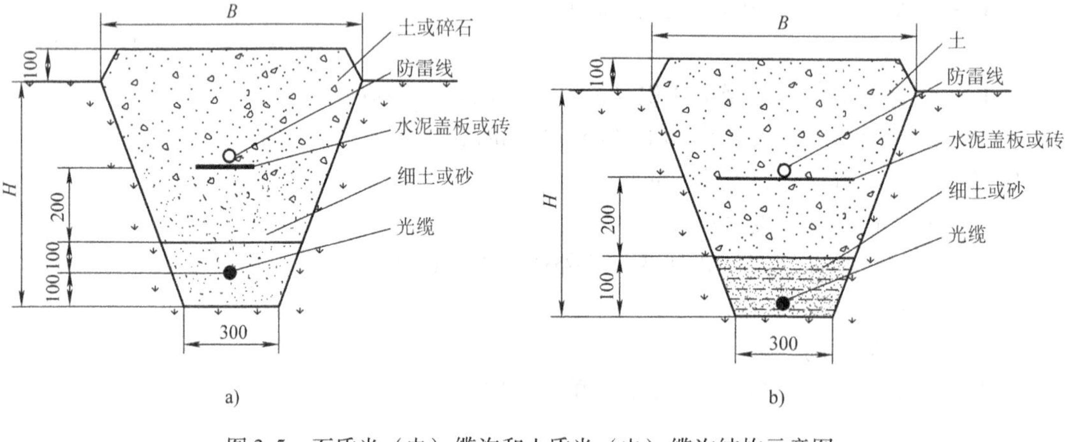


图 3-5　石质光（电）缆沟和土质光（电）缆沟结构示意图
a）石质　b）土质

$$V = (B + 0.3)H \times L/2/100$$

式中　$V$——光（电）缆沟土（石）方开挖（或回填）量（$100m^3$）；

$B$——光（电）缆沟上口宽度（m）；

0.3——沟下底宽（m）；

$H$——光（电）缆沟深度（m）；

$L$——光（电）缆沟长度（m）。

（4）敷设光（电）缆长度（单位：km·条）

$$敷设光缆长度 = 施工丈量长度 \times (1 + K‰) + 设计预留$$

式中　$K$——自然弯曲系数，直埋工程中 $K = 7$。

（5）光（电）缆使用长度（单位：km·条）

光缆的使用长度 = 敷设长度 ×（1 + &‰）

式中 &——自然弯曲系数，直埋工程中 & = 5。

（6）槽道、槽板、室内通道敷设光缆工程量（单位：100m·条）

$$N = \sum_{1}^{m} L_i n_i / 100$$

式中 $N$——各段内光缆的敷设总量（100m·条）；

$L_i$——第 $i$ 段内光缆长度（m）；

$n_i$——第 $i$ 段内光缆条数（条）。

（7）护坎（单位：$m^3$）

护坎是为防止水流冲刷，修建在坡地上的防护设施。护坎示意图如图 3-6 所示。

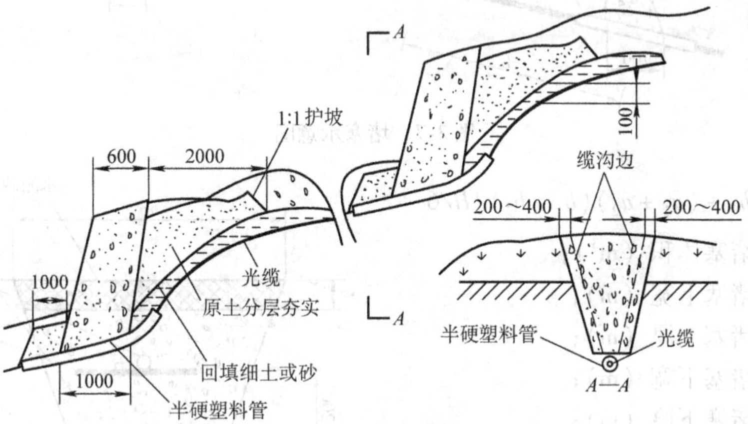


图 3-6　护坎示意图

$$V_2 = [a_1 b_1 + a_2 b_2 + (a_1 + a_2)(b_1 + b_1)]H/6$$

式中 $V_2$——护坎体积（$m^3$）；

$a_1$——护坎上宽（m）；

$b_1$——护坎上厚（m）；

$a_2$——护坎下宽（m）；

$b_2$——护坎下厚（m）；

$H$——护坎总高（m）。

注意：护坎方量按“石砌”“三七土”分别计算工程量。

（8）护坡工程量（单位：$m^3$）

护坡的作用也是防止水流冲刷，护坎中包含护坡。

$$V = HLB$$

式中 $V$——护坡体积（$m^3$）；

$L$——护坡宽（m）；

$B$——平均厚（m）；

$H$——护坡高（m）。

（9）堵塞（单位：$m^3$）

堵塞是修建在坡地上的建筑，用于固定光（电）缆沟的回填土壤。堵塞示意图如图 3-7 所示。

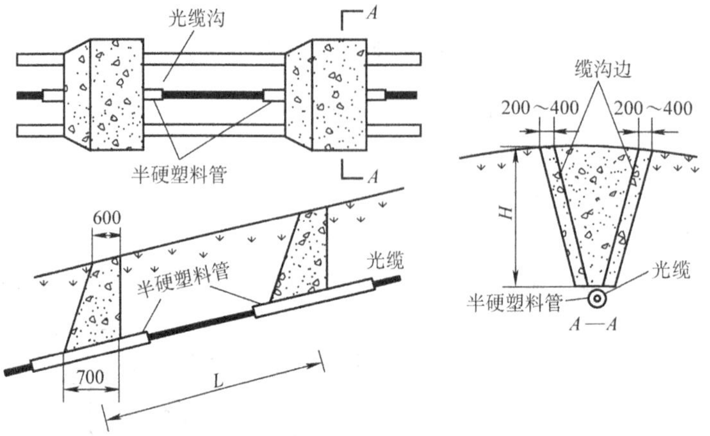


图 3-7　堵塞示意图

$V_2 = [a_1b_1 + a_2b_2 + (a_1 + a_2)(b_1 + b_2)]H/6$

式中　$V_2$——堵塞体积（$m^3$）；

$a_1$——堵塞上宽（m）；

$b_1$——堵塞上厚（m）；

$a_2$——堵塞下宽（m）；

$b_2$——堵塞下厚（m）；

$H$——堵塞高（m）。

（10）水泥砂浆封沟（单位：$m^3$）

水泥砂浆封沟主要用于在易动土地区保护光（电）缆。示意图如图 3-8 所示。

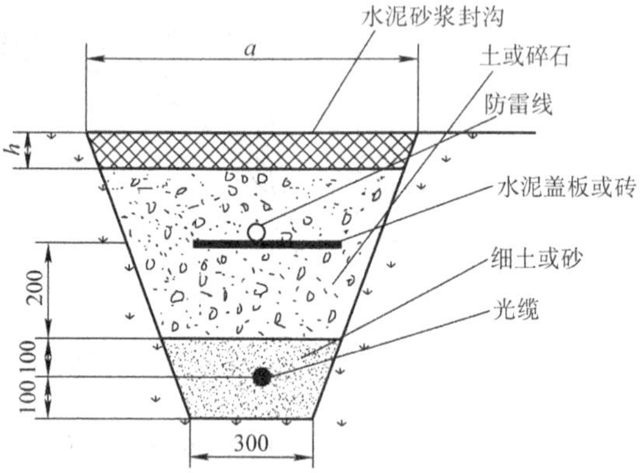


图 3-8　水泥砂浆封沟示意图

$V = HAL$

式中　$V$——封石沟体积（$m^3$）；

$A$——封石沟宽度（m）；

$L$——封石沟长度（m）；

$H$——封石沟水泥砂浆厚（m）。

（11）漫水坝（单位：$m^3$）

漫水坝示意图如图 3-9 所示。

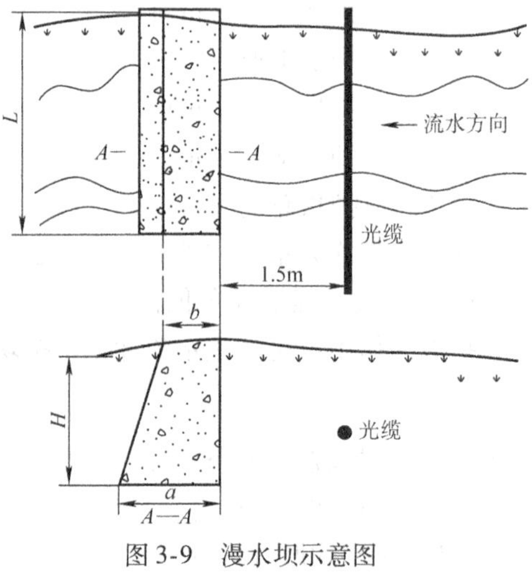


图 3-9　漫水坝示意图

$V = HL(a + b)/2$

式中　$V$——漫水坝体积（$m^3$）；

$a$——漫水坝底厚度（m）；

$b$——漫水坝顶厚度（m）；

$L$——漫水坝长度（m）；

$H$——漫水坝高（m）。

### 3.2.3 架空线路工程

架空线路工程包括立电杆、架设吊线、拉线以及安装电杆附属设备等。

(1) 施工测量（单位：100m）

$$光(电)缆工程施工测量长度 = 路由图末长度 - 路由图始长度$$

(2) 立电杆（单位：根）

立电杆包括立水泥电杆和木电杆，按实物（实际）工程量计取。在立电杆的工程量统计中，应注意不要把安装高桩拉线、装撑杆中高桩杆的立杆和撑杆的立杆计入电杆工程量内，因为在安装高桩拉线、装撑杆的定额子目中已包含了高桩杆立杆和撑杆立杆的内容。

(3) 装拉线（单位：条）

装拉线包括装设市话线路电杆拉线和装设长途线路电杆拉线两大项。两大项内又分别分为装设单股拉线和装设特种拉线两个小项。其工程量的统计均按实物（实际）工程量计取。注意，在高桩拉线定额子目主材中不含电杆至拉线间正拉线用的钢绞线，要按实际计取钢绞线数量。

(4) 装电杆附属装置

装电杆附属装置包括电杆工作台、上杆钉、接高装置、电杆地线和槽钢担的装设，均按实物（实际）工程量计取。

(5) 架设架空吊线（单位：km·条）

架设架空吊线按实物（实际）工程量计取。

(6) 敷设光（电）缆长度（单位：km·条）

$$敷设光(电)缆长度 = 施工丈量长度 \times (1 + K‰) + 设计预留$$

式中 $K$——自然弯曲系数，架空工程中 $K = 5$。

(7) 光（电）缆使用长度（单位：km·条）

$$光(电)缆的使用长度 = 敷设长度 \times (1 + \&‰)$$

式中 &——自然弯曲系数，架空工程中 & = 7。

(8) 槽道、槽板、室内通道敷设光（电）缆工程量（单位：100m·条）

槽道、槽板、室内通道敷设光（电）缆工程量与直埋线路工程相同。

(9) 引上光（电）缆工程量（单位：条）

按实物（实际）工程量计取。

(10) 光（电）缆接续与测试

光（电）缆接续与测试包括市话与长途两部分，均按实物（实际）工程量计取。

(11) 整修市话线路移挂电缆工程量（单位：档）

$$n = L/40$$

式中 $L$——架空移挂电缆路由长度（m）；

40——市话杆路电杆距离（m）。

### 3.2.4 综合布线工程

综合布线工程主要包括室内施工测量、设备安装和布放缆线等工程。建筑群子系统的架空、管道、直埋及暗管敷设光（电）缆等工程，按工程性质分别计算。

**1. 室内施工测量**（单位：100m）

$$室内施工测量长度=路由图末长度-路由图始长度$$

另外，进行配线（水平）子系统施工测量长度量统计时，在同一楼层的不同水平线如走的是同一管路、槽道或桥架的线路路由，只能按此线路路由的长度统计施工测量工程量，不能按此线路路由内敷设的各单管水平走线相加的方法计算施工测量工程量。

**2. 综合布线设备安装工程量**

（1）安装信息插座底盒（接线盒）（单位：10 个）

每个楼层信息插座数量估值为

$$C=(A/P)(W/10)$$

式中 $A$——每个楼层布线区域工作区的面积（$m^2$）；

$P$——单个工作区所辖面积，一般值为 9（$m^2$）；

$W$——单个工作区信息插座数量（个）。

每个楼层信息插座数量也可按实际用量统计。

（2）安装机柜、机架、接线箱（不包括安装固定接线模块）、抗振底座

在安装机柜、机架和接线箱时，往往由于现场场地所限或建设单位的意见，配线设备和网络设备放置在一个机柜、机架或接线箱内，此时，安装机柜、机架和安装接线箱的工程量不应分别计算，而应按实物（实际）工程量统计。例如，配线设备放在机柜、机架内，其工程量应是安装机柜、机架的工程量加上部分安装接线箱的工程量（与建设单位协商，给 1～2.7个工日）。又如，网络设备放在接线箱内，其工程量应是安装接线箱的工程量加上部分安装机柜、机架的工程量（与建设单位协商，给 1～3 个工日）。

（3）敷设管路（钢管、硬质 PVC 管）、敷设线槽（金属线槽、塑料线槽）

敷设管路、线槽的实际工程量按实物（实际）工程量统计。

**3. 布放线缆**

（1）水平布线子系统每个楼层布线（单位：100m）

$$S=[0.55(F+N)+6](C/100)$$

式中 $S$——每楼层的布线总长度（100m）；

$F$——最远的信息插座距配线间的最大可能路由距离（m）；

$N$——最近的信息插座距配线间的最大可能路由距离（m）；

$C$——每个楼层的信息插座数量（个）；

0.55——平均电缆长度系数；

6——端接容接差常数（主干采用 15、配线采用 6）。

（2）干线（垂直）光（电）缆敷设（单位：100m）

$$敷设长度\ L_i=施工测量长度(1+K\%)+设计预留+端接容差$$

式中 $K$——自然弯曲系数，按 10% 计取；端接容差取 15m。

参照《通信工程预算定额》第二册《通信线路工程》中的敷设槽道、槽板、引上光缆及室内通道光缆和敷设引上、墙壁、槽道（含地槽）、顶棚内，布放市话及市话成端电缆的工程量统计内容进行。其工程量按实物（实际）工程量计算。

（3）敷设总量（单位：100m）

$$N = \text{各段光(电)缆的敷设总量} = \sum_{1}^{m} L_i n_i / 100$$

式中 $L_i$——第 $i$ 段内光（电）缆长度（100m）；

$n_i$——第 $i$ 段内光（电）缆条数（条）。

## 3.3 工程量计算实例

### 3.3.1 ××局通信管道工程量计算

**1. 工程说明**

本工程为××电信分公司进局管道一阶段施工图设计。其中新建4×1孔 $\phi$110mm 塑料管道65m；机械顶管 $\phi$80mm 钢管（4×1孔）45m；新建4×1孔 $\phi$110mm 塑料出土管道10m；新建人孔井1.2m×1.7m×1.8m（内宽×内长×内高）3个。另外，原有2#人孔至新建1#人孔间的4×1孔塑料管道基础加筋，其余管道基础不加筋；施工段落有积水；施工图参考第2章的图2-6～图2-8。

施工图说明：

1）施工图中的管道长度是路由长度（人孔中心～人孔中心）。

2）所有开挖路面均为混凝土路面，厚150mm。

3）原有2#人孔为中号直通型，人孔中心至人孔外墙壁长940mm，开窗口1处（砖砌）。

4）人孔坑、管道沟土质为硬土，放坡系数为0.33，管道基础厚80mm，新建2#人孔到机房出土管之间管道沟沟深为1.5m。

5）人孔坑开挖时使用挡土板。手推车倒运土，按实际情况核定为30m³。

6）新建2#人孔～新建3#人孔的距离为45m，采用机械顶钢管（$\phi$80mm）施工。

7）管道包封厚（左、右和上部相同）80mm、管群侧高110mm、管道宽500mm、管道基础厚度80mm。

8）塑料管道固定用 $\phi$10mm 圆钢，塑料管道填水泥砂浆工程量的用工用料是由设计估列取定。C15水泥用量0.3t，粗砂用量1.5t。

**2. 工程量统计计算**

（1）管道施工图测量工程量

路由总长度＝25m＋40m＋45m＋10m＝120m＝1.2（100m）

（2）新建人孔坑体积的计算

1）人孔坑深度的计算：

根据图2-7所示的管道高程，人孔坑深度

$H = H_1 = H_2 = H_3$＝48.00m－45.65m＋0.15m－0.15m（混凝土路面厚度150mm）＝2.35m

2）人孔坑底面积的计算：

根据图2-8所示的人孔结构，人孔坑底面积

$S = S_1 = S_2 = S_3 = ab$＝（人孔外壁长＋0.4m×2）×（人孔外壁宽＋0.4m×2）

＝(2.18＋0.8)m×(1.68＋0.8)m＝7.39m²

3）人孔坑上口面积的计算：

根据人孔结构图和放坡系数 $i=0.33$，人孔坑上口面积

$$A=A_1=A_2=A_3=(a+2Hi)\times(b+2Hi)$$
$$=[(2.18+0.8)+2\times2.35\times0.33]\text{m}\times[(1.68+0.8)+2\times2.35\times0.33]\text{m}$$
$$=4.531\text{m}\times4.031\text{m}=18.26\text{m}^2$$

4）人孔坑体积的计算（放坡）：

人孔坑体积

$$V=V_1=V_2=V_3=H/3[S+A+(SA)^{1/2}]$$
$$=(2.35/3)\text{m}\times[7.39+18.26+(7.39\times18.26)^{1/2}]\text{m}^2=29.19\text{m}^3$$

新建1#、2#、3#人孔坑体积

$$V_{坑}=V_1+V_2+V_3=3V=3\times29.19\text{m}^3=87.57\text{m}^3$$

（3）开挖管道沟体积的计算

1）原有2#人孔新建1#人孔间管道沟体积的计算：

① 管道沟平均深度

$$H_{1平均}=(原人孔处沟深+1\#人孔处沟深)/2-路面厚度$$
$$=(H_{原}+H_1)/2-d$$
$$=(1.32\text{m}+1.52\text{m})/2-0.15\text{m}=1.27\text{m}$$

式中　$H_{原}=47.9\text{m}$（原有人孔口圈顶部高程）$-46.66\text{m}$（管道基础顶部高程）$+0.08\text{m}$（管道基础厚度）$=1.32\text{m}$；

$H_1=48.00\text{m}$（新建1#人孔口圈顶部高程）$-46.56\text{m}$（管道基础顶部高程）$+0.08\text{m}$（管道基础厚度）$=1.52\text{m}$。

② 管道沟底宽度计算：当沟底宽度 >630mm 时，两侧操作空间 600mm（每侧各 300mm）；当沟底宽度 <630mm 时，两侧操作空间 300mm（每侧各 150mm）。根据图 2-6，4×1孔塑料管道基础宽度为660mm，所以开挖沟底宽度为

$$B=0.66\text{m}+0.3\text{m}\times2=1.26\text{m}$$

③ 管道沟长度的计算：管道沟长度按与管道基础水平处的原人孔外壁至新建1#人孔坑外壁间距计取，即

$$L_1=25\text{m}-0.94\text{m}-(0.84+0.4+2.35\times0.33/2)\text{m}$$
$$=25\text{m}-0.94\text{m}-1.63\text{m}=22.43\text{m}$$

式中　0.94m——原有2#人孔中心至人孔外墙壁距离，题中给定；

0.84m——新建1#人孔中心至人孔外墙壁距离；

0.4m——开挖人孔施工余度；

2.35×0.33/2 近似等于人孔坑与管道基础水平处的地面长度。

④ 原有2#人孔～新建1#人孔间管道沟体积

$$V_1=(B+H_{平}\,i)H_{平}\,L_1$$
$$=(1.26\text{m}+1.27\text{m}\times0.33)\times1.27\text{m}\times22.43\text{m}$$
$$=1.679\text{m}\times1.27\text{m}\times22.43\text{m}=47.83\text{m}^3$$

2）新建1#人孔～新建2#人孔间管道沟体积的计算：

① 管道沟平均深度

$$H_{2平均}=(新建1\#人孔沟深+新建2\#人孔沟深)/2$$

$$=(H_1+H_2)/2-d=(1.53\text{m}+1.68\text{m})/2-0.15\text{m}=1.46\text{m}$$

式中　新建1#人孔沟深 $H_1=48.0\text{m}-46.55\text{m}+0.08\text{m}=1.53\text{m}$;

新建2#人孔沟深 $H_2=48.0\text{m}-46.40\text{m}+0.08\text{m}=1.68\text{m}$。

② 管道沟底宽度

$$B=0.66\text{m}+0.3\text{m}\times2=1.26\text{m}$$

③ 管道沟长度的计算按新建1#人孔坑外壁至新建2#人孔坑外壁间距计取，即沟长

$$L_2=40\text{m}-(1.09\text{m}+0.4\text{m}+2.35\text{m}\times0.33/2)-(1.09\text{m}+0.4\text{m}+2.35\text{m}\times0.33/2)$$
$$=40\text{m}-3.76\text{m}=36.24\text{m}$$

新建1#人孔～新建2#人孔管道沟体积

$$V_2=(B+H_{2平均}i)H_{2平均}L_2=(1.26\text{m}+1.46\text{m}\times0.33)\times1.46\text{m}\times36.24\text{m}$$
$$=1.7418\text{m}\times1.46\text{m}\times36.24\text{m}=92.15\text{m}^3$$

3）新建2#人孔至出土管间管道沟体积的计算：

① 管道沟平均深度（根据已知条件）

$$H_{3平均}=1.5-d(\text{混凝土路面厚度}\ 0.15\text{m})=1.35\text{m}$$

② 管道沟底宽度

$$B=0.66\text{m}+0.3\text{m}\times2=1.26\text{m}$$

③ 管道沟长度按新建2#人孔坑外壁至出土管间距计取，即

$$L_3=10\text{m}-(0.84\text{m}+0.4\text{m}+2.35\text{m}\times0.33/2)$$
$$=10\text{m}-1.63\text{m}=8.37\text{m}$$

新建2#人孔～出土管管道沟体积

$$V_3=(B+H_{3平均}i)H_{3平均}L_3=(1.26\text{m}+1.35\text{m}\times0.33)\times1.35\text{m}\times8.37\text{m}=19.27\text{m}^3$$

4）原人孔井外壁、新建1#人孔坑外壁、新建2#人孔井坑外壁、出土管管道沟体积合计：

$$V_管=V_1+V_2+V_3=47.83\text{m}^3+92.15\text{m}^3+19.27\text{m}^3=159.25\text{m}^3$$

（4）开挖总土方量（硬土）计算

$$V_总=\text{人孔总体积}+\text{管道沟总体积}$$
$$=V_坑+V_管=87.57\text{m}^3+159.25\text{m}^3=246.82\text{m}^3$$

（5）破除路面层面积的计算

根据给定的已知条件和图2-6可知，路面均为混凝土路面，厚度为150mm。新建1#、2#、3#人孔坑尺寸相同。

1）原有2#人孔外壁和新建1#人孔坑外壁之间破除路面面积计算：

① 破除路面长度

$$L_1=25\text{m}-0.94\text{m}-(0.84\text{m}+0.4\text{m}+2.35\text{m}\times0.33)=22.04\text{m}$$

② 破除路面宽度

$$b_1=(0.66\text{m}+0.3\text{m}\times2)+2H_{1平均}i$$
$$=1.26\text{m}+2\times1.27\text{m}\times0.33=2.0982\text{m}$$

破除路面面积

$$A_1=b_1L_1=2.0982\text{m}\times22.04\text{m}=46.28\text{m}^2$$

2）新建1#人孔坑外壁和新建2#人孔坑外壁之间破除路面面积计算：

① 破除路面长度

$$L_2 = 40\text{m} - (1.09\text{m} + 0.4\text{m} + 2.35\text{m} \times 0.33) - (1.09\text{m} + 0.4\text{m} + 2.35\text{m} \times 0.33) = 35.47\text{m}$$

② 破除路面宽度

$$b_2 = (0.66\text{m} + 0.3\text{m} \times 2) + 2H_{2平均}i$$
$$= 1.26\text{m} + 2 \times 1.46\text{m} \times 0.33 = 2.22\text{m}$$

破除路面面积

$$A_2 = b_2L_2 = 2.22\text{m} \times 35.47\text{m} = 78.74\text{m}^2$$

3）新建 2#人孔坑外壁和出土管之间破除路面面积计算：

① 破除路面长度

$$L_3 = 10\text{m} - (0.84\text{m} + 0.4\text{m} + 2.35\text{m} \times 0.33) = 7.98\text{m}$$

② 破除路面宽度

$$b_3 = (0.66\text{m} + 0.3\text{m} \times 2) + 2H_{3平均}i$$
$$= 1.26\text{m} + 2 \times 1.35\text{m} \times 0.33 = 2.15\text{m}$$

破除路面面积

$$A_3 = b_3L_3 = 2.15\text{m} \times 7.98\text{m} = 17.16\text{m}^2$$

4）破除人孔坑路面面积：

① 人孔坑坑外壁长度

$$a = 2.18\text{m} + 0.4\text{m} \times 2 + 2Hi = 2.18\text{m} + 0.8\text{m} + 2 \times 2.35\text{m} \times 0.33 = 4.53\text{m}$$

② 人孔坑坑外壁宽度

$$b = 1.68\text{m} + 0.4\text{m} \times 2 + 2Hi = 1.68\text{m} + 0.8\text{m} + 2 \times 2.35\text{m} \times 0.33 = 4.03\text{m}$$

破除人孔坑路面总面积

$$A_4 = 3ab = 4.53\text{m} \times 4.03\text{m} \times 3 = 54.78\text{m}^2$$

5）混凝土路面总面积：

$$A_{混} = A_1 + A_2 + A_3 + A_4 = 46.28\text{m}^2 + 78.74\text{m}^2 + 17.16\text{m}^2 + 54.78\text{m}^2 = 196.96\text{m}^2$$

（6）夯回填土方量体积

1）新建 3 个人孔体积：

$$V_{3孔} = (2.18\text{m} \times 1.68\text{m} \times 2.10\text{m}) \times 3 = 23.07\text{m}^3$$

其中　2.10m 为人孔上覆顶至基础底间距（见图 2-8，2100mm = 1800mm + 150mm + 150mm）

2）原有 2#人孔和新建 1#人孔间 4 × 1 孔塑料管管道体积：

① 管道宽 $b_1 = 0.66\text{m}$。

② 管道高 $h_1 = 0.27\text{m}$。

③ 管道长

$L_1$ = 原 2#人孔外壁至新建 1#人孔外壁间距 = 25m − 0.94m − 0.84m = 23.22m

管道体积

$$V_{1管} = b_1h_1L_1 = 0.66\text{m} \times 0.27\text{m} \times 23.22\text{m} = 4.14\text{m}^3$$

3）新建 1#人孔、新建 2#人孔和出土管间 4 × 1 孔塑料管管道体积：

① 管道宽 $b_2 = 0.66\text{m}$。

② 管道高 $h_2 = 0.27\text{m}$。

③ 新建 1#人孔和新建 2#人孔间管道长

$$L_2 = 40\text{m} - 1.09\text{m} \times 2 = 37.82\text{m}$$

④ 新建2#人孔和出土管间管道长

$$L_3 = 10\text{m} - 0.84\text{m} = 9.16\text{m}$$

管道体积

$$V_{2管} = b_2 h_2 (L_2 + L_3) = 0.66\text{m} \times 0.27\text{m} \times (37.82\text{m} + 9.16\text{m}) = 8.37\text{m}^3$$

4）夯回填原土总体积：

$$V_{回} = V_{总} - V_{3孔} - V_{1管} - V_{2管} = 246.82\text{m}^3 - 23.07\text{m}^3 - 4.14\text{m}^3 - 8.37\text{m}^3 = 211.24\text{m}^3$$

（7）做4×1孔塑料管管道混凝土基础（C15水泥）

① 管道基础长

$$L = 75\text{m} - 0.94\text{m} - 0.84\text{m} - 2.18\text{m} - 0.84\text{m} = 70.2\text{m} \approx 0.70\ (100\text{m})$$

② 管道基础宽为0.66m。

折合TX2－006子目基础宽（0.615m）的系数为0.66/0.615＝1.07，按该定额计算即可。

（8）做4×1孔塑料管道基础加筋

基础加筋长度

$$L = 23.22\text{m} - 2 \times 2.0\text{m} = 19.22\text{m} \approx 0.1922\ (100\text{m})$$

其中　23.22为管道基础总长度；2.0为定额规定的参数（接近人孔不需要加筋的长度）。

（9）铺设4×1孔塑料管道工程量

铺设管道长度

$$L_1 = 25\text{m} + 40\text{m} + 10\text{m} = 0.75\ (100\text{m})$$

（10）塑料管管道填水泥砂浆

填砂浆长度

$$L = 管道基础长 = 70.2\text{m} \approx 0.7\ (100\text{m})$$

（11）管群混凝土包封（C15水泥）体积

① 侧包封

$$V_1 = (0.08\text{m} \times 0.11\text{m} \times 70.2\text{m}) \times 2 = 1.235\text{m}^3$$

② 顶包封

$$V_2 = 0.08\text{m} \times 0.66\text{m} \times 70.2\text{m} = 3.706\text{m}^3$$

③ 管道基础包封

$$V_3 = (0.08\text{m} - 0.05\text{m}) \times 0.08\text{m} \times 2 \times 70.2\text{m} = 0.337\text{m}^3$$

管道混凝土包封体积

$$V_{总} = V_{4\times1} = V_1 + V_2 + V_3 = 1.235\text{m}^3 + 3.706\text{m}^3 + 0.337\text{m}^3 = 5.278\text{m}^3$$

（12）砖砌人孔

砖砌人孔3个。人孔尺寸为1.7m×1.2m×1.8m（长×宽×高）。

（13）人孔壁开窗口

人孔壁开窗口1处（砖砌）。

（14）机械顶管

机械顶管45m。

（15）手推车倒运土方。

设计给定（路面总体积）30（$\text{m}^3$）。

（16）安装人孔坑挡土板

安装人孔坑挡土板3个。

根据以上统计计算，工程量汇总表见表3-1。

**表3-1 工程量汇总表**

| 序号 | 定额编号 | 项目名称 | 单位 | 数量 | 备注 |
|---|---|---|---|---|---|
| 1 | TGD1-001 | 施工测量 | 100m | 1.20 | 通信管道施工测量 |
| 2 | TGD1-002 | 人工开挖混凝土路面（150mm） | $100m^2$ | 1.97 | 原2#~1#人孔之间；1#人孔~2#人孔之间；2#人孔~出土管之间；3个人孔 |
| 3 | TGD1-016 | 开挖管道沟及人孔坑土方（硬土） | $100m^3$ | 2.468 | 不含路面厚度 |
| 4 | TGD1-028 | 手推倒运土方 | $100m^3$ | 0.30 | 给定 |
| 5 | TGD1-023 | 回夯填原土 | $100m^3$ | 2.112 | |
| 6 | TGD2-013 | 做塑料管管道基础C15混凝土 | 100m | 0.702 | 基础厚0.08m，宽0.66m |
| 7 | TGD2-063 | 铺设塑料管管道 | 100m | 0.75 | PVC塑料管 $\phi$110mm |
| 8 | TGD2-090 | 管道包封C15混凝土 | $m^3$ | 5.278 | |
| 9 | TGD3-001 | 砖砌人孔（现场浇筑上覆） | 个 | 3 | 1.7m×1.2m×1.8m（长×宽×高） |
| 10 | TGD2-037 | 塑料管管道基础加筋 | 100m | 0.192 | 加筋长度=基础长-4m |
| 11 | TGD4-015 | 人孔开窗口 | 个 | 1 | |
| 12 | TGD2-088 | 塑料管管道填水泥砂浆1:3 | m | 0.7 | 管间缝隙填水泥砂浆 |
| 13 | TXL2-123 | 机械顶管 | m | 180 | 4×1孔钢管总长=4×45m=180m |
| 14 | TGD1-031 | 管道沟抽水（弱水流） | 100m | 0.7 | |
| 15 | TGD1-034 | 人孔坑抽水（弱水流） | 个 | 3 | |
| 16 | TGD1-030 | 安装挡土板（人孔坑） | 10个 | 0.3 | |

### 3.3.2 ××局新建市话电缆线路工程量计算

**1. 工程说明**

本工程为××局新建市话电缆线路单项工程一阶段施工图设计。施工图参见第2章图2-9和图2-10。施工图说明：

1）工程施工地为市区内，电杆为8.0m高防腐木电杆。

2）土质取定：立电杆按综合土；装拉线按图中说明。

3）采用瓦型护杆板及条型护杆板。

4）吊线用U形卡子做终结。

5）吊线的垂度增长长度可以忽略不计，吊线无接头，架空吊线程式为7/2.2。

6）电缆测试按双窗口测试。

7）架空电缆自然弯曲系数按0.5%取定。

8）交接箱预留2m，接头点每侧预留1m。

**2. 工程量计算**

1）施工测量工程量（单位为100m）：数量=路由丈量长度=640/100=6.4（100m）

2）立8.5m以下木电杆（综合土）（单位为根）：数量=13根（交接箱处两根、高桩拉线1根）

3）木杆夹板法装7/2.6单股拉线（综合土）（单位为条）：数量=2条

木杆夹板法装7/2.2单股拉线（综合土）（单位为条）：数量=2条

平原地区装7/2.2高桩拉线（综合土）（单位为条）：数量=1条

4）平原地区架设7/2.2吊线（单位为千米条）：数量=0.65（千米条）

5）市区敷设100对以下架空电缆（单位为千米条）：

100对电缆数量=450m×(1+0.5%)+2m(交接箱余留)+1m(接头余留)=455.25m

50对电缆数量=150m×(1+0.5%)+1m(接头余留)+1m(接头余留)=152.75m

敷设100对以下架空电缆=(455.25+152.75)/1000=0.608(千米条)

6）配线电缆测试（单位为100对）：数量=1（百对）

7）架设100m以内辅助吊线（单位为条档）：数量=1（条档）

8）布放交接箱成端电缆100对以下（单位为条）：数量=1（条）

9）成端电缆芯线接续0.6mm以下（单位为100对）：数量=1.00（百对）

10）塑隔电缆芯线接续0.6mm以下接线子式（单位为100对）：数量=1.00（百对）

11）配线电缆全程测试（单位为100对）：数量=1.00（100对）

12）封焊热可缩套管$\phi$50mm×900mm以下（单位为个）：数量=1个

13）安装架空交接箱600对以下（单位为个）：数量=1个

根据以上统计计算，工程量汇总表如表3-2所示。

**表3-2 工程量汇总表**

| 序号 | 定额编号 | 项目名称 | 单位 | 数量 |
|---|---|---|---|---|
| 1 | TXL1-002 | 架空光（电）缆工程施工测量 | 100m | 6.40 |
| 2 | TXL3-013 | 立8.5m以下木电杆（综合土） | 根 | 13.00 |
| 3 | TXL3-078 | 木杆夹板法装7/2.2单股拉线（综合土） | 条 | 2.00 |
| 4 | TXL3-081 | 木杆夹板法装7/2.6单股拉线（综合土） | 条 | 2.000 |
| 5 | TXL3-151 | 装设7/2.2高桩拉线（平原）（注：套用相应的吊线定额） | 千米条 | 0.05 |
| 6 | TXL3-151 | 木电杆架设7/2.2吊线（平原） | 千米条 | 0.64 |
| 7 | TXL3-175 | 架设100m以内辅助吊线 | 条档 | 1.00 |
| 8 | TXL3-191 | 吊线式架空电缆（100对以下） | 千米条 | 0.608 |
| 9 | TXL4-071 | 布放交接箱成端电缆（100对以下） | 条 | 1.00 |
| 10 | TXL5-125 | 成端电缆芯线接续（0.6以下） | 百对 | 1.00 |
| 11 | TXL5-127 | 塑隔电缆芯线接续0.6以下（接线子式） | 百对 | 1.00 |
| 12 | TXL5-149 | 封焊热可缩套（包）管（$\phi$50×900以下） | 个 | 1.00 |
| 13 | TXL5-178 | 配线电缆测试 | 百对 | 1.00 |
| 14 | TXL6-004 | 安装架空交接箱（600对以下） | 个 | 1.00 |

## 3.4 实训 工程量计算

### 1. 实训目的

1）了解施工图的分析过程，熟悉工程图例。

2）通过对工程量计算实例的分析，了解通信工程的主要工程项目。

3）学会计算工程量，能够正确查询建设工程定额。

**2. 实训准备**

1）通信管道（直埋）工程的主要工作量如下。

① 施工测量及开挖路面。

② 挖填管道及人孔坑。

③ 挖填光（电）缆沟及接头坑。

④ 制作、支撑、拆除挡土板。

⑤ 人（手）孔（或管道沟）抽水、人（手）孔防水。

⑥ 混凝土管道基础、基础加筋。

⑦ 铺设管孔（水泥管、塑料管、钢管）。

⑧ 管道包封。

⑨ 砖砌人（手）孔。

当一些特殊情况无法套用定额时，要进行单独的计算。另外，在施工图上只能直接反映出来一部分，另一部分工程量还必须通过相关定额一一查找或计算统计。

2）架空杆路工程的主要工程量如下。

主要包括立电杆、电杆加固及保护（其中主要为装设各种拉线）、架设架空吊线及各种辅助吊线等。

3）光（电）缆敷设的主要工程量如下。

① 光、电缆的成端、接续与测试。

② 电缆气塞、气门制作。

③ 各种通信线路设备（如分线设备、充气设备等）的安装。

④ 光（电）缆的保护与防护。

⑤ 微控地下定向钻孔敷管，即机械顶管。

⑥ 建筑与建筑群综合布线系统。

**3. 工程量计算**

（1）工程说明

××小区的光缆通信网络线路施工图如图3-10所示。

其主要工程量为墙壁敷设自承式光缆及熔接、安装多媒体箱、光缆成端、线路走道为一楼半、每个接头预留10m、进箱预留10m、机房预留20m。

（2）工程量计算

按照下列提示计算工程量。

1）施工测量：按施工图计算施工的实际距离，不包括光缆的预留。

① 敷设自承式36芯光缆。

② 敷设自承式24芯光缆。

③ 敷设自承式8芯光缆。

④ 敷设自承式4芯光缆。

2）安装壁挂式多媒体箱。

3）光缆接续。

4）光缆成端接续。

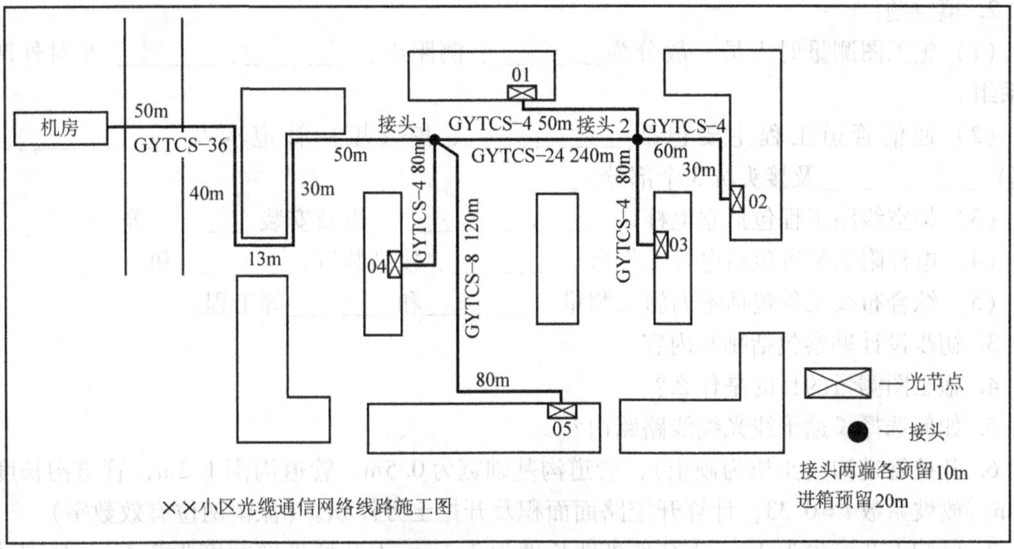


图 3-10 ××小区的光缆通信网络线路施工图

(3) 工程量统计

统计工程量并填写表 3-3。

**表 3-3 工程量统计表**

| 序 号 | 项 目 名 称 | 定 额 编 号 | 单 位 | 数 量 |
|---|---|---|---|---|
| 1 | 施工测量 | | | |
| 2 | 敷设自承式 36 芯光缆 | | | |
| 3 | 敷设自承式 24 芯光缆 | | | |
| 4 | 敷设自承式 8 芯光缆 | | | |
| 5 | 敷设自承式 4 芯光缆 | | | |
| 6 | 安装壁挂式多媒体箱 | | | |
| 7 | 光缆接续 24 芯以下 | | | |
| 8 | 光缆接续 36 芯以下 | | | |
| 9 | 光缆成端接续 | | | |

**4. 实训报告**

1) 按照工程量统计表，计算工程所需技工工日和普工工日。

2) 按照定额，统计工程所用主要材料和施工机械。

3) 说明通信工程工程量的计算步骤。

## 3.5 习题

1. 名词解释：

(1) 护坎　　　　(2) 堵塞

2. 填空题：

（1）施工图测量时人员一般分为________、测距组、________、________及对外调查联系组。

（2）通信管道工程主要包括____________、挖（填）管道沟及____________、挖（填）____________及接头坑3个部分。

（3）架空线路工程包括立电杆、________、________以及安装________等。

（4）电杆附属装置包括电杆工作台、________、接高装置、________和________。

（5）综合布线工程包括室内施工测量、________和________等工程。

3. 初步设计勘察包括哪些内容？

4. 施工图测量的目的是什么？

5. 如何选择长途干线光缆线路路由？

6. 开挖管道沟（土质为硬土），管道沟基础宽为0.5m，管道沟深1.2m，管道沟长度为170m，放坡系数$i=0.33$，计算开挖路面面积及开挖土方体积。（保留两位有效数字）

7. 已知人孔挖深为2m，人孔坑外墙长度为2.3m，人孔坑外墙宽度为2.1m，分别计算不放坡和放坡（放坡系数为0.33）开挖人孔坑的体积。（保留两位有效数字）

8. 已知管道包封如图3-4所示，包封厚（左、右和上部相同）0.1m、管群侧高0.12m、管道宽0.85m、管道基础厚度0.08m、管道基础（相邻两人孔外壁间距）长20m，计算包封体积。（保留两位有效数字）

9. 已知某护坡平均厚度为0.8m，平均宽度为1.4m，平均坡高1m，光缆沟深1.5m，计算护坡体积。（保留两位有效数字）

# 第4章　工程费用标准

## 本章要点

- 通信工程建设费用构成
- 工程建设费用的费率
- 工程建设费用的计算规则

## 4.1　费用构成

通信工程项目总费用由项目的各个单项工程费用之和构成。各单项工程的总费用由工程费、工程建设其他费、预备费和建设期利息4部分构成。通信建设单项工程总费用构成如表4-1所示。

表4-1　通信建设单项工程总费用构成

| 费用名称 | 费用内容 | | | |
|---|---|---|---|---|
| 工程费 | 建筑安装工程费 | | | |
| | 设备、工器具购置费 | | | |
| 工程建设其他费 | 建设用地及综合赔补费 | 勘察设计费 | 安全生产费 | 工程保险费 |
| | 建设单位管理费 | 环境影响评价费 | 工程质量监督费 | 工程招标代理费 |
| | 可行性研究费 | 劳动安全卫生评价费 | 工程定额编制测定费 | 专利及专用技术使用费 |
| | 研究试验费 | 建设工程监理费 | 引进技术及进口设备其他费 | 生产准备及开办费 |
| 预备费 | 基本预备费 | | | |
| | 价差预备费 | | | |
| 建设期利息 | 建设项目贷款在建设期内发生并应计入固定资产的贷款利息等财务费用 | | | |

## 4.2 工程费

工程费由建筑安装工程费和设备、工器具购置费组成，是通信建设单项工程总费用的重要组成部分。

### 4.2.1　建筑安装工程费

建筑安装工程费由直接费、间接费、利润和税金组成，如表4-2所示。

**表 4-2　建筑安装工程费**

| 费用名称 | 费用内容 | | | | |
|---|---|---|---|---|---|
| 直接费 | 直接工程费 | 人工费（技工、普工） | | | |
| | | 材料费 | | | |
| | | 机械使用费 | | | |
| | | 仪表使用费 | | | |
| | 措施费 | 环境保护费 | 工程点交、场地清理费 | 冬雨期施工增加费 | 已完工程及设备保护费 |
| | | 文明施工费 | 临时设施费 | 生产工具、用具使用费 | 运土费 |
| | | 工地器材搬运费 | 工程车辆使用费 | 施工用水、电、蒸汽费 | 施工队伍调遣费 |
| | | 工程干扰费 | 夜间施工增加费 | 特殊地区施工增加费 | 大型施工机械调遣费 |
| 间接费 | 规费 | 工程排污费 | | | |
| | | 社会保障费 | | | |
| | | 住房公积金 | | | |
| | | 危险作业意外伤害保险 | | | |
| | 企业管理费 | 管理人员工资 | 工具用具使用费 | 财产保险费 | |
| | | 办公费 | 劳动保险费 | 财务费 | |
| | | 差旅交通费 | 工会经费 | 税金 | |
| | | 固定资产使用费 | 职工教育经费 | 其他 | |
| 利润 | 施工企业完成所承包工程获得的赢利 | | | | |
| 税金 | 按国家税法规定应计入建筑安装工程造价内的营业税、城市维护建设税及教育费附加 | | | | |

**1. 直接费**

直接费由直接工程费和措施费构成。具体内容及计算规则如下：

（1）直接工程费

直接工程费指施工过程中耗用的构成工程实体和有助于工程实体形成的各项费用，包括人工费、材料费、机械使用费和仪表使用费。

1）人工费。人工费是指直接从事建筑安装工程施工的生产人员开支的各项费用，包括基本工资、工资性补贴、辅助工资、职工福利费和劳动保护费。

① 基本工资。基本工资是指发放给生产人员的岗位工资和技能工资。

② 工资性补贴。工资性补贴是指规定标准的物价补贴，煤、燃气补贴，交通费补贴，住房补贴，流动施工津贴等。

③ 辅助工资。辅助工资是指生产人员年平均有效施工天数以外非作业天数的工资，包括职工学习、培训期间的工资，调动工作、探亲、休假期间的工资，因气候影响的停工工资，女工哺乳期间的工资，病假在6个月以内的工资及产、婚、丧假期的工资。

④ 职工福利费。职工福利费是指按规定标准计提的职工福利费。

⑤ 劳动保护费。劳动保护费是指规定标准的劳动保护用品的购置费及修理费，徒工服装补贴，防暑降温等保健费用。

通信工程不分专业和地区工资类别，综合取定人工费。人工费单价为：技工为48元/工日；普工为19元/工日。人工费的计算规则如下：

概（预）算人工费 = 技工费 + 普工费

概（预）算技工费 = 技工单价 × 概（预）算技工总工日

概（预）算普工费 = 普工单价 × 概（预）算普工总工日

2）材料费。材料费是指施工过程中实体消耗的直接材料费用与采备材料所发生的费用总和，包括材料原价、材料运杂费、运输保险费、采购及保管费、采购代理服务费和辅助材料费。

① 材料原价。材料原价是指供应价或供货地点价。

② 材料运杂费。材料运杂费是指材料自来源地运至工地仓库（或指定堆放地点）所发生的费用。

③ 运输保险费。运输保险费是指材料（或器材）自来源地运至工地仓库（或指定堆放地点）所发生的保险费用。

④ 采购及保管费。采购及保管费是指组织材料采购及材料保管过程中所需要的各项费用。

⑤ 采购代理服务费。采购代理服务费是指委托中介采购代理服务的费用。

⑥ 辅助材料费。辅助材料费是指对施工生产起辅助作用的材料的费用。

材料费的计算规则如下：

材料费 = 主要材料费 + 辅助材料费

主要材料费 = 材料原价 + 运杂费 + 运输保险费 + 采购及保管费 + 采购代理服务费

辅助材料费 = 主要材料费 × 辅助材料费系数

式中各参数解释如下：

① 材料原价。材料原价是指供应价或供货地点价。

② 运杂费。运杂费是指编制概算时，除水泥及水泥制品的运输距离按 500km 计算外，其他类型的材料运输距离按 1500km 计算。

运杂费 = 材料原价 × 器材运杂费费率（器材运杂费费率表如表 4-3 所示）

**表 4-3　器材运杂费费率表**（单位：%）

| 运距 $L$/km | 光　缆 | 电　缆 | 塑料及塑料制品 | 木材及木制品 | 水泥及水泥构件 | 其　他 |
|---|---|---|---|---|---|---|
| $L \leqslant 100$ | 1.0 | 1.5 | 4.3 | 8.4 | 18.0 | 3.6 |
| $100 < L \leqslant 200$ | 1.1 | 1.7 | 4.8 | 9.4 | 20.0 | 4.0 |
| $200 < L \leqslant 300$ | 1.2 | 1.9 | 5.4 | 10.5 | 23.0 | 4.5 |
| $300 < L \leqslant 400$ | 1.3 | 2.1 | 5.8 | 11.5 | 24.5 | 4.8 |
| $400 < L \leqslant 500$ | 1.4 | 2.4 | 6.5 | 12.5 | 27.0 | 5.4 |
| $500 < L \leqslant 750$ | 1.7 | 2.6 | 6.7 | 14.7 | | 6.3 |
| $750 < L \leqslant 1000$ | 1.9 | 3.0 | 6.9 | 16.8 | | 7.2 |
| $1000 < \sim L \leqslant 1250$ | 2.2 | 3.4 | 7.2 | 18.9 | | 8.1 |
| $1250 < L \leqslant 1500$ | 2.4 | 3.8 | 7.5 | 21.0 | | 9.0 |
| $1500 < L \leqslant 1750$ | 2.6 | 4.0 | | 22.4 | | 9.6 |
| $1750 < L \leqslant 2000$ | 2.8 | 4.3 | | 23.8 | | 10.2 |
| $L > 2000$km，每增 250km 增加 | 0.2 | 0.3 | | 1.5 | | 0.6 |

③ 运输保险费：

运输保险费 = 材料原价 × 保险费费率（费率为 0.1%）

④ 采购及保管费：

采购及保管费 = 材料原价 × 采购及保管费费率（材料采购及保管费费率表如表 4-4 所示）

**表 4-4 材料采购及保管费费率表**

| 工程名称 | 计算基础 | 费 率/（%） |
|---|---|---|
| 通信设备安装工程 | 材料原价 | 1.0 |
| 通信线路工程 | 材料原价 | 1.0 |
| 通信管道工程 | 材料原价 | 2.8 |

⑤ 采购代理服务费按实际计列。

⑥ 辅助材料费：

辅助材料费 = 主要材料费 × 辅助材料费费率（辅助材料费费率表如表 4-5 所示）

**表 4-5 辅助材料费费率表**

| 工程名称 | 计算基础 | 费 率/（%） |
|---|---|---|
| 通信设备安装工程 | 主要材料 | 3.0 |
| 电源设备安装工程 | 主要材料 | 5.0 |
| 通信线路工程 | 主要材料 | 0.3 |
| 通信管道工程 | 主要材料 | 0.5 |

⑦ 凡由建设单位提供的利旧材料，其材料费不计入工程成本。

3）机械使用费。机械使用费是指施工机械作业所发生的机械使用费以及机械安拆费，包括折旧费、大修理费、经常修理费、安拆费、人工费、燃料动力费、养路费及车船使用税。

① 折旧费。折旧费是指施工机械在规定的使用年限内，陆续收回其原值及购置资金的时间价值。

② 大修理费。大修理费是指施工机械按规定的大修理间隔台班进行必要的大修理，以恢复其正常功能所需的费用。

③ 经常修理费。经常修理费是指施工机械除大修理以外的各级保养和临时故障排除所需的费用，包括为保障机械正常运转所需替换设备与随机配备工具和附具的摊销、维护费用，机械运转中日常保养所需润滑与擦拭的材料费用及机械停滞期间的维护和保养费用等。

④ 安拆费。安拆费是指施工机械在现场进行安装与拆卸所需的人工、材料、机械和试运转费用以及机械辅助设施的折旧、搭设、拆除等费用。

⑤ 人工费。人工费是指机上操作人员和其他操作人员的工作日人工费及上述人员在施工机械规定的年工作台班以外的人工费。

⑥ 燃料动力费。燃料动力费是指施工机械在运转作业中所消耗的固体燃料（煤、木柴）、液体燃料（汽油、柴油）及水、电等。

⑦ 养路费及车船使用税。养路费及车船使用税是指施工机械按照国家规定和有关部门规定应缴纳的养路费、车船使用税、保险费及年检费等。

机械使用费的计算规则如下：

机械使用费 = 机械台班单价 × 概（预）算机械台班量

其中：概（预）算机械台班量 = 定额台班量 × 工程量

4）仪表使用费。仪表使用费是指施工作业所发生的属于固定资产的仪表使用费，包括折旧费、经常修理费、年检费和人工费。

① 折旧费。折旧费是指施工仪表在规定的年限内，陆续收回其原值及购置资金的时间价值。

② 经常修理费。经常修理费是指施工仪表的各级保养和临时故障排除所需的费用，包括为保证仪表正常使用所需备件（备品）的摊销和维护费用。

③ 年检费。年检费是指施工仪表在使用寿命期间定期标定与年检费用。

④ 人工费。人工费是指施工仪表操作人员在台班定额内的人工费。

仪表使用费的计算规则如下：

仪表使用费 = 仪表台班单价 × 概算、预算的仪表台班量

（2）措施费

措施费是指为完成工程项目施工，发生于该工程前和施工过程中非工程实体项目的费用。

1）环境保护费。环境保护费是指施工现场为达到环保部门要求所需要的各项费用。环境保护费的计算规则如下：

环境保护费 = 人工费 × 相关费率（环境保护费费率表如表 4-6 所示）

**表 4-6　环境保护费费率表**

| 工程名称 | 计算基础 | 费　率/(%) |
|---|---|---|
| 无线通信设备安装工程 | 人工费 | 1.20 |
| 通信线路工程、通信管道工程 | 人工费 | 1.50 |

2）文明施工费。文明施工费是指施工现场文明施工所需要的各项费用。文明施工费的计算规则如下：

文明施工费 = 人工费 × 费率（费率为 1.0%）

3）工地器材搬运费。工地器材搬运费是指由工地仓库（或指定地点）至施工现场转运器材而发生的费用。工地器材搬运费的计算规则如下：

工地器材搬运费 = 人工费 × 相关费率（工地器材搬运费费率表如表 4-7 所示）

**表 4-7　工地器材搬运费费率表**

| 工程名称 | 计算基础 | 费　率/(%) |
|---|---|---|
| 通信设备安装工程 | 人工费 | 1.3 |
| 通信线路工程 | 人工费 | 5.0 |
| 通信管道工程 | 人工费 | 1.6 |

4）工程干扰费。工程干扰费是指通信线路工程、通信管道工程由于受市政管理、交通管制、人流密集、输配电设施等影响工效的补偿费用。工程干扰费的计算规则如下：

工程干扰费 = 人工费 × 相关费率（工程干扰费费率表如表 4-8 所示）

**表 4-8　工程干扰费费率表**

| 工程名称 | 计算基础 | 费　率/(%) |
| --- | --- | --- |
| 通信线路工程、通信管道工程（干扰地区） | 人工费 | 6.0 |
| 移动通信基站设备安装工程 | 人工费 | 4.0 |

5）工程点交、场地清理费。工程点交、场地清理费是指按规定编制竣工图及资料、工程点交和施工场地清理等发生的费用。工程点交、场地清理费的计算规则如下：

工程点交、场地清理费 = 人工费 × 相关费率（工程点交、场地清理费费率表如表 4-9所示）

**表 4-9　工程点交、场地清理费费率表**

| 工程名称 | 计算基础 | 费　率/(%) |
| --- | --- | --- |
| 通信设备安装工程 | 人工费 | 3.5 |
| 通信线路工程 | 人工费 | 5.0 |
| 通信管道工程 | 人工费 | 2.0 |

6）临时设施费。临时设施费是指施工企业为进行工程施工所必须设置的生活和生产用的临时建筑物、构筑物和其他临时设施费用等。临时设施费用包括临时设施的租用或搭设、维修、拆除费或摊销费。临时设施费计算规则如下：

临时设施费 = 人工费 × 相关费率（临时设施费费率表如表 4-10 所示）

**表 4-10　临时设施费费率表**

| 工程名称 | 计算基础 | 费　率/(%) | |
| --- | --- | --- | --- |
| | | 距离≤35km | 距离>35km |
| 通信设备安装工程 | 人工费 | 6.0 | 12.0 |
| 通信线路工程 | 人工费 | 5.0 | 10.0 |
| 通信管道工程 | 人工费 | 12.0 | 15.0 |

7）工程车辆使用费。工程车辆使用费是指工程施工中接送施工人员、生活用车等（含过路、过桥）费用。工程车辆使用费的计算规则如下：

工程车辆使用费 = 人工费 × 相关费率（工程车辆使用费费率表如表 4-11 所示）

**表 4-11　工程车辆使用费费率表**

| 工程名称 | 计算基础 | 费　率/(%) |
| --- | --- | --- |
| 无线通信设备安装工程、通信线路工程 | 人工费 | 6.0 |
| 有线通信设备安装工程、通信电源设备安装工程、通信管道工程 | 人工费 | 2.6 |

8）夜间施工增加费。夜间施工增加费是指因夜间施工所发生的夜间补助费、夜间施工降效、夜间施工照明设备摊销及照明用电等费用。夜间施工增加费的计算规则如下：

夜间施工增加费 = 人工费 × 相关费率（夜间施工增加费费率表如表 4-12 所示）

表 4-12 夜间施工增加费费率表

| 工 程 名 称 | 计 算 基 础 | 费 率/(%) |
|---|---|---|
| 通信设备安装工程 | 人工费 | 2.0 |
| 通信线路工程（城区部分）、通信管道工程 | 人工费 | 3.0 |

注：此项费用不考虑施工时段均按相应费率计取。

9）冬雨期施工增加费。冬雨期施工增加费是指在冬雨期施工时所采取的防冻、保温、防雨等安全措施及工效降低所增加的费用。冬雨期施工增加费计算规则如下：

冬雨期施工增加费 = 人工费 × 相关费率（冬雨期施工增加费费率表如表4-13 所示）

表 4-13 冬雨期施工增加费费率表

| 工 程 名 称 | 计 算 基 础 | 费 率/(%) |
|---|---|---|
| 通信设备安装工程（室外天线、馈线部分） | 人工费 | 2.0 |
| 通信线路工程、通信管道工程 | 人工费 | 2.0 |

注：1. 此项费用不分施工所处季节均按相应费率计取。
2. 综合布线工程不计取。

10）生产工具、用具使用费。生产工具、用具使用费是指施工所需的不属于固定资产的工具、用具等的购置、摊销、维修费。生产工具、用具使用费的计算规则如下：

生产工具、用具使用费 = 人工费 × 相关费率（生产工具、用具使用费费率表如表4-14 所示）

表 4-14 生产工具、用具使用费费率表

| 工 程 名 称 | 计 算 基 础 | 费 率/(%) |
|---|---|---|
| 通信设备安装工程 | 人工费 | 2.0 |
| 通信线路工程、通信管道工程 | 人工费 | 3.0 |

11）施工用水、电、蒸汽费。施工用水、电、蒸汽费是指施工生产过程中使用水、电、蒸汽所发生的费用。通信线路、通信管道工程依照施工工艺要求，按实际计列施工用水、电、蒸汽费。

12）特殊地区施工增加费。特殊地区施工增加费是指在原始森林地区、海拔2000m 以上高原地区、化工区、核污染区、沙漠地区和山区无人值守站等特殊地区施工所需增加的费用。各类通信工程按3.20 元/工日标准，计取特殊地区施工增加费。其计算规则如下：

特殊地区施工增加费 = 概（预）算总共日 ×3.20 元/工日

13）已完工程及设备保护费。已完工程及设备保护费是指竣工验收前，对已完工程及设备进行保护所需的费用。承包人依据工程发包的内容范围报价，经业主确认计取已完工程及设备保护费。

14）运土费。运土费是指直埋光（电）缆、管道工程施工，需从远离施工地点取土及必须向外倒运出土方所发生的费用。通信线路（城区部分）、通信管道工程根据市政管理要求，按实际计取运土费，计算依据参照地方标准。

15）施工队伍调遣费。施工队伍调遣费是指因建设工程的需要，应支付施工队伍的调遣费用，包括调遣人员的差旅费、调遣期间的工资、施工工具与用具等的运费。施工现场与企业的距离在35km 以内时，不计取此项费用。施工队伍调遣费按调遣费定额计算。计算规

则如下：

施工队伍调遣费 = 单程调遣费定额 × 调遣人数 × 2

施工队伍单程调遣费定额表如表 4-15 所示。

**表 4-15　施工队伍单程调遣费定额表**

| 调遣里程 $L$/km | 调遣费/元 | 调遣里程 $L$/km | 调遣费/元 |
|---|---|---|---|
| $35<L\leqslant 200$ | 106 | $2400<L\leqslant 2600$ | 724 |
| $200<L\leqslant 400$ | 151 | $2600<L\leqslant 2800$ | 757 |
| $400<L\leqslant 600$ | 227 | $2800<L\leqslant 3000$ | 784 |
| $600<L\leqslant 800$ | 275 | $3000<L\leqslant 3200$ | 868 |
| $800<L\leqslant 1000$ | 376 | $3200<L\leqslant 3400$ | 903 |
| $1000<L\leqslant 1200$ | 416 | $3400<L\leqslant 3600$ | 928 |
| $1200<\sim L\leqslant 1400$ | 455 | $3600<L\leqslant 3800$ | 964 |
| $1400<L\leqslant 1600$ | 496 | $3800<L\leqslant 4000$ | 1042 |
| $1600<L\leqslant 1800$ | 534 | $4000<L\leqslant 4200$ | 1071 |
| $1800<L\leqslant 2000$ | 568 | $4200<L\leqslant 4400$ | 1095 |
| $2000<L\leqslant 2200$ | 601 | $L>4400$km 时，每增加 200km 增加 | 73 |
| $2200<L\leqslant 2400$ | 688 | | |

施工队伍调遣人数定额表如表 4-16 所示。

**表 4-16　施工队伍调遣人数定额表**

| 通信设备安装工程 | | 通信线路、通信管道工程 | | | |
|---|---|---|---|---|---|
| 概（预）算技工总工日/工日 | 调遣人数/人 | 概（预）算技工总工日/工日 | 调遣人数/人 | 概（预）算技工总工日/工日 | 调遣人数/人 |
| 500 以下 | 5 | 500 以下 | 5 | 8000 以下 | 50 |
| 1000 以下 | 10 | 1000 以下 | 10 | 9000 以下 | 55 |
| 2000 以下 | 17 | 2000 以下 | 17 | 10 000 以下 | 60 |
| 3000 以下 | 24 | 3000 以下 | 24 | 15 000 以下 | 80 |
| 4000 以下 | 30 | 4000 以下 | 30 | 20 000 以下 | 95 |
| 5000 以下 | 35 | 5000 以下 | 35 | 25 000 以下 | 105 |
| 5000 以上，每增加 1000 工日增加调遣人数 | 3 | 6000 以下 | 40 | 30 000 以下 | 120 |
| | | 7000 以下 | 45 | 30000 以上，每增加 5000 工日增加调遣人数 | 3 |

16）大型施工机械调遣费。大型施工机械调遣费是指大型施工机械调遣所发生的运输费用。大型施工机械调遣费的计算规则如下：

大型施工机械调遣费 = 2 × ［单程运价 × 调遣运距 × 总吨位（大型施工机械调遣吨位表如表 4-17 所示）］

其中，大型施工机械调遣费单程运价为 0.62 元/吨 × 单程公里。

表 4-17 大型施工机械调遣吨位表

| 机械名称 | 吨位 | 机械名称 | 吨位 |
|---|---|---|---|
| 光缆接续车 | 4 | 水下光（电）缆沟挖冲机 | 6 |
| 光（电）缆拖车 | 5 | 液压顶管机 | 5 |
| 微管微缆气吹设备 | 6 | 微控钻孔敷管设备 | 25 吨以下 |
| 气流敷设吹缆设备 | 8 | 微控钻孔敷管设备 | 25 吨以上 |

**2. 间接费**

间接费由规费和企业管理费构成。

（1）规费

规费是指政府和有关部门规定必须缴纳的费用（简称为规费），包括工程排污费、社会保障费、住房公积金及危险作业意外伤害保险。

1）工程排污费。工程排污费是指施工现场按规定缴纳的工程排污费。根据施工所在地政府部门的相关规定计算。

2）社会保障费。社会保障费包含养老保险费、失业保险费和医疗保险费 3 项内容。

① 养老保险费。养老保险费是指企业按规定标准为职工缴纳的基本养老保险费。

② 失业保险费。失业保险费是指企业按照国家规定标准为职工缴纳的失业保险费。

③ 医疗保险费。医疗保险费是指企业按照规定标准为职工缴纳的基本医疗保险费。

社会保障费计算规则如下：

社会保障费 = 人工费 × 费率（费率为 26.81%）

3）住房公积金。住房公积金是指企业按照规定标准为职工缴纳的住房公积金。计算规则如下：

住房公积金 = 人工费 × 费率（费率为 4.19%）

4）危险作业意外伤害保险。危险作业意外伤害保险是指企业为从事危险作业的建筑安装施工人员支付的意外伤害保险费。其计算规则如下：

危险作业意外伤害保险费 = 人工费 × 费率（费率为 1.0%）

（2）企业管理费

企业管理费是指施工企业组织施工生产和经营管理所需费用，内容如下。

1）管理人员工资。管理人员工资是指管理人员的基本工资、工资性补贴、职工福利费以及劳动保护费等。

2）办公费。办公费是指企业管理办公用的文具、纸张、账表、印刷、邮电、书报、会议、水电、烧水和集体取暖（包括现场临时宿舍取暖）用煤等费用。

3）差旅交通费。差旅交通费是指职工因公出差、调动工作的差旅费、住勤补助费，市内交通费和误餐补助费，职工探亲路费，劳动力招募费，职工离退休、退职一次性路费，工伤人员就医路费，工地转移费以及管理部门使用的交通工具的油料、燃料、养路费及牌照费。

4）固定资产使用费。固定资产使用费是指管理和试验部门及附属生产单位使用的属于固定资产的房屋、设备仪器等的折旧、大修、维修或租赁费。

5）工具用具使用费。工具用具使用费是指管理使用的不属于固定资产的生产工具、器具、家具、交通工具和检验、测绘、消防用具等的购置、维修和摊销费。

6）劳动保险费。劳动保险费是指由企业支付离退休职工的异地安家补助费、职工退职金、6个月以上的病假人员工资、职工死亡丧葬补助费、抚恤金、按规定支付给离退休干部的各项经费。

7）工会经费。工会经费是指企业按职工工资总额计提的工会经费。

8）职工教育经费。职工教育经费是指企业为职工学习先进技术和提高文化水平，按职工工资总额计提的费用。

9）财产保险费。财产保险费是指施工管理用财产、车辆保险费用。

10）财务费。财务费是指企业为筹集资金而发生的各种费用。

11）税金。税金是指企业按规定缴纳的房产税、车船使用税、土地使用税及印花税等。

12）其他。包括技术转让费、技术开发费、业务招待费、绿化费、广告费、公证费、法律顾问费、审计费及咨询费等。

企业管理费的计算规则如下：

企业管理费 = 人工费 × 相关费率（企业管理费费用表如表4-18所示）

**表4-18 企业管理费费率表**

| 工程名称 | 计算基础 | 费率/(%) |
|---|---|---|
| 通信线路工程、通信设备安装工程 | 人工费 | 30.0 |
| 通信管道工程 | 人工费 | 25.0 |

### 3. 利润

利润是指施工企业完成所承包工程获得的赢利。其计算规则如下：

利润 = 人工费 × 相关费率（利润费率表如表4-19所示）

**表4-19 利润费率表**

| 工程名称 | 计算基础 | 费率/(%) |
|---|---|---|
| 通信线路工程、通信设备安装工程 | 人工费 | 30.0 |
| 通信管道工程 | 人工费 | 25.0 |

### 4. 税金

税金是指按国家税法规定应计入建筑安装工程造价内的营业税、城市维护建设税及教育费附加。其计算规则如下：

税金 = （直接费 + 间接费 + 利润） × 税率（税率表如表4-20所示）

**表4-20 税率表**

| 工程名称 | 计算基础 | 税率/(%) |
|---|---|---|
| 各类通信工程 | 直接费 + 间接费 + 利润 | 3.41 |

注：通信线路工程计取税金时将光缆、电缆的预算价从直接工程费中核减。

## 4.2.2 设备、工器具购置费

设备、工器具购置费是指根据设计提出的设备（包括必需的备品备件）、仪表、工器具清单，按设备原价、运杂费、采购及保管费、运输保险费和采购代理服务费计算的费用。设备、工器具购置费的计算规则如下：

设备、工器具购置费 = 设备原价 + 运杂费 + 运输保险费 + 采购及保管费 + 采购代理服务费

式中各参数说明如下：

1）设备原价：供应价或供货地点价。

2）运杂费 = 设备原价 × 设备运杂费费率（设备运杂费费率表如表 4-21 所示）。

**表 4-21　设备运杂费费率表**

| 运输里程 L/km | 取费基础 | 费率/(%) | 调遣里程 L/km | 取费基础 | 费率/(%) |
|---|---|---|---|---|---|
| $L \leqslant 100$ | 设备原价 | 0.8 | $750 < L \leqslant 1000$ | 设备原价 | 1.7 |
| $100 < L \leqslant 200$ | 设备原价 | 0.9 | $1000 < L \leqslant 1250$ | 设备原价 | 2.0 |
| $200 < L \leqslant 300$ | 设备原价 | 1.0 | $1250 < L \leqslant 1500$ | 设备原价 | 2.2 |
| $300 < L \leqslant 400$ | 设备原价 | 1.1 | $1500 < L \leqslant 1750$ | 设备原价 | 2.4 |
| $400 < L \leqslant 500$ | 设备原价 | 1.2 | $1750 < L \leqslant 2000$ | 设备原价 | 2.6 |
| $500 < L \leqslant 750$ | 设备原价 | 1.5 | $L > 2000$km 时，每增 250km 增加 | 设备原价 | 0.1 |

3）运输保险费 = 设备原价 × 保险费费率（费率为 0.4%）。

4）采购及保管费 = 设备原价 × 采购及保管费费率（采购及保管费费率表如表 4-22 所示）。

**表 4-22　采购及保管费费率表**

| 项目名称 | 计算基础 | 费率/(%) |
|---|---|---|
| 需要安装的设备 | 设备原价 | 0.82 |
| 不需要安装的设备（仪表、工器具） | 设备原价 | 0.41 |

5）采购代理服务费按实际计列。

6）引进设备（材料）的国外运输费、国外运输保险费、关税、增值税、外贸手续费、银行财务费、国内运杂费、国内运输保险费、引进设备（材料）国内检验费及海关监管手续费等按引进货价计算后进入相应的设备材料费中。单独引进软件不计关税只计增值税。

## 4.3　工程建设其他费

### 4.3.1　概述

工程建设其他费是指应在建设项目的建设投资中开支的固定资产其他费用、无形资产费用和其他资产费用，主要包括以下费用：

**1. 建设用地及综合赔补费**

建设用地及综合赔补费是指按照《中华人民共和国土地管理法》等规定，建设项目征用土地或租用土地应支付的费用。费用内容如下：

1）土地征用及迁移补偿费。经营性建设项目通过出让方式购置的土地使用权（或建设

项目通过划拨方式取得无限期的土地使用权）而支付的土地补偿费、安置补偿费、地上附着物和青苗补偿费、余物迁建补偿费及土地登记管理费等；行政事业单位的建设项目通过出让方式取得土地使用权而支付的出让金；建设单位在建设过程中发生的土地复垦费用和土地损失补偿费用；建设期间临时占地补偿费。

2）征用耕地按规定一次性缴纳的耕地占用税；征用城镇土地在建设期间按规定每年缴纳的城镇土地使用税；征用城市郊区菜地按规定缴纳的新菜地开发建设基金。

3）建设单位租用建设项目土地使用权而支付的租地费用。

4）建设单位因建设项目期间租用建筑设施、场地费用；因项目施工造成所在地企事业单位或居民的生产、生活干扰而支付的补偿费用。

建设用地及综合赔补费的计算规则如下：

1）根据应征建设用地面积、临时用地面积，按建设项目所在省、市、自治区人民政府制定颁发的土地征用补偿费、安置补助费标准和耕地占用税、城镇土地使用税标准计算。

2）建设用地上的建（构）筑物如需迁建，其迁建补偿费应按迁建补偿协议计列或按新建同类工程造价计算。

**2. 建设单位管理费**

建设单位管理费是指建设单位发生的管理性质的开支，包括差旅交通费、工具用具使用费、固定资产使用费、必要的办公及生活用品购置费、必要的通信设备及交通工具购置费、零星固定资产购置费、招募生产工人费、技术图书资料费、业务招待费、设计审查费、合同契约公证费、法律顾问费、咨询费、完工清理费、竣工验收费、印花税和其他管理性质开支。如果成立筹建机构，建设单位管理费还应包括筹建人员工资类开支。建设单位管理费的计算参照财政部财建［2002］394 号文件《基建财务管理规定》执行，建设单位管理费总额控制数费率表如表 4-23 所示。

**表 4-23　建设单位管理费总额控制数费率表**　　（单位：万元）

| 工程总概算 | 费率/(%) | 算例 | |
|---|---|---|---|
| | | 工程总概算 | 建设单位管理费 |
| 1000 以下 | 1.5 | 1000 | 1000 × 1.5% = 15 |
| 1001 ~ 5000 | 1.2 | 5000 | 15 + (5000 − 1000) × 1.2% = 63 |
| 5001 ~ 10 000 | 1.0 | 10 000 | 63 + (10 000 − 5000) × 1.0% = 113 |
| 10 001 ~ 50 000 | 0.8 | 50 000 | 113 + (50 000 − 10 000) × 0.8% = 433 |
| 50 001 ~ 100 000 | 0.5 | 100 000 | 433 + (100 000 − 50 000) × 0.5% = 683 |
| 100 001 ~ 200 000 | 0.2 | 200 000 | 683 + (200 000 − 100 000) × 0.2% = 883 |
| 200 000 以上 | 0.1 | 280 000 | 883 + (280 000 − 200 000) × 0.1% = 963 |

如建设项目采用工程总承包方式，其总包管理费由建设单位与总包单位根据总包工作范围在合同中商定、从建设单位管理费中列支。

**3. 可行性研究费**

可行性研究费是指在建设项目前期工作中，编制和评估项目建议书（或预可行性研究报告)、可行性研究报告所需的费用。计算规则参照《国家计委关于印发〈建设项目前期工作咨询收费暂行规定〉的通知》（计投资［1999］1283 号）的规定。规定中的相关条文如下：

第九条　工程咨询收费根据不同工程咨询项目的性质、内容，可分别采取以下方法之一计取费用：

1）按建设项目估算投资额，分档计算工程咨询费用。按建设项目估算投资额分档收费标准如表 4-24 所示。

**表 4-24　按建设项目估算投资额分档收费标准**　　（单位：万元）

| 工作项目 | 3000 万元～1 亿元 | 1 亿元～5 亿元 | 5 亿元～10 亿元 | 10 亿元～50 亿元 | 50 亿元以上 |
|---|---|---|---|---|---|
| 一、编制项目建议书 | 6～14 | 14～37 | 37～55 | 55～100 | 100～125 |
| 二、编制可行性研究报告 | 12～28 | 28～75 | 75～110 | 110～200 | 200～250 |
| 三、评估项目建议书 | 4～8 | 8～12 | 12～15 | 15～17 | 17～20 |
| 四、评估可行性研究报告 | 5～10 | 10～15 | 15～20 | 20～25 | 25～35 |

注：1. 建设项目估算投资额是指项目建议书或者可行性研究报告的估算投资额。

2. 建设项目的具体收费标准，根据估算投资额在相对应的区间内用插入法计算。

3. 根据行业特点和各行业内部不同类别工程的复杂程序，计算咨询费用时可分别乘以行业调整系数和工程复杂程度调整系数。按建设项目估算投资额分档收费的调整系数如表 4-25 所示。

**表 4-25　按建设项目估算投资额分档收费的调整系数**

| 行 业 名 称 | 计 算 基 础 | 调 整 系 数 |
|---|---|---|
| 石化、化工、钢铁 | 按建设项目估算投资额分档收费标准 | 1.3 |
| 石油、天然气、水利、水电、交通（水运）、化纤 | | 1.2 |
| 有色、黄金、纺织、轻工、邮电、广播电视、医药、煤炭、火电（含核电）、机械（含船舶、航空、航天、兵器） | | 1.0 |
| 林业、商业、粮食、建筑 | | 0.8 |
| 建材、交通（公路）、铁道、市政公用工程 | | 0.7 |
| 工程复杂程度调整系数 | | 0.8～1.2 |

2）按工程咨询工作所耗工日计算工程咨询费用。工程咨询人员工日费用标准如表 4-26 所示。

**表 4-26　工程咨询人员工日费用标准**　　（单位：元）

| 咨 询 人 员 职 级 | 工 日 费 用 标 准 |
|---|---|
| 高级专家 | 1000～1200 |
| 高级专业技术职称的咨询人员 | 800～1000 |
| 中级专业技术职称的咨询人员 | 600～800 |

按照前款两种方法不便于计费的，可以参照本规定的工日费用标准由工程咨询机构与委托方议定。但参照工日计算的收费额，不得超过按估算投资额分档计费方式计算的收费额。

第十条　采取按建设项目估算投资额分档计费的，以建设项目的项目建议书或者可行性研究报告的估算投资为计费依据。使用工程咨询机构推荐方案计算的投资与原估算投资发生增减变化时，咨询收费不再调整。

第二十一条　建设项目投资额在 3000 万元以下的和除编制、评估项目建议书或者可行性研究报告以外的其他建设项目前期工作咨询服务的收费标准，由各省、自治区、直辖市价格主管部门会同同级计划部门制定。

**4. 研究试验费**

研究试验费是指为本建设项目提供或验证设计数据、资料等进行必要的研究试验及按照设计规定在建设过程中必须进行试验、验证所需的费用。其计算规则如下：

1）根据建设项目研究试验内容和要求进行编制。

2）研究试验费不包括以下项目：

① 应由科技三项费用（即新产品试制费、中间试验费和重要科学研究补助费）开支的项目；

② 应在建筑安装费用中列支的施工企业对材料、构件进行一般鉴定、检查所发生的费用及技术革新的研究试验费；

③ 应由勘察设计费或工程费中开支的项目。

**5. 勘察设计费**

勘察设计费是指委托勘察设计单位进行工程水文地质勘查、工程设计所发生的各项费用，包括工程勘察费、初步设计费及施工图设计费。其计算规则参照国家计委、建设部《关于发布〈工程勘察设计收费管理规定〉的通知》（计价格［2002］10号）规定，具体算法详见本书4.3.2节和4.3.3节。

**6. 环境影响评价费**

环境影响评价费是指按照《中华人民共和国环境保护法》《中华人民共和国环境影响评价法》等规定，为全面、详细评价本建设项目对环境可能产生的污染或造成的重大影响所需的费用，包括编制环境影响报告书（含大纲）、环境影响报告表和评估环境影响报告书（含大纲）、评估环境影响报告表等所需的费用。计算规则参照国家计委、国家环境保护总局《关于规范环境影响咨询收费有关问题的通知》（计价格［2002］125号）规定。规定中的相关条文如下：

1）建设项目环境影响咨询收费实行政府指导价，从事环境影响咨询业务的机构应根据本通知规定收取费用。具体收费标准由环境影响评价和技术评估机构与委托方以建设项目环境影响咨询收费标准中规定的基准价为基础，在上下20%的幅度内协商确定。建设项目环境影响咨询收费标准如表4-27所示。

**表4-27　建设项目环境影响咨询收费标准**　　（单位：万元）

| 估算投资额 | 0.3以下 | 0.3~2 | 2~10 | 10~50 | 50~100 | 100以上 |
|---|---|---|---|---|---|---|
| 编制环境影响报告书（含大纲） | 5~6 | 6~15 | 15~35 | 35~75 | 75~110 | 110以上 |
| 编制环境影响报告表 | 1~2 | 2~4 | 4~7 | 7以上 | | |
| 评估环境影响报告书（含大纲） | 0.8~1.5 | 1.5~3 | 3~7 | 7~9 | 9~13 | 13以上 |
| 评估环境影响报告表 | 0.5~0.8 | 0.8~1.5 | 1.5~2 | 2以上 | | |

注：1. 表中数字下限为不含，上限为包含。
2. 估算投资额为项目建议书或可行性研究报告中的估算投资额。
3. 咨询服务项目收费标准根据估算投资额在对应区间内用插入法计算。
4. 以本收费标准为基础，按建设项目行业特点和所在地区的环境敏感程度，乘以调整系数，确定咨询服务收费基准价。环境影响评价大纲、报告书编制收费行业调整系数和环境影响评价大纲、报告书编制收费环境敏感程度调整系数分别如表4-28和表4-29所示。
5. 评估环境影响报告书（含大纲）的费用不含专家参加审查会议的差旅费，环境影响评价大纲的技术评估费用占环境影响报告书评估费用的40%。
6. 本表所列编制环境影响报告表收费标准为不设评价专题的基准价，每增加1个专题加收50%。
7. 本表中费用不包括遥感、遥测、风洞试验、污染气象观测、示踪试验、地探、物探、卫星图片解读、需要动用船、飞机等特殊监测等费用。

表4-28　环境影响评价大纲、报告书编制收费行业调整系数

| 行　业 | 调整系数 | 行　业 | 调整系数 |
| --- | --- | --- | --- |
| 化工、冶金、有色、黄金、煤炭、矿产、纺织、化纤、轻工、医药、区域 | 1.2 | 邮电、广播电视、航空、机械、船舶、航天、电子、勘探、社会服务、火电 | 0.8 |
| 石化、石油天然气、水利、水电、旅游 | 1.1 | | |
| 林业、畜牧、渔业、农业、交通、铁道、民航、管线运输、建材、市政、烟草、兵器 | 1.0 | 粮食、建筑、信息产业、仓储 | 0.6 |

表4-29　环境影响评价大纲、报告书编制收费环境敏感程度调整系数

| 环境敏感程度 | 调整系数 |
| --- | --- |
| 敏感 | 1.2 |
| 一般 | 0.8 |

2）环境影响咨询收费以估算投资额为计费基数，根据建设项目不同的性质和内容，采取按估算投资额分档定额方式计费。不便于采取按估算投资额分档定额计费方式的，也可以采取按咨询服务工日计费。按咨询服务人员工日计算建设项目环境影响咨询收费标准如表4-30所示。

表4-30　按咨询服务人员工日计算建设项目环境影响咨询收费标准　（单位：元）

| 咨询人员职级 | 人工日收费标准 |
| --- | --- |
| 高级咨询专家 | 1000～1200 |
| 高级专业技术人员 | 800～1000 |
| 一般专业技术人员 | 600～800 |

**7. 劳动安全卫生评价费**

劳动安全卫生评价费是指按照劳动部10号令（1998年2月5日）《建设项目（工程）劳动安全卫生预评价管理办法》的规定，为预测和分析建设项目存在的职业危险、危害因素的种类和危险、危害程度，并提出先进、科学、合理可行的劳动安全卫生技术和管理对策所需的费用，包括编制建设项目劳动安全卫生预评价大纲和劳动安全卫生预评价报告书以及为编制上述文件所进行的工程分析和环境现状调查等所需费用。计算规则参照建设项目所在省（市、自治区）劳动行政部门规定的标准计算。

**8. 建设工程监理费**

建设工程监理费是指建设单位委托工程监理单位实施工程监理的费用。计算规则参照国家发改委、建设部［2007］670号文，关于《建设工程监理与相关服务收费管理规定》的通知进行计算。具体算法详见本书4.3.4节。

**9. 安全生产费**

安全生产费是指施工企业按照国家有关规定和建筑施工安全标准，购置施工防护用具、落实安全施工措施以及改善安全生产条件所需要的各项费用。计算规则参照财政部、国家安全生产监督管理总局财企［2006］478号文，《高危行业企业安全生产费用财务管理暂行办法》的通知：安全生产费按建筑安装工程费的1.0%计取。

**10. 工程质量监督费**

工程质量监督费是指工程质量监督机构对通信工程进行质量监督所发生的费用。此项计

费已取消。

**11. 工程定额编制测定费**

工程定额编制测定费是指建设单位发包工程按规定上缴工程造价（定额）管理部门的费用。此项计费已取消。

**12. 引进技术及进口设备其他费**

1）引进项目图样资料翻译复制费、备品备件测绘费。

2）出国人员费用：包括买方人员出国设计联络、出国考察、联合设计、监造、培训等所发生的差旅费、生活费、制装费等。

3）来华人员费用：包括卖方来华工程技术人员的现场办公费用、往返现场交通费用、工资、食宿费用和接待费用等。

4）银行担保及承诺费：指引进项目由国内外金融机构出面承担风险和责任担保所发生的费用，以及支付贷款机构的承诺费用。

引进技术及进口设备其他费的计算规则如下。

1）引进项目图样资料翻译复制费：根据引进项目的具体情况计列或按引进设备到岸价的比例估列。

2）出国人员费用：依据合同规定的出国人次、期限和费用标准计算。生活费及制装费按照财政部、外交部规定的现行标准计算，旅费按中国民航公布的国际航线票价计算。

3）来华人员费用：应依据引进合同有关条款规定计算。引进合同价款中已包括的费用内容不得重复计算。来华人员接待费用可按每人次费用指标计算。

4）银行担保及承诺费：应按担保或承诺协议计取。

**13. 工程保险费**

工程保险费是指建设项目在建设期间根据需要对建筑工程、安装工程及机器设备进行投保而发生的保险费用，包括建筑安装工程一切险、引进设备财产和人身意外伤害险等。其计算规则如下。

1）不投保的工程不计取此项费用。

2）不同的建设项目可根据工程特点选择投保险种，根据投保合同计列保险费用。

**14. 工程招标代理费**

工程招标代理费是指招标人委托代理机构编制招标文件、编制标底、审查投标人资格、组织投标人踏勘现场并答疑，组织开标、评标、定标，以及提供招标前期咨询、协调合同的签订等业务所收取的费用。计算规则参照国家计委《招标代理服务费管理暂行办法》计价格［2002］1980号文件规定。规定中的相关条文如下。

第三条　本办法所称招标代理服务收费，是指招标代理机构接受招标人委托，从事编制招标文件（包括编制资格预审文件和标底），审查投标人资格，组织投标人踏勘现场并答疑，组织开标、评标、定标，以及提供招标前期咨询、协调合同的签订等业务所收取的费用。

第八条　招标代理服务收费实行政府指导价。

第九条　招标代理服务收费采用差额定率累进计费方式。收费标准按本办法规定标准执行，上下浮动幅度不超过20%。招标代理服务收费标准（费率）如表4-31所示。

**表 4-31　招标代理服务收费标准（费率）**

| 中标金额/万元 | 服务类型 | | |
|---|---|---|---|
| | 货物招标 | 服务招标 | 工程招标 |
| 100 以下 | 1.5% | 1.5% | 1.0% |
| 100 ~ 500 | 1.1% | 0.8% | 0.7% |
| 500 ~ 1000 | 0.8% | 0.45% | 0.55% |
| 1000 ~ 5000 | 0.5% | 0.25% | 0.35% |
| 5000 ~ 10 000 | 0.25% | 0.1% | 0.2% |
| 10 000 ~ 100 000 | 0.05% | 0.05% | 0.05% |
| 1 000 000 以上 | 0.01% | 0.01% | 0.01% |

注：1. 按本表费率计算的收费为招标代理服务全过程的收费基准价格，单独提供编制招标文件（有标底的含标底）服务的，可按规定标准的30%计收。

2. 招标代理服务收费按差额定率累进法计算。例如：某工程招标代理业务中标金额为6000 万元，计算招标代理服务费如下。

100 万元 ×1.0% =1 万元

(500 - 100) 万元 ×0.7% =2.8 万元

(1000 - 500) 万元 ×0.55% =2.75 万元

(5000 - 1000) 万元 ×0.35% =14 万元

(6000 - 5000) 万元 ×0.2% =2 万元

合计收费 =1 万元 +2.8 万元 +2.75 万元 +14 万元 +2 万元 =22.55 万元。

具体收费额由招标代理机构和招标委托人在规定的收费标准和浮动幅度内协商确定。出售招标文件可以收取编制成本费，具体定价办法由省、自治区、直辖市价格主管部门按照不以营利为目的的原则制定。

第十条　招标代理服务费用应由招标人支付，招标人、招标代理机构与投标人另有约定的，从其约定。

**15. 专利及专用技术使用费**

1）国外设计及技术资料费、引进有效专利、专有技术使用费和技术保密费。

2）国内有效专利、专有技术使用费用。

3）商标使用费、特许经营权费等。

专利及专用技术使用费计算规则如下：

1）按专利使用许可协议和专有技术使用合同的规定计列。

2）专有技术的界定应以省、部级鉴定机构的批准为依据。

3）项目投资中只计取需要在建设期支付的专利及专有技术使用费。协议或合同规定在生产期支付的使用费应在成本中核算。

**16. 生产准备及开办费**

生产准备及开办费是指建设项目为保证正常生产（或营业、使用）而发生的人员培训费、提前进场费以及投产使用初期必备的生产生活用具、工器具等购置费用。费用内容如下：

1）人员培训费及提前进厂费：自行组织培训或委托其他单位培训的人员工资、工资性补贴、职工福利费、差旅交通费、劳动保护费及学习资料费等。

2）为保证初期正常生产、生活（或营业、使用）所必需的生产办公、生活家具及用具购置费。

3）为保证初期正常生产（或营业、使用）必需的第一套不够固定资产标准的生产工具、器具、用具购置费（不包括备品备件费）。

生产准备及开办费计算时，新建项目按设计定员为基数计算，改扩建项目按新增设计定员为基数计算：

生产准备费 = 设计定员 × 生产准备费指标（元/人）

其中：生产准备费指标由投资企业自行测算。

### 4.3.2 通信工程勘察费

在2002以年前，通信工程建设其他费中的勘察设计收费是由勘察设计工日乘以勘察设计工日单价来确定的，并且勘察费和设计费没有分开。但在2002年3月以后，国家计委根据《中华人民共和国价格法》以及有关法律、法规，制定了《工程勘察收费标准》和《工程设计收费标准》，将勘察费和设计费分开，计算方法采用固定收费基价的内插法计算。

（1）通信管道及光（电）缆线路工程勘察费收费基价

通信管道及光缆线路工程勘察收费基价见表4-32。

**表4-32 通信管道及光缆线路工程勘察收费基价**

| 项目 | 长度 $L$/km | 收费基价/元 | 内插值/元 |
|---|---|---|---|
| 通信管道 | $L \leq 0.2$ | 1000 | 起价 |
| | $0.2 < L \leq 10$ | 1000 | 3200 |
| | $1.0 < L \leq 3.0$ | 3560 | 2733 |
| | $3.0 < L \leq 5.0$ | 9026 | 1867 |
| | $5.0 < L \leq 10.0$ | 12 760 | 1467 |
| | $10.0 < L \leq 50.0$ | 20 095 | 1200 |
| | $L > 50.0$ | 68 095 | 933 |
| 埋式光（电）缆线路、长途架空光（电）缆线路 | $L \leq 1.0$ | 2500 | 起价 |
| | $1.0 < L \leq 50.0$ | 2500 | 1140 |
| | $50.0 < L \leq 200.0$ | 58 360 | 990 |
| | $200.0 < L \leq 1000.0$ | 206 860 | 900 |
| | $L > 1000.0$ | 926 860 | 830 |
| 管道光（电）缆线路、市内架空光（电）缆线路 | $L \leq 1.0$ | 2000 | 起价 |
| | $1.0 < L \leq 10.0$ | 2000 | 1530 |
| | $10.0 < L \leq 50.0$ | 15 770 | 1130 |
| | $L > 50.0$ | 60 970 | 100 |

（续）

| 项　　目 | 长度 L/km | 收费基价/元 | 内插值/元 |
|---|---|---|---|
| 水底光（电）缆线路 | $L \leqslant 1.0$ | 3130 | 起价 |
| | $1.0 < L \leqslant 5.0$ | 3130 | 2470 |
| | $5.0 < L \leqslant 20.0$ | 13 010 | 2000 |
| | $L > 20.0$ | 43 010 | 1800 |
| 海底光（电）缆线路 | $L \leqslant 5.0$ | 8500 | 起价 |
| | $5.0 < L \leqslant 20.0$ | 8500 | 1500 |
| | $20.0 < L \leqslant 50.0$ | 31 000 | 1370 |
| | $50.0 < L \leqslant 100.0$ | 72 100 | 1300 |
| | $L > 100.0$ | 137 100 | 1170 |

注：1. 本表按照内插法计算收费。
2. 通信工程勘察的坑深均按照地面以下3m以内计，超过3m的收费另议。
3. 通信管道穿越桥、河及铁路的，穿越部分附加调整系数为1.2。
4. 长途架空光（电）缆线路工程利用原有杆路架设光（电）缆的，附加调整系数为0.8。

（2）微波、卫星及移动通信线路工程勘察收费基价

微波、卫星及移动通信设备安装工程勘察收费基价表见表4-33。

**表4-33　微波、卫星及移动通信设备安装工程勘察收费基价表**

| 项　　目 | 类　　别 | 收费基价/元 |
|---|---|---|
| 微波站 | 容量16×2Mbit/s以下 | 4250 |
| | 其他容量 | 6500 |
| 卫星通信（微波设备安装）站 | Ⅰ、Ⅱ类站 | 30 000 |
| | Ⅲ、Ⅳ类站 | 12 000 |
| | 单收站 | 4000 |
| | VSAT中心站 | 12 000 |
| 移动通信基站 | 全向、三扇区、六扇区 | 4250 |

注：1. 寻呼基站工程勘察费按照移动通信基站计算收费。
2. 微蜂窝基站工程勘察费按照移动通信基站的80%计算收费。

（3）勘察费计算

1）管道及线路工程勘察费按下式计算：

$$收费额=基价+内插值\times相应差值$$

说明：

①基价可根据已知工程量查表得到。例如，勘察16km的通信管道，1.6km在10.0km<L≤50.0km范围内，应以10.0km为起点，基价为20 095元。

② 内插值通过查找表中与已知工程量相对应的内插值得到。例如，16km 通信管道的内插值为 1200 元。

③ 相应差值为已知工程量减去基价所对应的工程量。例如，16km 通信管道的相应差值为 16km－10km＝6km。

因此，16km 通信管道勘察收费额＝20 095 元＋1200 元×(16－10)＝27 295 元。

④ 内插值中的起价：小于起价栏所对应的工程量的勘察收费均为起价栏内所对应的收费基价。例如勘察 0. 18km 的通信管道，由于 0. 18km 在 $L \leqslant 0.2$km 的范围内，内插值为起价，所以 0. 18km 通信管道勘察收费为 $L \leqslant 0.2$km 所对应的勘察收费，为 1000 元。

2）设计文件中勘察费的计算：

根据工程类别和设计阶段的不同，设计文件中勘察费的计算方法也不同。

① 线路及管道工程：

一阶段设计：

勘察费＝(基价＋内插值×相应差值)×80%

二阶段设计：

初步设计的勘察费＝(基价＋内插值×相应差值)×40%

施工图设计的勘察费＝(基价＋内插值×相应差值)×60%

② 微波、卫星及移动通信设备安装工程：

一阶段设计：

勘察费＝基价×80%

二阶段设计：

初步设计勘察费＝基价×60%

施工图设计勘察费＝基价×40%，且勘察费总和需计列在初步设计概算内

## 4.3.3 通信工程设计费

与通信工程勘察费相同，通信工程设计费也采用内插法计算。

**1. 通信工程设计收费基价**

通信工程设计收费基价表见表 4-34。

**表 4-34 通信工程设计收费基价表**

| 计费额/万元 | 收费基价/万元 | 内插值 | 计费额/万元 | 收费基价/万元 | 内插值 |
| --- | --- | --- | --- | --- | --- |
| 200 | 9.0 | 起价 | 60 000 | 1515.2 | 0.0231 |
| 500 | 20.9 | 0.0397 | 80 000 | 1960.1 | 0.0222 |
| 1000 | 38.8 | 0.0358 | 100 000 | 2393.4 | 0.0217 |
| 3000 | 103.8 | 0.0325 | 200 000 | 4450.8 | 0.0206 |
| 5000 | 163.9 | 0.0301 | 400 000 | 8276.7 | 0.0191 |
| 8000 | 249.6 | 0.0286 | 600 000 | 11 897.5 | 0.0180 |
| 10000 | 304.8 | 0.0276 | 800 000 | 15 391.4 | 0.0169 |
| 20000 | 566.8 | 0.0262 | 1 000 000 | 18 793.8 | 0.0152 |
| 40000 | 1054.0 | 0.0244 | 2 000 000 | 34 948.9 | 0.0141 |

注：计费额＞2 000 000 万元的，以计费额乘以 1.6% 计算收费基价。

**2. 计算方法**

(1) 计费额

1) 一般工程计费额：以工程的工程费作为计费额。

2) 利旧设备工程的计费额：以签订工程设计合同时，同类设备的当期价格作为工程设计收费的计费额。

3) 引进设备工程的计费额：按照购进设备的离岸价（不含关税和增值税），折换成人民币作为工程设计收费的计费额。

(2) 按设计阶段计算设计费

1) 一阶段设计：

计费额低于200万元的设计：

$$设计费 = 计费额 \times 0.045$$

计费额大于200万元的设计：

$$设计费 = (基价 + 内插值 \times 相应差值) \times 100\%$$

2) 二阶段设计：

设计费总和需计列在初步设计概算内：

$$设计费 = (基价 + 内插值 \times 相应差值) \times 100\%$$

其中

$$初步设计阶段的设计费 = (基价 + 内插值 \times 相应差值) \times 60\%$$

$$施工图设计阶段的设计费 = (基价 + 内插值 \times 相应差值) \times 40\%$$

## 4.3.4 通信工程监理费

建设工程监理费参照国家发改委、建设部［2007］670号文件，关于《建设工程监理与相关服务收费管理规定》的通知进行计算。规定中的相关条文如下。

1) 实行政府指导价的建设工程施工阶段监理收费，其基准价根据《建设工程监理与相关服务收费标准》计算，浮动幅度为上、下20%。发包人和监理人应当根据建设工程的实际情况在规定的浮动幅度内协商确定收费额。实行市场调节价的建设工程监理与相关服务收费，由发包人和监理人协商确定收费额。

2) 建设工程监理与相关服务收费包括建设工程施工阶段的工程监理（以下简称“施工监理”）服务收费和勘察、设计、保修等阶段的相关服务（以下简称“其他阶段的相关服务”）收费。

3) 铁路、水运、公路、水电及水库工程的施工监理服务收费按建筑安装工程费分档定额计费方式计算收费。其他工程的施工监理服务收费按照建设项目工程概算投资额分档定额计费方式计算收费。

4) 其他阶段的相关服务收费一般按相关服务工作所需工日和《建设工程监理与相关服务人员人工日费用标准》收费。建设工程监理与相关服务人员人工日费用标准如表4-35所示。

5) 施工监理服务收费按照下列公式计算：

① 施工监理服务收费 = 施工监理服务收费基准价 ×（1 ± 浮动幅度值）

② 施工监理服务收费基准价 = 施工监理服务收费基价 × 专业调整系数 × 工程复杂程度

调整系数×高程调整系数

**表 4-35 建设工程监理与相关服务人员人工日费用标准** （单位：元）

| 建设工程监理与相关服务人员职级 | 工日费用标准 |
|---|---|
| 高级专家 | 1000～1200 |
| 高级专业技术职称的监理与相关服务人员 | 800～1000 |
| 中级专业技术职称的监理与相关服务人员 | 600～800 |
| 初级及以下专业技术职称的监理与相关服务人员 | 300～600 |

6）施工监理服务收费基价。

施工监理服务收费基价是完成国家法律法规、规范规定的施工阶段监理基本服务内容的价格。施工监理服务收费基价按《施工监理服务收费基价表》确定，计费额处于两个数值区间的，采用直线内插法确定施工监理服务收费基价。施工监理服务收费基价表如表4-36所示。

**表 4-36 施工监理服务收费基价表** （单位：万元）

| 计费额 | 收费基价 | 计费额 | 收费基价 |
|---|---|---|---|
| 500 | 16.5 | 60 000 | 991.4 |
| 1000 | 30.1 | 80 000 | 1255.8 |
| 3000 | 78.1 | 100 000 | 1507.0 |
| 5000 | 120.8 | 200 000 | 2712.5 |
| 8000 | 181.0 | 400 000 | 4882.6 |
| 10 000 | 218.6 | 600 000 | 6835.6 |
| 20 000 | 393.4 | 800 000 | 8658.4 |
| 40 000 | 708.2 | 1 000 000 | 10 390.1 |

7）施工监理服务收费的计费额。

施工监理服务收费以建设项目工程概算投资额分档定额计费方式收费的，其计费额为工程概算中的建筑安装工程费、设备购置费和联合试运转费之和，即工程概算投资额。对设备购置费和联合试运转费占工程概算投资额40%以上的工程项目，其建筑安装工程费全部计入计费额，设备购置费和联合试运转费按40%的比例计入计费额。但其计费额不应小于建筑安装工程费与其相同且设备购置费和联合试运转费等于工程概算投资额40%的工程项目的计费额。

工程中有利用原有设备并进行安装调试服务的，以签订工程监理合同时同类设备的当期价格作为施工监理服务收费的计费额；工程中有缓配设备的，应扣除签订工程监理合同时同类设备的当期价格作为施工监理服务收费的计费额；工程中有引进设备的，按照购进设备的离岸价格折换成人民币作为施工监理服务收费的计费额。

施工监理服务收费以建筑安装工程费分档定额计费方式收费的，其计费额为工程概算中的建筑安装工程费。

8）施工监理服务收费调整系数。

施工监理服务收费调整系数包括：专业调整系数、工程复杂程度调整系数和工程调整系数。

① 专业调整系数是对不同专业建设工程的施工监理工作复杂程度和工作量差异进行调整的系数。计算施工监理服务收费时，专业调整系数在《施工监理服务收费专业调整系数表》中查找确定。邮政、电信和广播电视工程的专业调整系数均为1.0。

② 工程复杂程度调整系数是对同一专业建设工程的施工监理复杂程度和工作量差异进行调整的系数。工程复杂程度分为一般、较复杂和复杂三个等级，其调整系数分别为：一般（Ⅰ级）0.85；较复杂（Ⅱ级）1.0；复杂（Ⅲ级）1.15，计算施工监理服务收费时，工程复杂程度在相应章节的《工程复杂程度表》中查找确定。广播电视、邮政和电信工程的复杂程度表如表4-37所示。

**表4-37　广播电视、邮政和电信工程的复杂程度表**

| 等　级 | 工程特征 |
|---|---|
| Ⅰ级 | 广播电视中心设备（广播两套及以下，电视三套及以下）工程 |
| | 中短波发射台（中波单机功率 $P<1kW$，短波单机功率 $P<50kW$）工程 |
| | 电视、调频发射塔（台）设备（单机功率 $P<1kW$）工程 |
| | 广播电视收测台设备工程，三级邮件处理中心工艺 |
| Ⅱ级 | 广播电视中心设备（广播3~5套，电视4~5套）工程 |
| | 中短波发射台（中波单机功率 $1kW\leqslant P<20kW$，短波单机功率 $50kW\leqslant P<150kW$）工程 |
| | 电视、调频发射塔（台）设备（中波单机功率 $1kW\leqslant P<10kW$，塔高 <200m）工程 |
| | 广播电视传输网络工程；二级邮件处理中心工艺工程 |
| | 电声设备、演播厅、录（播）音馆、摄影棚设备工程 |
| | 广播电视卫星地球站、微波站设备工程 |
| | 电信工程 |
| Ⅲ级 | 广播电视中心设备（广播6套以上，电视7套以上）工程 |
| | 中短波发射台设备（中波单机功率 $P\geqslant20kW$，短波单机功率 $P\geqslant150kW$）工程 |
| | 电视、调频发射塔（台）设备（中波单机功率 $P\geqslant10kW$，塔高 ≥200m）工程 |
| | 一级邮件处理中心工艺工程 |

③ 高程调整系数：海拔高程2001m以下的为1；海拔高程2001~3000m为1.1；海拔高程3001~3500m为1.2；海拔高程3501~4000m为1.3；海拔高程4001m以上的，高程调整系数由发包人议定。

**【例4-1】** 哈尔滨市某运营商安装程控交换工程（海拔为116m）。建筑安装工程费820

万元，设备购置费1780万元，联合试运转费未列。发包人委托监理人对该建设工程项目进行施工阶段的监理服务。确定施工监理服务收费额。

**1. 计算施工监理服务收费计费额**

1）工程概算投资额 = 建筑安装工程费 + 设备购置费 + 联合试运转费

= (820 + 1780 + 0) 万元 = 2600.00(万元)

2）确定设备购置费和联合试运转费占工程概算投资额的比例：（设备购置费 + 联合试运转费）÷（工程概算投资额）= (1780 + 0) ÷ 2600 = 68.4%

3）确定施工监理服务收费的计费额：由于设备购置费和联合试运转费之和占工程概算投资额的比例（68.4%）超过40%，则施工监理服务计费额应考虑两种情况：

① 建筑安装工程费全部计入计费额，设备购置费和联合试运转费按40%的比例计入计费额。则

施工监理服务计费额 = 建筑安装工程费 + （设备购置费 + 联合试运转费） ×40%

= 820 + (1780 + 0) ×40% = 1532.00(万元)

② 建筑安装工程费相同，设备购置费和联合试运转费等于工程概算投资额40%的工程项目，则建筑安装工程费相当于工程概算投资额的60%。

施工监理服务计费额 = 工程概算投资额 = 建筑安装工程费 ÷ (1 − 40%)

= 820 万元 ÷ 0.6 = 1366.67 万元

从以上计算可以看出，该建设工程项目按①情况计算出的计费额大于按②情况计算出的计费额，符合施工监理服务收费的计费额的规定，故取1532.00万元为本工程项目的施工监理服务收费的计费额。

**2. 计算施工监理服务收费基价**

根据内插法，施工监理服务收费基价为

30.1 + (78.1 − 30.1) ÷ (3000 − 1000) × (1532.00 − 1000) = 42.868(万元)

**3. 确定相关系数**

电信工程专业调整系数为1.0；电信工程复杂程度属于Ⅱ级，工程复杂程度调整系数为1.0；建设工程项目所在地海拔高程小于2001m，所以高程调整系数为1.0。

**4. 计算施工监理服务收费基准价**

施工监理服务收费基准价 = 施工监理服务收费基价 × 专业调整系数 × 工程复杂程度调整系数 × 高程调整系数

= 42.868 万元 ×1.0 ×1.0 ×1.0 = 42.868 万元

**5. 确定施工监理服务收费合同额**

该建设工程项目属于依法必须实行监理的，监理人和发包人应在施工监理服务收费基准价的基础上，上、下20%的浮动范围内，协商确定该建设工程项目的施工监理服务收费合同额。

## 4.4 预备费和建设期利息

**1. 预备费**

预备费是指在初步设计及概算内难以预料的工程费用。预备费包括基本预备费和价差预

备费。

（1）基本预备费

1）进行技术设计、施工图设计和施工过程中，在批准的初步设计和概算范围内所增加的工程费用。

2）由一般自然灾害所造成的损失和预防自然灾害所采取的措施费用。

3）竣工验收为鉴定工程质量，必须开挖和修复隐蔽工程的费用。

（2）价差预备费

价差预备费是指设备、材料的价差。

预备费的计算规则如下：

预备费 =（工程费 + 工程建设其他费）× 相关费率（预备费的费率表如表 4-38 所示）

**2. 建设期利息**

建设期利息是指建设项目贷款在建设期内发生并应计入固定资产的贷款利息等财务费用。按银行当期利率计算。

**表 4-38　预备费的费率表**

| 项目名称 | 计算基础 | 费　率/（%） |
|---|---|---|
| 通信设备安装工程 | 工程费 + 工程建设其他费 | 3.0 |
| 通信线路工程 | 工程费 + 工程建设其他费 | 4.0 |
| 通信管道工程 | 工程费 + 工程建设其他费 | 5.0 |

## 4.5　工程费用计算实例

### 4.5.1　××局通信管道工程费用计算

（1）工程说明

1）本工程为通信管道工程，施工地点在城区，施工企业驻地距离施工现场 42km。

2）建设用地及综合赔补费，总计 3000 元。

3）施工用水电蒸汽费按 300 元计取，劳动安全卫生评价费按 400 元计取。

4）工程总概算为 250 000 元。

5）勘察设计费核定为 2000 元，建设工程监理费为 900 元。

6）本工程不计取特殊地区施工增加费、已完工程及设备保护费、运土费、大型施工机械调遣费、工程排污费、可行性研究费、研究试验费、环境影响评价费、工程保险费、工程招标代理费、专利及专用技术使用费、生产准备及开办费，没有引进技术和引进设备。

7）主要工程量：技工总工日为 150 工日、普工总工日为 300 工日。

8）主要材料费用合计为 20 000 元。

9）机械使用费合计为 800 元，仪表使用费合计为 600 元。

（2）费用计算

1）建筑安装工程费：计算过程如表 4-39 所示。

**表 4-39　建筑安装工程费**

| 序号 | 费用名称 | 依据和计算方法 | 合计/元 | 序号 | 费用名称 | 依据和计算方法 | 合计/元 |
|---|---|---|---|---|---|---|---|
| Ⅰ | Ⅱ | Ⅲ | Ⅳ | Ⅰ | Ⅱ | Ⅲ | Ⅳ |
| | 建筑安装工程费 | 一+二+三+四 | 20 499.58 | 8 | 夜间施工增加费 | 人工费×3.0% | 387.00 |
| 一 | 直接费 | (一)+(二) | 16 868.00 | 9 | 冬雨期施工增加费 | 人工费×2.0 % | 258.00 |
| (一) | 直接工程费 | 1+2+3+4 | 34 400.00 | 10 | 生产工具用具使用费 | 人工费×3.0% | 387.00 |
| 1 | 人工费 | (-1)+(-2) | 12 900.00 | 11 | 施工用水电蒸汽费 | 300(给定) | 300.00 |
| -1 | 技工费 | 技工总工日×48.00 | 7200.00 | 12 | 特殊地区施工增加费 | 不计(给定) | 0.00 |
| -2 | 普工费 | 普工总工日×19.00 | 5700.00 | 13 | 已完工程及设备保护费 | 不计(给定) | 0.00 |
| 2 | 材料费 | (-1)+(-2) | 20 100.00 | 14 | 运土费 | 不计(给定) | 0.00 |
| -1 | 主要材料费 | 20 000(给定) | 20 000.00 | 15 | 施工队伍调遣费 | 106×5×2 | 1060.00 |
| -2 | 辅助材料费 | 主要材料费×0.5% | 100.00 | 16 | 大型施工机械调遣费 | 不计(给定) | 0.00 |
| 3 | 机械使用费 | 800(给定) | 800.00 | 二 | 间接费 | (一)+(二) | 7353.00 |
| 4 | 仪表使用费 | 600(给定) | 600.00 | (一) | 规费 | 1+2+3+4 | 4128.00 |
| (二) | 措施费 | 1+2+3+…+16 | 6223.30 | 1 | 工程排污费 | 不计(给定) | 0.00 |
| 1 | 环境保护费 | 人工费×1.5% | 193.50 | 2 | 社会保障费 | 人工费×26.81% | 3458.49 |
| 2 | 文明施工费 | 人工费×1.0% | 129.00 | 3 | 住房公积金 | 人工费×4.19% | 540.51 |
| 3 | 工地器材搬运费 | 人工费×1.6% | 206.40 | 4 | 危险作业意外伤害保险费 | 人工费×1.0% | 129.00 |
| 4 | 工程干扰费 | 人工费×6.0% | 774.00 | (二) | 企业管理费 | 人工费×25.0% | 3225.00 |
| 5 | 工程点交、场地清理费 | 人工费×2.0% | 258.00 | 三 | 利润 | 人工费×25.0% | 3225.00 |
| 6 | 临时设施费 | 人工费×15.0% | 1935.00 | 四 | 税金 | (一+二+三)×3.41% | 935.91 |
| 7 | 工程车辆使用费 | 人工费×2.6% | 335.40 | | | | |

2)工程建设其他费:计算过程如表 4-40 所示。

**表 4-40　工程建设其他费**

| 序号 | 费用名称 | 计算依据及方法 | 金额/元 | 备注 |
|---|---|---|---|---|
| Ⅰ | Ⅱ | Ⅲ | Ⅳ | Ⅴ |
| 1 | 建设用地及综合赔补偿费 | 给定 | 3000.00 | |
| 2 | 建设单位管理费 | 工程总概算×1.5% | 3750.00 | 1000 万元以下 |
| 3 | 可行性研究费 | 不计(给定) | | |
| 4 | 研究试验费 | 不计(给定) | | |
| 5 | 勘察设计费 | 2000(给定) | 2000.00 | |
| 6 | 环境影响评价费 | 不计(给定) | | |
| 7 | 劳动安全卫生评价费 | 400(给定) | 400.00 | |
| 8 | 建设工程监理费 | 900(给定) | 900.00 | |
| 9 | 安全生产费 | 建筑安装工程费×1.0% | 205.00 | 建筑安装工程费为 20 499.58(见表 4-39) |
| 10 | 工程质量监督费 | 已取消 | | |
| 11 | 工程定额测定费 | 已取消 | | |
| 12 | 引进技术和引进设备其他费 | 无 | | |
| 13 | 工程保险费 | 不计(给定) | | |
| 14 | 工程招标代理费 | 不计(给定) | | |
| 15 | 专利及专用技术使用费 | 不计(给定) | | |
| 16 | 总计 | | 10 255.00 | |
| 17 | 生产准备及开办费(运营费) | 不计(给定) | | |

## 4.5.2 ××局长途光缆架空线路工程费用计算

（1）工程说明

1）本工程为长途光缆架空线路工程，施工地点在郊区，施工企业距施工现场80km。

2）本工程不成立筹建机构，也不委托监理。

3）施工用水电蒸汽费按300元计取，勘察设计费给定为1000元，劳动安全卫生评价费按300元计取。

4）工程总概算为80 000元。

5）本工程不计取特殊地区施工增加费、已完工程及设备保护费、运土费、大型施工机械调遣费、工程排污费、建设用地及综合赔补费、可行性研究费、研究试验费、环境影响评价费、工程保险费、工程招标代理费、专利及专用技术使用费、生产准备及开办费，没有引进技术和引进设备。

6）主要工程量：技工总工日为40工日、普工总工日为20工日。

7）主要材料费用合计为1000元。

8）机械使用费合计为100元，仪表使用费合计为200元。

（2）费用计算

1）建筑安装工程费：计算过程如表4-41所示。

表4-41　建筑安装工程费

| 序号 | 费用名称 | 依据和计算方法 | 合计/元 | 序号 | 费用名称 | 依据和计算方法 | 合计/元 |
|---|---|---|---|---|---|---|---|
| Ⅰ | Ⅱ | Ⅲ | Ⅳ | Ⅰ | Ⅱ | Ⅲ | Ⅳ |
| | 建筑安装工程费 | 一+二+三+四 | 8403.38 | 8 | 夜间施工增加费 | 人工费×3.0% | 69.00 |
| 一 | 直接费 | (一)+(二) | 5940.50 | 9 | 冬雨期施工增加费 | 人工费×2.0% | 46.00 |
| (一) | 直接工程费 | 1+2+3+4 | 3603.00 | 10 | 生产工具用具使用费 | 人工费×3.0% | 69.00 |
| 1 | 人工费 | (-1)+(-2) | 2300.00 | 11 | 施工用水电蒸汽费 | 300(给定) | 300.00 |
| -1 | 技工费 | 技工总工日×48.00 | 1920.00 | 12 | 特殊地区施工增加费 | 不计(给定) | 0.00 |
| -2 | 普工费 | 普工总工日×19.00 | 380.00 | 13 | 已完工程及设备保护费 | 不计(给定) | 0.00 |
| 2 | 材料费 | (-1)+(-2) | 1003.00 | 14 | 运土费 | 不计(给定) | 0.00 |
| -1 | 主要材料费 | 1000(给定) | 1000.00 | 15 | 施工队伍调遣费 | 106×5×2 | 1060.00 |
| -2 | 辅助材料费 | 主要材料费×0.3% | 3.00 | 16 | 大型施工机械调遣费 | 不计(给定) | 0.00 |
| 3 | 机械使用费 | 100(给定) | 100.00 | 二 | 间接费 | (一)+(二) | 1426.00 |
| 4 | 仪表使用费 | 200(给定) | 200.00 | (一) | 规费 | 1+2+3+4 | 736.00 |
| (二) | 措施费 | 1+2+3+…+16 | 2337.50 | 1 | 工程排污费 | 不计(给定) | 0.00 |
| 1 | 环境保护费 | 人工费×1.5% | 34.50 | 2 | 社会保障费 | 人工费×26.81% | 616.63 |
| 2 | 文明施工费 | 人工费×1.0% | 23.00 | 3 | 住房公积金 | 人工费×4.19% | 96.37 |
| 3 | 工地器材搬运费 | 人工费×5.0% | 115.00 | 4 | 危险作业意外伤害保险费 | 人工费×1.0% | 23.00 |
| 4 | 工程干扰费 | 人工费×6.0% | 138.00 | (二) | 企业管理费 | 人工费×30.0% | 690.00 |
| 5 | 工程点交、场地清理费 | 人工费×5.0% | 115.00 | 三 | 利润 | 人工费×30.0% | 690.00 |
| 6 | 临时设施费 | 人工费×10.0% | 230.00 | 四 | 税金 | (一+二+三)×3.41% | 346.88 |
| 7 | 工程车辆使用费 | 人工费×6.0% | 138.00 | | | | |

2）工程建设其他费：计算过程如表4-42所示。

**表4-42　工程建设其他费**

| 序号 | 费用名称 | 计算依据及方法 | 金额/元 | 备注 |
|---|---|---|---|---|
| Ⅰ | Ⅱ | Ⅲ | Ⅳ | Ⅴ |
| 1 | 建设用地及综合赔补偿费 | 不计（给定） | | |
| 2 | 建设单位管理费 | 工程总概算×1.5% | 1200.00 | 1000万元以下 |
| 3 | 可行性研究费 | 不计（给定） | | |
| 4 | 研究试验费 | 不计（给定） | | |
| 5 | 勘察设计费 | 1000（给定） | 1000.00 | |
| 6 | 环境影响评价费 | 不计（给定） | | |
| 7 | 劳动安全卫生评价费 | 300（给定） | 300.00 | |
| 8 | 建设工程监理费 | 不计（给定） | | |
| 9 | 安全生产费 | 建筑安装工程费×1.0% | 84.03 | 建筑安装工程费为8403.38（见表4-41） |
| 10 | 工程质量监督费 | 已取消 | | |
| 11 | 工程定额测定费 | 已取消 | | |
| 12 | 引进技术和引进设备其他费 | 无 | | |
| 13 | 工程保险费 | 不计（给定） | | |
| 14 | 工程招标代理费 | 不计（给定） | | |
| 15 | 专利及专用技术使用费 | 不计（给定） | | |
| 16 | 总计 | | 2581.19 | |
| 17 | 生产准备及开办费(运营费) | 不计(给定) | | |

## 4.6　实训　××市话光缆直埋线路工程费用计算

**1. 实训目的**

1）能够看懂例题的计算过程。

2）能够正确套用费率，计算工程费用。

3）掌握工程费用的计算程序和方法。

**2. 工程说明**

1）本工程为市话光缆线路工程，施工企业距施工所在地50km。

2）施工地点在城区，不成立筹建机构，也不委托监理。

3）施工用水电蒸汽费按600元计取，勘察设计费给定为2500元，劳动安全卫生评价费按500元计取。

4）工程总概算为165 000元。

5）本工程不计取特殊地区施工增加费、已完工程及设备保护费、运土费、大型施工机械调遣费、工程排污费、建设用地及综合赔补费、可行性研究费、研究试验费、环境影响评价费、工程保险费、工程招标代理费、专利及专用技术使用费、生产准备及开办费，没有引进技术和引进设备。

6）主要工程量：技工总工日160工日、普工总工日120工日。

7）主要材料费用合计为68 000元。

8）机械使用费合计为2700元，仪表使用费合计为1200元。

**3. 工程费用计算**

1）直接工程费。直接工程费包括人工费、材料费、机械使用费和仪表使用费。

2）措施费。措施费共包括16项，计算依据和结果填写在表4-43中。

**表4-43 措施费**

| 序　号 | 费用名称 | 计算依据和方法 | 费用/元 |
|---|---|---|---|
| 1 | 环境保护费 | | |
| 2 | 文明施工费 | | |
| 3 | 工地器材搬运费 | | |
| 4 | 工程干扰费 | | |
| 5 | 工程点交、场地清理费 | | |
| 6 | 临时设施费 | | |
| 7 | 工程车辆使用费 | | |
| 8 | 夜间施工增加费 | | |
| 9 | 冬雨期施工增加费 | | |
| 10 | 生产工具用具使用费 | | |
| 11 | 施工用水电蒸汽费 | | |
| 12 | 特殊地区施工增加费 | | |
| 13 | 已完工程及设备保护费 | | |
| 14 | 运土费 | | |
| 15 | 施工队伍调遣费 | | |
| 16 | 大型施工机械调遣费 | | |
| | 合计 | | |

3）间接费。间接费由规费和企业管理费组成。

4）利润。

5）税金。费率为3.41%。

6）建筑安装工程费。建筑安装工程费是工程费、间接费、利润和税金之和。

**4. 实训报告**

1）写出通信工程费用的计算依据。

2）说明通信工程费用的计算过程和内容。

## 4.7 习题

1. 填空：

（1）通信工程不分专业和地区工资类别，综合取定人工费。人工费单价为：技工为________/工日，普工为________/工日。

(2) 材料费由________和________组成。
(3) 通信建设单项工程总费用由________、________、预备费和________构成。
(4) 通信工程的建筑安装工程费由________、________、________和税金组成。
(5) 施工用水电蒸汽费是指________中使用水、电、蒸汽所发生的费用。
2. 判断对错:
(1) 凡是施工图设计的预算都应计列预备费。( )
(2) 直接工程费就是直接费。( )
(3) 工程所在地距施工企业 25km 比 20km 的施工队伍调遣费要多。( )
(4) 通信工程无论工程大小都应计列工程干扰费。( )
(5) 夜间施工增加费只有必须在夜间施工的工程计列。( )
(6) 流动施工津贴是指施工单位流动施工期间技工和普工的津贴。( )
(7) 企业管理费费率随工程类别不同而不同。( )
(8) 凡是通信工程都应计列冬雨期施工增加费。( )
3. 选择题:
(1) 在下列费用项目中属于工程建设其他费的是( )。
A. 建设工程监理费 B. 临时设施费 C. 设备购置费 D. 流动施工津贴
(2) 勘察设计费属于建设项目中的( )。
A. 预备费 B. 建筑安装工程费 C. 工程建设其他费 D. 生产准备费
(3) 通信工程的税金包括( )。
A. 营业税、城市维护建设税、固定资产投资方向调节税
B. 营业税、城市维护建设税、所得税
C. 城市维护建设税、固定资产投资方向调节税、教育费附加
D. 营业税、城市维护建设税、教育费附加
(4) 利润的费率与( )有关。
A. 工程类别 B. 施工企业级别 C. 工程项目专业 D. 资金来源
(5) 材料预算价格是指材料( )。
A. 出厂价格 B. 在施工工地仓库的入库价格
C. 加权平均出厂价格 D. 在施工工地仓库的出库价格
(6) 下列选项中不属于材料预算价格内容的是( )。
A. 材料原价 B. 材料包装费
C. 材料采购及保管费 D. 工地器材搬运费
4. 已知通信工程设计收费基价表如表 4-44 所示。

**表 4-44 通信工程设计收费基价表** (单位:万元)

| 计费额 | 收费基价 | 内插值 |
|---|---|---|
| 3000 | 103.8 | 0.0325 |
| 5000 | 163.9 | 0.0301 |

若某工程的预算总价值为 4258 万元且为一阶段设计,应收设计费多少?
5. 已知通信管道的勘察收费基价表如表 4-45 所示。

**表 4-45　通信管道的勘察收费基价表**

| 项　目 | 计费长度 | 计量单位 | 收费基价/元 | 内插值/元 |
|---|---|---|---|---|
| 通信管道 | 1.0 < $L$ ≤ 3.0 | km | 3560 | 2733 |
| | 3.0 < $L$ ≤ 5.0 | | 9026 | 1867 |

（1）计算长为2.6km通信管道工程一阶段设计的勘察费。

（2）计算长为3km通信管道工程二阶段设计的施工图设计勘察费。

6. 已知使用离心水泵抽人孔积水的机械使用费预算定额为0.2台班/个、单价为71.29元/台班，计算抽5个积水人孔的预算台班量和机械使用费。

7. ××移动基站设备安装单项工程的已知条件如下：

（1）引进设备、材料入境后的运距为1200km，设备不考虑中转，材料类别为电缆。

（2）引进设备和材料价格按1美元=6.45元人民币的比价折合。

（3）引进设备税费（关税、增值税、外贸手续费和采购代理服务费等）综合取定为到岸价（CIF）的15%。

（4）国内配套主材的运距均为93km，不计取采购代理服务费。

根据已知条件填写表4-46～表4-48。

**表 4-46　国内主要材料预算表**

| 序号 | 费 用 名 称 | 规格程式 | 单位 | 单价/元 | 数量 | 合计/元 |
|---|---|---|---|---|---|---|
| Ⅰ | Ⅱ | Ⅲ | Ⅳ | Ⅴ | Ⅵ | Ⅶ |
| 1 | 馈线进线窗 | | 个 | 800.00 | 1.00 | |
| 2 | 室内走线架 | 宽400mm | m | 150.00 | 10.00 | |
| 3 | 室内走线架吊挂件 | | 套 | 50.00 | 5.00 | |
| 4 | 室内走线架连接卡子 | | 套 | 20.00 | 6.00 | |
| 5 | 室内走线架与墙体加固件 | | 套 | 30.00 | 4.00 | |
| 6 | 室外走线架 | 宽500mm | m | 200.0 | 30.00 | |
| 7 | 其他配套材料 | | 站 | 500.00 | 1.00 | |
| | （1）小计 | | | | | |
| | （2）运杂费 | | | | | |
| | （3）运输保险费 | | | | | |
| | （4）采购及保管费 | | | | | |
| | （5）采购代理服务费 | | | | | |
| | 合计 | | | | | |

**表 4-47　引进安装设备预算表**

（需要安装设备）

| 序号 | 中 文 名 称 | 外文名称 | 单位 | 数量 | 单价 | | 合价 | |
|---|---|---|---|---|---|---|---|---|
| | | | | | 外币/美元 | 折合人民币/元 | 外币/美元 | 折合人民币/元 |
| Ⅰ | Ⅱ | Ⅲ | Ⅳ | Ⅴ | Ⅵ | Ⅶ | Ⅷ | Ⅸ |
| 1 | 基站设备（含配套器件） | | 架 | 1.00 | 5000 | | | |
| 2 | 定向天线 | | 副 | 3.00 | 1000 | | | |

（续）

| 序号 | 中文名称 | 外文名称 | 单位 | 数量 | 单价 | | 合价 | |
|---|---|---|---|---|---|---|---|---|
| | | | | | 外币/美元 | 折合人民币/元 | 外币/美元 | 折合人民币/元 |
| Ⅰ | Ⅱ | Ⅲ | Ⅳ | Ⅴ | Ⅵ | Ⅶ | Ⅷ | Ⅸ |
| 3 | DDF 架 | | 架 | 1.00 | 2000 | | | |
| | 小计（CIF） | | | | | | | |
| | 进口报关等各项手续费的综合计取 | | | | | | | |
| | 国内运杂费 | | | | | | | |
| | 国内运输保险费 | | | | | | | |
| | 国内采购及保管费 | | | | | | | |
| | 合计 | | | | | | | |

**表 4-48　引进材料预算表**

| 序号 | 中文名称 | 外文名称 | 单位 | 数量 | 单价 | | 合价 | |
|---|---|---|---|---|---|---|---|---|
| | | | | | 外币/美元 | 折合人民币/元 | 外币/美元 | 折合人民币/元 |
| Ⅰ | Ⅱ | Ⅲ | Ⅳ | Ⅴ | Ⅵ | Ⅶ | Ⅷ | Ⅸ |
| 1 | 射频同轴电缆 | | m | 150.00 | 10 | | | |
| 2 | 馈线接地件 | | 套 | 3.00 | 20 | | | |
| 3 | 馈线卡子 | | 个 | 140.00 | 5 | | | |
| 4 | 其他配套材料 | | 站 | 1.00 | 1000 | | | |
| | 小计（CIF） | | | | | | | |
| | 进口报关等各项手续费的综合计取 | | | | | | | |
| | 国内运杂费 | | | | | | | |
| | 国内运输保险费 | | | | | | | |
| | 国内采购及保管费 | | | | | | | |
| | 合计 | | | | | | | |

8. ××站电源设备安装单项工程的已知条件如下：

1）本工程为电源设备安装工程，施工企业距工程所在地 150km。

2）工程费为 40000 元，其中建筑安装工程费为 15000 元。

3）勘察费不计取，设计费取定为工程费的 4.5%。

4）劳动安全卫生评价费为 400 元。

5）本工程不计取建设用地及综合赔补费、可行性研究费、研究试验费、环境影响评价费、建设工程监理费、工程保险费、工程招标代理费、专利及专用技术使用费、生产准备及开办费；没有引进技术和引进设备。

根据已知条件填写工程建设其他费见表4-49。

**表4-49　工程建设其他费**

| 序　号 | 费 用 名 称 | 计算依据及方法 | 金额/元 | 备　注 |
|---|---|---|---|---|
| Ⅰ | Ⅱ | Ⅲ | Ⅳ | Ⅴ |
| 1 | 建设用地及综合赔补偿费 | | | |
| 2 | 建设单位管理费 | | | |
| 3 | 可行性研究费 | | | |
| 4 | 研究试验费 | | | |
| 5 | 勘察设计费 | | | |
| 6 | 环境影响评价费 | | | |
| 7 | 劳动安全卫生评价费 | | | |
| 8 | 建设工程监理费 | | | |
| 9 | 安全生产费 | | | |
| 10 | 工程质量监督费 | | | |
| 11 | 工程定额测定费 | | | |
| 12 | 引进技术和引进设备其他费 | | | |
| 13 | 工程保险费 | | | |
| 14 | 工程招标代理费 | | | |
| 15 | 专利及专用技术使用费 | | | |
| 16 | 总　计 | | | |
| 17 | 生产准备及开办费（运营费） | | | |

9. ××市话架空电缆线路工程已知条件如下：

1）本工程通信线路工程，施工地点在市区，施工企业距施工所在地20km。

2）技工总工日为100、普工总工日为300。

3）本工程主要材料费为20 000元、机械使用费为300元、仪表使用费为100元、施工用水电蒸汽费为500元。

4）本工程不计取特殊地区施工增加费、已完工程及设备保护费、运土费、大型施工机械调遣费和工程排污费。

根据已知条件填写建筑安装工程费见表4-50。

表 4-50　建筑安装工程费

| 序号 | 费用名称 | 依据和计算方法 | 合计/元 | 序号 | 费用名称 | 依据和计算方法 | 合计/元 |
|---|---|---|---|---|---|---|---|
| Ⅰ | Ⅱ | Ⅲ | Ⅳ | Ⅰ | Ⅱ | Ⅲ | Ⅳ |
| | 建筑安装工程费 | | | 8 | 夜间施工增加费 | | |
| 一 | 直接费 | | | 9 | 冬雨期施工增加费 | | |
| (一) | 直接工程费 | | | 10 | 生产工具用具使用费 | | |
| 1 | 人工费 | | | 11 | 施工用水电蒸汽费 | | |
| -1 | 技工费 | | | 12 | 特殊地区施工增加费 | | |
| -2 | 普工费 | | | 13 | 已完工程及设备保护费 | | |
| 2 | 材料费 | | | 14 | 运土费 | | |
| -1 | 主要材料费 | | | 15 | 施工队伍调遣费 | | |
| -2 | 辅助材料费 | | | 16 | 大型施工机械调遣费 | | |
| 3 | 机械使用费 | | | 二 | 间接费 | | |
| 4 | 仪表使用费 | | | (一) | 规费 | | |
| (二) | 措施费 | | | 1 | 工程排污费 | | |
| 1 | 环境保护费 | | | 2 | 社会保障费 | | |
| 2 | 文明施工费 | | | 3 | 住房公积金 | | |
| 3 | 工地器材搬运费 | | | 4 | 危险作业意外伤害保险费 | | |
| 4 | 工程干扰费 | | | (二) | 企业管理费 | | |
| 5 | 工程点交、场地清理费 | | | 三 | 利润 | | |
| 6 | 临时设施费 | | | 四 | 税金 | | |
| 7 | 工程车辆使用费 | | | | | | |

# 第 5 章　通信工程施工

## 本章要点

- 电缆线路工程施工
- 光缆线路工程施工
- 移动通信基站工程施工
- 通信电源工程施工

## 5.1　电缆线路施工

电缆线路施工包括架空、管道、直埋、墙壁及暗管等工程。电缆的运输以车运为主，在特殊情况下，现场的人工滚动搬运不宜大于 150m，滚动方向应与电缆盘上的电缆缠绕方向相反。布放电缆前，应检查电缆的电气性能，核实盘长及布放段长，并按配盘计划运送电缆，布放时应先放长段后放短段，电缆必须从电缆盘的上方放出，且电缆盘应放在布放电缆段的同侧。电缆在施工时不应受到外力损伤，如发现电缆外护层受到损伤，应及时修复后再行布放。电缆接头的电缆留长，应在预定的电缆接头处将两电缆重叠，重叠长度参照电缆接头所用套管长度，再加长约 10cm 为宜。

### 5.1.1　架空电缆

架设在电杆上的电缆称为架空电缆。架空电缆主要应用于地质不稳定、市区无法直埋且无通信管道的地区，具有架设简单、维护方便及建设成本低的特点，但易受外界影响，施工过程包括放设吊线和挂设电缆。

（1）放设吊线

电缆吊线放设前，应装好电缆吊线的固定物，电缆吊线用三眼单槽夹板固定或者安装在吊线的线担（即固定吊线的支撑物）上。放设吊线应注意以下问题。

1）吊线夹板距电杆顶的距离应不小于 50cm，特殊情况下也不应小于 25cm。电杆上装有明线线担时，吊线夹板应装在末层线担下不小于 45cm 处，并应满足对地面的高度要求。

2）吊线夹板位置应满足所挂电缆在上下、左右与其他建（构）筑物的间距要求。

3）吊线夹板在各电杆上的位置，应当距地面等高度，遇有特殊情况时可适当调整。当将吊线斜拉上电杆架挂时，吊线的坡度变化一般不宜超过杆距的 2.5%，由于地形等限制也不得超过杆距的 5%。

4）杆路上架设第一条吊线时，吊线宜设在杆路的人行道（或有建筑物）侧，如还有发展的可能，应留出第二层吊线的位置，挂吊线应本着先上后下、先难后易的原则设置。在同一杆路架设两层吊线时，两吊线间距应为 40cm。

5）布放电缆吊线前，应校核吊线程式是否符合设计规定，确定吊线架设位置后，方可进行吊线布放。

6）电缆吊线应采用 7 股钢绞线。电缆吊线有跳股、绞合松散等有损于吊线机械强度的伤、残应剪除，剪除后重新接续再行布放。在任何情况下新设的电缆吊线，在一档内（即两杆距之间）不得有一个以上的接头。

（2）挂设电缆

1）挂设铅包铜芯纸绝缘电缆时，所用电缆挂钩的规格程式应按设计要求进行，其他型号规格的电缆可依据电缆外径选用相应的电缆挂钩。

2）电缆挂钩的卡挂间距应为 50cm，允许偏差不大于 ±3cm；在电杆两侧的第一个挂钩距吊线固定物边缘应为 25cm，允许偏差应不大于 ±2cm。电缆卡挂应均匀整齐，挂钩在吊线上的搭扣方向宜一致，挂钩托板齐全。

3）电缆接头的位置应符合规范要求，电缆走向应合理美观。铅包电缆在电杆处不应留余弯。架空电缆的接头位置应符合下列规定：200 对及以下电缆的接头距电杆的净距宜为 60cm，200 对以上宜为 80cm，允许偏差应不大于 ±5cm。

4）电缆的架挂施工方法通常以人工拉放为主，布放大对数电缆时也可采用机械牵引的办法。短距离的电缆挂放，可先将电缆在地上盘整齐以后，以人工的方式牵引，沿杆线挂放，布放长距离的电缆，因其电缆盘较大，一般是将其放在一个简易的电缆盘托架上，以便于转动。

5）电缆挂放到承载钢绞线上后，施工人员可以用长竹梯沿线加挂 U 形钢绞线线卡固定电缆。如果钢绞线线径较粗，跨度又不太大，施工人员可以采用滑动吊篮式施工工具，沿钢绞线挂放 U 形卡。

### 5.1.2 管道电缆

敷设在事先建好的地下管道中的电缆称为管道电缆。施工时应注意以下问题。

1）穿放管道电缆之前必须先清刷所用的管孔，布放的电缆外径与所用管孔标称内径要符合下列要求。

① 1000 对以下电缆，电缆外径应比管孔标称内径小 13mm 以上。

② 1000 对以上电缆，电缆外径应比管孔标称内径小 15mm 以上。

2）敷设电缆时，应在电缆有可能出现拖、磨、刮、蹭的地方衬垫弯铁、铜瓦等。牵引的电缆头应捆扎牢固，并应在钢丝绳与电缆牵引网套间设置转环。输送进入管孔的电缆应保持平直。

3）穿放电缆过程中，除拉入对方人孔内的部分外，在管孔的电缆必须全部涂抹中性凡士林。

4）电缆敷设完毕后应按照实际需要留足电缆余长，锯断电缆，锯断的电缆端头应立即进行防潮处理。

5）电缆进入管孔处应垫好管口铅皮。在地下水位高于通信管道的地段，人孔内的管孔可用油灰、麻絮或其他物质堵好电缆与管孔的间隙，以防漏水。

6）人（手）孔内的电缆应放在铁支架的电缆托板上，托板与电缆间应衬垫铅皮。电缆在通信管道人孔内的走向，应注意以下几点。

① 在距管道电缆出管口处 5cm 以上方可做弯曲处理，且弯曲的半径通常为电缆直径的

20 倍，具体弯曲要求可根据相关规定执行。

② 电缆走向应以局方侧为基础。

③ 电缆穿放使用管孔应以“下大上小”，横排管孔应以“侧大中小”（大、小系指电缆对数，侧是指人孔井的侧壁）为原则。

④ 电缆在人（手）孔内应顺序排列，严禁水平放置或上下交叉。

### 5.1.3 直埋电缆

将电缆直接埋在挖好的电缆沟里称为直埋电缆。直埋电缆施工方式简单、线路安全可靠且建设成本低，适用于长途线路。施工时应注意以下问题。

1）直埋电缆的路由应根据设计图样进行复测、定位，复测时应注意校核设计图样。挖掘直埋电缆沟应符合下列要求。

① 电缆沟的中心线应与设计路由中心线吻合，允许左右偏差不大于 10cm。

② 电缆沟的深度应符合设计要求，沟底高程偏差应不大于 ±5cm。

③ 电缆沟的底部要平整。

④ 电缆沟如遇砂砾或有一般腐蚀的土壤，应先铺 10cm 厚碎土才可敷设电缆，电缆上再铺 10cm 碎土后才能进行下一道工序。

2）电缆接头坑的长度应大于电缆接续套管长度约 5 倍，接头坑突出的半径应不小于 60cm，坑底深度应与电缆沟底等同。

3）直埋电缆转弯处的电缆曲率半径应是电缆外径的 15 倍以上。两条及以上电缆同沟敷设时应平行排列，不得交叉或重叠。

4）直埋电缆与其他地下设施平行或交越时，其间距不得小于相关规定。电缆进入人（手）孔处应设置保护管，电缆敷设完毕后用沥青麻布或油絮等将保护管两端的管口封堵严密。电缆铠装保护层应延伸至人孔内距离第一支撑点约 10cm。

5）敷设直埋电缆时，如遇有腐蚀性土壤，应按设计规定的措施处理。当电缆埋设于市区、居民区或将来有可能被掘动的地段，应在电缆上覆土 10cm 后再铺红砖作为电缆的保护标志。

6）在穿越铁路、公路等重要地段时，直埋电缆需要增加保护钢管。施工时应注意以下问题。

① 敷设钢管时的深度应符合设计规定，穿越铁路、公路后，保护钢管应超过路基两侧 1m 以上。

② 公路等两侧排水沟的穿越，保护管的埋深不小于沟底（指排水沟底的设计标高）以下 0.5m。

7）直埋电缆敷设后，应按下列规定进行回填夯实。

① 回填时，应先回填细土将电缆覆盖后，方可回填普通土壤。不得把大石块、冻土块、石灰石、炉灰或其他有机物填入沟内及覆盖在电缆上。

② 夯实与回填土均不得损伤已布放的电缆及电缆沟内其他管线等。

③ 市区内回填土应认真进行分层夯实工作，每次回填约 30cm 并夯实一遍，及时做好余土、渣土的清理工作。

④ 回填夯实后的电缆沟，在高等级道路上应与路面平齐，且在路面修复前不得出现陷落现象，如有出现线路沟陷落应由施工单位立即派人填补平整。市区及其他土路的电缆沟回

填土，可高出原有路面 5 ~ 10cm，郊区大地可高出地平面 15cm。

8）直埋电缆的标志应采用石桩或混凝土桩等。标桩（或称为路缘石）装设地点应在电缆接头、拐弯及跨越道路、河流等处，直埋式线路市区可每隔 200m 设一路缘石，郊区可每隔 500m 设一路缘石，野外可每隔 1km 以上进行设置。

9）直埋电缆的路缘石分为普通路缘石与气门路缘石两种，无论哪种路缘石均应埋设在电缆沟正上方，并应将路缘石的文字编号面向道路。受地理情况等限制无法埋设路缘石时，路缘石可以偏离电缆沟以外设置，但必须在竣工图上标明相对位置。

10）市区街道或人行道上无法设置直埋电缆路缘石时，可在线路附近永久建筑物上圈点标明，并标注在竣工图上。路缘石的标记及路缘石编号应符合相关规定：路缘石顶部应有电信运营商的标记、电缆路由编号及路缘石编号。竣工图上必须注明路缘石的确切位置、编号和间距。

### 5.1.4 墙壁及暗管电缆

（1）墙壁电缆

墙壁电缆是沿着墙壁敷设的电缆，可采用吊线式或卡钩式两种敷设方法，吊线式一般适用室外或电缆对数较大时，卡钩式则适用于室内小对数电缆敷设。敷设时应注意以下问题。

1）墙壁电缆在穿越墙壁时应设预留穿墙管，如事先未做预留穿管时，应在设计规定的地点打墙洞埋设穿墙管。打穿墙洞的方法应根据墙壁的质地和厚度及洞径的大小来选择，如果是一般砖墙结构且洞径小时，可用冲击钻作业；如果墙壁较厚、洞径较大或是水泥预制结构时，可选择水钻作业。

2）埋设穿墙管的墙壁应是砖墙或泡沫混凝土等墙壁，不宜在钢筋混凝土的梁、柱或整体结构的墙壁上打洞埋设穿墙管。

3）墙壁电缆跨越街道、院内小路等，缆线最低点距地面不小于 4.5m；在有过街楼的地方穿越，缆线应不低于过街楼底的高度。

（2）暗管电缆

暗管电缆是指在建筑物内预埋的通信用暗管穿放电缆。施工时应注意以下问题。

1）敷设暗管电缆之前必须穿通并清刷暗管，同时校核设计图样与现场实际是否相符。建筑物内为通信电缆设置的暗管管径，应根据所穿放的缆线外径而适当选配，一般所有电缆穿放的容量不大于管径的 2/3。预埋暗管时应符合如下要求。

① 有缝管的接缝应置于管身的上方。

② 暗管转弯的曲率半径应大于可穿放最大电缆的最小曲率半径的要求。

③ 预埋暗管的转角必须大于 90°。

④ 一根暗管严禁有两个以上的转角，且不得有“S”弯的现象。

⑤ 预埋暗管的两端管口在敷设暗管前，必须锉圆，无毛刺。

2）为了便于布放，电缆穿放时应涂抹黄油，并在暗管两端口与电缆间衬垫铅皮。

3）建筑物预埋通信电缆用暗管的两端必须设置接头及端子板，壁式箱（柜）内应有通至需要安装通信设备房间的线管。通信用壁式箱（柜）一般应符合下列要求。

① 通信壁式箱（柜）以铁质为主。

② 箱（柜）宽度（净空）应不小于 40cm，高应不小于 60cm，深度应不小于 15cm。

③ 通信用壁式箱（柜）底距地面应不小于 60cm，不大于 120cm。

④ 通信用壁式箱（柜）门宜与墙面平齐。

4）通信用壁式箱（柜）内的电缆应排列整齐、钉固，并应尽量做到电缆不重叠、不交叉。皮线下线整齐，一条以上的皮线应适当捆扎成束，不应散乱布放。箱内应清洁，不得在箱内存放他物。

5）房屋建筑预埋的通信暗管、配线箱及预留孔、洞应视具体情况确定规格、尺寸等，并必须事前征得通信部门的配合与协作。

## 5.2 光缆线路施工

光缆线路施工是建设高质量光缆通信系统的重要环节。为了提高光缆通信系统的可靠性，提供传输性能优良且工作长期稳定的传输信道，除了要有高质量的光缆以外，还必须有高水平的施工技术。

### 5.2.1 光缆施工程序

光缆敷设常采用管道、架空和直埋等方式。从工程施工技术来看，光缆工程与电缆工程并没有根本区别。但由于光缆重量轻，直径小，给施工带来了方便。又由于光缆盘长度远远超过普通电缆，因此给敷设提出了新的要求。光纤直径小、韧性差等特点对于光纤的熔接技术、熔接机具以及测量仪表等方面的要求更加严格。光缆线路施工一般可以分为准备阶段、施工阶段和竣工阶段 3 个阶段。

（1）准备阶段

1）单盘检验。光缆从出厂到工地，经过运输、储存等过程，施工前必须进行单盘检验测试。各项参数检验结果是光缆配盘的重要依据，也是保证光纤通信系统质量的第一关。检验的相关内容主要是利用仪表对光缆的各种出厂技术参数进行复测，并测量光缆的实际长度。

2）路由复测。路由复测应以工程施工图为依据，核对路由的具体走向、敷设方式、环境条件以及接头的具体位置；核对施工图样；核定光缆穿越障碍物时需采用防护措施地段的具体位置和处理措施。复测路由地面距离，为光缆配盘、光缆分屯（为施工方便将光缆分开到不同地点屯放）以及为敷设提供必要的资料。

3）光缆配盘。根据复测路由计算出的光缆敷设总长度以及光缆全程传输质量要求，选配单盘光缆，其目的是为了合理使用光缆，尽量减少光缆接头数目并降低光纤接头损耗，以便提高光缆通信系统的质量。

4）路由准备。光缆敷设前必须按照施工图的要求完成路由准备工作，为布放光缆提供有利条件。采用不同敷设方式应有不同的路由准备工作。例如，采用管道敷设方式，路由准备工作有管道清理、预放铁丝或塑料导管等；采用架空敷设方式，路由准备工作有杆路建筑、光缆的支承方式选择等；采用直埋敷设方式时，准备工作有埋设光缆穿越铁道、公路的顶管，预埋过河、渠、塘的塑料管，跨过河堤以及公路的预埋钢管等工作。

（2）施工阶段

1）敷设光缆。敷设光缆是光缆线路施工中的关键步骤，必须根据预先确定的敷设方式，严格按有关设计施工的规定进行。

2）接续安装。单盘光缆因受制造、运输和施工等条件的限制，长度一般只有 2～4km。为了获得足够的长度，就必须进行光缆接续。通常光缆由光纤、加强芯和外护层构成，有些光缆还有铝护层和铜导线等。光缆的接续不仅包括光纤的接续、加强芯的连接，而且还包括铝护层和铜导线的接续等。光缆接续完毕，还需要将接头置入光缆接头盒中保护起来。光缆接头盒是个密闭体，具有密封防水性能，必要时可以充气或填充油膏。

3）中继测试。中继测试又称全程测试、中继段测试。光缆线路敷设施工完成一个中继段后，作为工程质量检验，必须进行中继测试。中继测试主要包括光纤特性测试和光缆电气性能测试。

（3）竣工阶段

竣工阶段的主要工作就是竣工验收。此项工作包括检查工程是否完成设计要求的全部工程量，质量是否符合设计要求，竣工资料是否齐全等。实际上，验收工作在施工过程中也是不可缺少的，施工过程中的验收称为随工验收，与竣工验收一样是保证工程质量的监督手段之一。

由上述可知，光缆线路工程的各个阶段都离不开检验测试。检验测试是鉴别工程质量优劣、确保通信质量的不可缺少的手段。

### 5.2.2 管道光缆敷设

通信光缆线路在城市建筑中通过时，常用管道敷设方法。管道是用来穿放光（电）缆的一种地下管线建筑，在管道中可以穿放多条大对数光（电）缆，管孔可以对称重叠敷设，能够满足线路建设的扩容需要，还可以减少光（电）缆直接受到外力的破坏，能够进一步保证通信的安全。通信管道占用地下断面较小，有利于市政建设统筹安排，有利于美化城市。管道光缆的敷设一般包括由勘测、管道选用、清刷、穿放光缆、接续、引上和终端等工序。

（1）敷设前的准备

按施工图规定的路由核对管孔占有情况，清洗所用管孔，预放塑料子管，为提高市区电信管道的利用率，根据光缆直径小的特点，每个管孔内可预放 2～4 根塑料子管。管道内布放 3 根以上子管时，应做识别标记。为了便于维护，每根光缆布放应占用同一色标的子管。布放光缆占有的子管应预放好牵引绳索，如尼龙绳、皮线、细钢丝和铁丝等。穿引牵引绳的方法是：先用弹簧钢丝穿引绳索，然后用空压机将尼龙线吹入子管内，并从另一端引出，最后将牵引铁线穿入子管内，以供布放时牵引光缆。

（2）管道光缆的配置

管道光缆在施工时需要将长度很长的光缆按照管道的实际情况进行工程配置，这种方法通常称为管道光缆配盘。

1）配置方法。按管道总距离和给定的管道光缆盘号顺序对光缆进行排列；按管道距离和单盘光缆的长度，第一盘光缆接头在人孔内，光缆预留长度应为 8～10m。若光缆过长或过短时，应在其他光缆盘中挑选长度合适的光缆。在给定管道光缆数量的基础上，配置全段光缆，使光缆预留尽量集中在某一盘上。

2）配置要求。在敷设时，光缆端别应尽量方向一致并与进局（站）的端别一致；光缆接头位置应尽量避开交通繁忙的要道口；配置后的光缆单段长度应尽量大于 500m；光缆过长或过短时，可根据多余或不足的数量在其他光缆中挑选长度合适的。

（3）人孔内光缆的安装

1）直通人孔内光缆的固定和保护。光缆牵引完毕后，由人工将每个人孔中的余缆沿人孔壁放至规定的托架上，一般尽量置于上层。为了光缆今后的安全，要用蛇皮软管或 PE 软管保护，并用扎线绑扎使之固定。

2）接续用预留光缆在人孔中的固定。人孔内供接续用光缆预留长度一般不少于 8m，由于接续工作往往需要几天或更长的时间，因此预留光缆应妥善地盘于人孔内。具体要求如下：

① 为防止光缆端头进水，光缆端头做好密封处理，可采用端头热可缩帽作热缩处理。

② 预留光缆应按弯曲的要求，盘圈后挂在人孔壁上或在人孔内盖上，注意端头不要浸泡于水中。

### 5.2.3 直埋光缆敷设

将光缆置于预先挖掘的合格光缆沟内的敷设方法称为直埋敷设。长途光缆线路大部分采用直埋敷设方式，通常一个中继段直埋部分不少于 30km，个别中继段中有水底敷设或管道敷设时，可以形成几个自然段。直埋光缆施工时，要注意以下问题：

（1）路由复测

按照施工图进行路由复测后，根据中心桩划出光缆埋设位置的中心或光缆沟的边线。划线的同时，还应了解附近地上、地下建筑物的分布情况。为了保证光缆线路的安全和施工维护的方便，直埋光缆与其他建筑设施之间要有一定的距离，在与其他地下管线交越时，应尽量垂直交越，并保持一定的间距。直埋光缆与其他建筑设施的最小距离见表 5-1。

**表 5-1　直埋光缆与其他建筑设施的最小距离**

| 设施名称 | | 最小距离/m | |
|---|---|---|---|
| | | 平行时 | 交越时 |
| 市话管道边线（不包括人孔） | | 0.75 | 0.25 |
| 非同沟的直埋通信电缆 | | 0.50 | 0.50 |
| 埋式电力电缆 | 35kV 以下 | 0.50 | 0.50 |
| | 35kV 以上 | 2.00 | 0.50 |
| 给水管 | 管径小于 30cm | 0.50 | 0.50 |
| | 管径为 30～50cm | 1.00 | 0.50 |
| | 管径大于 50cm | 1.50 | 0.50 |
| 高压石油、天然气管 | | 10.00 | 0.50 |
| 热力、下水管 | | 1.00 | 0.50 |
| 煤气管 | 压力小于 3kPa | 1.00 | 0.50 |
| | 压力在 3～8kPa | 2.00 | 0.50 |
| 排水沟 | | 0.80 | 0.50 |
| 房屋建筑红线（或基础） | | 1.0 | |
| 树木 | 乡镇房屋边大树、果树、路旁行树 | 0.75 | |
| | 野外大树 | 2.00 | |
| 水井、坟墓 | | 3.00 | |
| 粪坑、积肥池、沼气池、氨水池等 | | 3.00 | |

注：采用钢管保护时，与水管、煤气管、石油管交叉跨越的净距可降为 0.15m。

直埋光缆的光缆沟要按照设计位置取直，以免浪费光缆。光缆沟深度应满足光缆埋深要求。光缆的埋深标准见表 5-2。

**表 5-2 光缆的埋深标准**

| 直埋条件 | 埋深/m |
|---|---|
| 普通土（硬土）市郊（或村镇） | 不小于 1.5 |
| 半石质（砂砾土、软土）穿越公路 | 不小于 1.2 |
| 全石质（坚石） | 不小于 0.8 |
| 河流、渠、水塘、沼泽 | 不小于 1.2 |

（2）直埋光缆穿越特殊路段

1）穿越铁路、主要公路时，一般采用顶 $\phi$80mm 钢管通过，并在钢管内穿放两条 $\phi$28mm 的塑料子管保护，塑料子管应长出钢管两端各 1m，钢管应长出两侧路边沟各 1m，且距排水沟不小于 0.8m。当车流量较小，采用破路铺 $\phi$50mm 塑料管通过，塑料管应超出两侧路沟外 1m。

2）穿越乡间土路时，采用横铺砖保护。

3）穿越冲沟时，对冲刷严重而不宜直埋光缆的冲沟，可采用架空的方式通过，光缆在冲沟两侧土质稳定地点各预留 15m。

4）穿越过河流时，对通航的河流应设立禁止抛锚标志牌，有挖砂迹象的应设立禁止取砂牌。当光缆跨越一般河流时，采用人工截流挖沟预埋 $\phi$50mm 塑料管的施工方式，并在塑料管上方铺水泥盖板保护。河岸塌方的做护坡，河床有被冲刷可能的下游做漫水坡或在光缆沟上方铺放水泥砂浆袋，水泥砂浆袋应不高出河床（底）。

5）穿越沟、渠、水塘时，在光缆外穿放 $\phi$50mm 塑料管，并在塑料管上方铺水泥盖板或水泥砂浆袋。对于季节性沟、渠、水塘，可只铺水泥盖板或只穿塑料管。对于有疏浚计划的水渠，光缆应在两侧做预留。

6）光缆应尽量避免在道路边沟或鱼池下方敷设，无法避免时，应在光缆上方、沟底或池塘铺设水泥砂浆袋封沟。封沟距沟底或池底的深度应符合公路部门或鱼池管理部门的要求。

7）光缆线路遇陡坡或土坎时、为防止水流冲刷塌方，需要做护坡或护坎。根据水流冲刷的强度，可分别采用砂袋、水泥砂浆袋、石砌等不同方式的护坡或护坎保护。

8）光缆线路途经村屯等易动土地带，在光缆上方 30～40cm 处铺竖砖保护。

（3）光缆布放

光缆布放质量往往会对光缆线路的可靠性和光缆的使用寿命产生直接的影响，布放光缆有机械牵引、沟上滑轮牵引和人工抬放等方法。由于直埋光缆在野外进行，要注意以下几点：

1）布放光缆时要注意对光缆的保护、避免在地面拖、擦和车压等情况出现，设计要求分 A、B 端的光缆，A、B 端不得放错。

2）光缆布放时不得扭绞，其所受张力、侧压力不得超过单盘光缆的相应指标，还要满足光缆弯曲半径的要求，并保持光缆外护套的完整。

3）光缆布放时要求受力均匀，不得用力过猛。在光缆穿过保护管的位置要增加人员疏导，不建议采用机械或牲畜拖曳。

4）光缆必须平放在沟底，不得腾空或拱起。

5）同沟敷设光缆应按设计规定的位置及间距，将光缆正确摆放在沟底，相互不得交越与换位。

（4）回填

光缆布放后回填光缆沟时，要将沟底铲平，严禁将石块、砖头、冻土等推入沟中以免损坏光缆。土质沟先回填 30cm 细土，待光缆绝缘指标测试合格后再全部回填，要求将原土全部填入沟内；石质沟先在沟底铺撒 10cm 细土，敷设光缆后再回填 10cm 细土，然后回填原土。由于自然沉降的原因，回填土的高度在野外应高出地面 15～20cm，并应多次回填。

（5）光缆的余留

余留的光缆是埋在地下的，光缆盘圈时要一反、一正盘放，并捆扎整齐。余留坑大小要能够容纳余留的光缆盘，坑的深度与光缆沟相同，光缆放入沟底后先回填 10cm 细土，再在上方铺设水泥盖板保护。直埋光缆接头坑和接头盒的安装位置如图 5-1 所示。

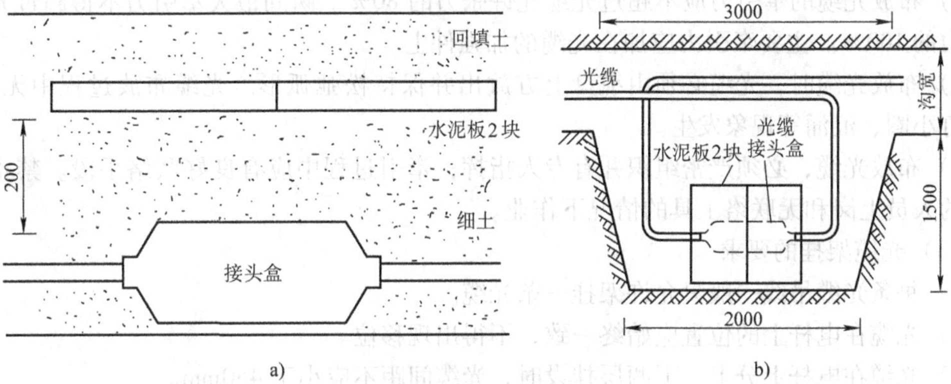


图 5-1　直埋光缆接头坑和接头盒的安装位置
a）光缆接头坑位置　b）接头坑俯视图

（6）线路路缘石的设置

光缆线路路缘石有普通路缘石和检测路缘石两种。直埋光缆线路的转弯点、防雷排流线起止点、同沟敷设光缆的起止点、光缆特殊预留点、与其他缆线交越、穿越障碍物地点和直线段野外每隔 500m、市区每隔 50m 处均应设置普通路缘石。直埋光缆线路的接头位置、需要监测光缆金属护套对地绝缘和电位的接头点均应设置监测路缘石。

路由路缘石埋设位置应该准确，石体正直、齐全、完整、油漆相同、编号正确、字迹清晰。路缘石编号应用正楷字、字迹端正、符号正确及表面整洁，还应有方向标志。编号应根据传输方向自 A 端至 B 端方向编排，一个中继段为一个编号单位。路缘石埋深 60cm，出土部分为 40cm，当光缆沿公路敷设时路缘石间距不大于 100m，并符合以下规定。

1）光缆路缘石一般应埋设在光缆的正上方。当光缆沿道路敷设时，直线路缘石面向道路。

2）接头处路缘石埋设在光缆线路直线路由上，面向接头。

3）转弯处的路缘石，埋设在光缆线路转弯的交点上，面向内角。

### 5.2.4 架空光缆敷设

架空光缆是将光缆架挂在距地面有一定高度电杆上的一种光缆建筑方式，与地下光缆相比，虽然受外界影响较大，不够安全，也不美观，但架设简便，建设费用低，所以在离局较远，用户较少而变动较大，敷设地下光缆有困难的地方仍被广泛应用。

（1）架空光缆的敷设

光缆具有一定重量，且机械强度较差，所以光缆不能直接悬挂在杆路上，必须另设吊线，然后把光缆支承在吊线上。架空光缆的支承方式有两种：吊线托挂式和吊线缠绕式。吊线托挂式是一种用挂钩或挂带将光缆吊挂于钢绞线上的方式；吊线缠绕式是将不锈钢扎线通过缠绕机，沿杆路将光缆与吊线捆为一体的方式。两种支承方式都适用于各种程式的光缆。

（2）光缆布放的要求

1）光缆的弯曲半径应不小于光缆外径的 15 倍，施工过程中不小于 20 倍。

2）布放光缆的牵引力应不超过光缆允许张力的 80%。瞬间最大牵引力不得超过光缆允许张力的 100%。主要牵引力应加在光缆的加强件上。

3）布放光缆时，光缆必须由缆盘上方放出并保持松弛弧形。光缆布放过程中无扭转，严禁打小圈、浪涌等现象发生。

4）布放光缆，必须严密组织并有专人指挥，牵引过程中应有良好联络手段。禁止未经训练的人员上岗和无联络工具的情况下作业。

（3）光缆架挂的要求

1）每条光缆吊线一般只允许架挂一条光缆。

2）光缆在电杆上的位置应始终一致，不得出现移位。

3）光缆在电杆上分上、下两层挂设时，光缆间距不应小于 450mm。

4）光缆一般不与供电线路合杆架设。

5）光缆架挂前应测试光学性能和电气特性，合格后才能架设。

6）光缆与其他建筑物间的最小净距离应符合要求，否则要采取保护措施。

7）光缆挂钩的托挂间距为 50cm，偏差不大于 ±3cm；电杆两侧的第一个挂钩距吊线夹板 25cm，偏差不大于 ±2cm。

8）布放吊挂式架空光缆应在每根杆上作余留，挂钩在吊线上的搭扣方向应一致，挂钩托板齐全。光缆经电杆处要安装保护管，其示意图如图 5-2 所示。

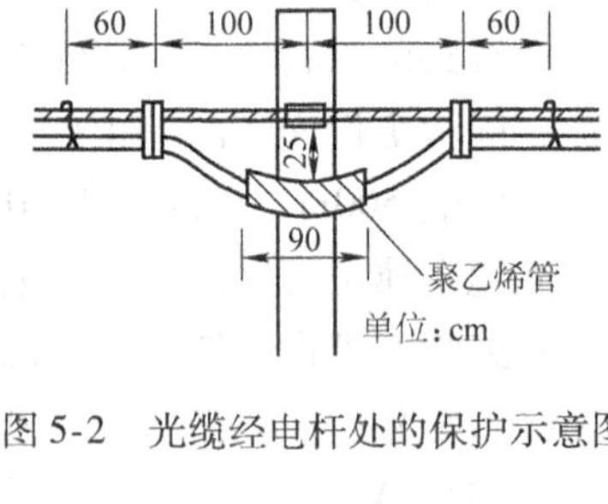


图 5-2 光缆经电杆处的保护示意图

## 5.3 移动通信基站施工

移动通信是我国最近这些年来人们最喜爱的通信方式之一。移动通信工程的施工质量，不仅关系到通信网络功能和质量能否达到预期的设计目标，同时也会影响到网络的健康发展。合理、规范的施工操作是保证网络服务质量的重要条件。移动通信基站施工项目包括基站设备的安装、基站附属设备的安装、线缆的布放和铁塔的安装。由于基站设备是由供货厂家的技术人员负责安装，而且不同厂家不同型号设备的安装规范也有差别，所以这里不介绍基站设备的安装，重点介绍基站附属设备、线缆布放和通信铁塔的施工。

### 5.3.1 基站附属设备的安装

基站附属设备包括设备机架、配线架、线缆走线架及槽道等。

（1）机架的安装

设备机架是整个通信机房设备安装的框架，机架的正确布局和安装直接决定机房设备的布置是否科学合理，也会影响整个机房以后的设备安装、维护、扩容。根据基站安装规范，对机架的安装主要有以下几方面要求。

1）机架后部与墙间距应大于0.6m。特殊情况下，由于受空间限制，有机架可以靠墙固定，但由于机架背后有风扇的进出气口，故应至少离墙0.3m以上。

2）机架与机架间距。大部分厂家的机架可以紧挨布放，对于一侧有边门的，机架间应留出0.6m左右的间隙以便开启侧门。机架与电源架的间距不小于5cm。

3）机架侧面与墙间距大于0.6m。机架各排间距大于1m。

4）机架与走线位置安排应该使下线顺畅容易，走线架应高于架顶0.3m以上。

5）机架底部用4个膨胀螺栓固定，对于电源线是由机架底部引入的，固定机架时要加装支撑底座。对于多震地区（或用户特殊要求），顶部要加装支撑角铁。特殊材料地板（或用户特殊要求），机架底部可加装塑料垫板和塑料垫圈，以免机架与地板中的钢筋接触，从而避免多点接地。

6）机架要稳定，用手摇晃机架，机架不晃动。机架水平误差应小于2mm，垂直误差应小于3mm。

7）基站内部接地线要连到室内的主接地排，室内主接地排连到外部接地系统，各机架独立接地分别连接到室内主接地排。接地线与接地排的连接必须除去漆或氧化层，并紧固连接，保持接地良好。接地线不得与交流中性线相连，也不能复接。

8）机架接地线采用截面不小于$35mm^2$的多股铜线，接地线的颜色为绿色，接地线的铜接头（铜鼻子）要用胶带或热缩套管封紧。电源架到室内主接地排、基站外部接地体到基站内主接地排使用截面不小于$70mm^2$ 多股铜导线连接。

（2）配线架的安装

1）总配线架底座位置应与成端电缆上线槽或上线孔洞相对应，跳线环安装位置应平直整齐。

2）各种配线架（ODF、DDF）各直列上下两端垂直误差应不大于3mm，底座水平误差每米不大于2mm。

3）配线架接线板安装位置应符合施工图设计，各种标志完整齐全。

4）配线架必须按施工图要求进行抗震加固。

5）配线架分告警装置及总告警装置安装齐全。

6）保护地、防雷地等地线连接牢固，线径符合设计要求。

（3）走线架及槽道安装

基站线缆布放在机房走线架和走线槽道上，通过设计合理的走线架和槽道，可使机房的布线符合电磁特性，符合美观和经济要求。

1）电缆走道及槽道安装位置应符合施工图设计的规定，左右偏差不得超过50mm。

2）安装平直走道应符合下列规定：水平走道应与列架保持平行或直角相交，水平度每米不超过2mm；垂直走道应与地面保持垂直并无倾斜现象，垂直度偏差不超过3mm；走道吊架的安装应整齐牢固，保持垂直，无歪斜现象。

3）电缆走道穿过楼板孔或墙洞的地方，应加装子管保护。电缆放绑完毕后，应用盖板封住洞口，子管和盖板应采用阻燃材料，其漆色宜与地板或墙壁的颜色一致。

4）安装沿墙单边或双边电缆走道时，在墙上埋设的支撑物应牢固可靠，沿水平方向的间隔均匀，安装后的走道应整齐一致，不得有起伏不平或歪斜的现象。

5）安装槽道应符合下列规定：端正牢固，并与大列保持垂直；列间槽道应成一条直线，左右偏差不超过2mm；两列槽道拼接处水平偏差不超过2mm。

6）走道或槽道应与保护地线连通。

### 5.3.2 线缆的布放

基站的线缆从功能上可分为信号线缆和电源线两种。

（1）信号线缆的布放

1）布放线缆的规格、路由、截面和位置应符合施工图的规定，线缆排列必须整齐，外皮无损伤。

2）电源电缆、信号线缆、用户线缆与中继线缆应分离布放，以减少干扰。

3）线缆转弯处应均匀圆滑，弯曲的曲率半径应大于60mm。

4）布放走道线缆必须绑扎。绑扎后的线缆应互相紧密靠拢，外观平直整齐，线扣间距均匀，松紧适度；用麻线扎线时必须浸蜡。

5）布放槽道线缆必须绑扎，槽内线缆应顺直，尽量不交叉。在线缆进出槽道部位和电线转弯处应绑扎或用塑料卡捆扎固定。

6）在活动地板下布放的线缆，应注意顺直不凌乱，尽量不交叉，并且不得堵住送风通道。

7）架间线缆的插接、走向及路由均应符合有关设备安装的技术规定。线缆布放后两端必须有明显标志，没有错接、漏接的现象。

8）插接部件紧密牢靠，接触良好，插接端子无折断或弯曲的现象。

（2）电源线的布放

1）机房直流电源线的安装路由、路数、布放位置、电源线的规格和熔丝的容量均应符合设计要求。

2）电源线必须采用整段线料，中间无接头。

3）直流电源线的成端接续连接牢固，接触良好，电压指标及对地电位应符合设计要求。

4）机房的每路直流馈电线连同所接的列内电源和机架引入线的两端，悬空时用500V绝缘电阻表测试正负线间和负线对地间的绝缘电阻均不得小于1MΩ。

5）列间馈电线采用架空敷设时，铜（铝）条应整齐平直，看不出有明显不平或槽痕。导线的固定方法要符合施工图的规定。

6）铜（铝）条馈电线的正极涂上红色油漆、负极涂上蓝色油漆，其他不同电压的电源线也要有不同的颜色标志。漆面应光滑均匀，无漏涂和流痕。

7）采用胶皮绝缘线作直流馈电线时，每对馈电线应保持平行，正负线两端应有统一红蓝标志。安装好的电源线末端必须有绝缘物封头，电缆剖头处必须用胶带和护套封扎。

### 5.3.3 通信铁塔

通信铁塔是装有天线的重要室外基站设备，其安装位置和施工质量，决定信号的发射和接收质量，对通信效果有直接影响。

（1）铁塔基础施工

铁塔基础施工包括基础的放线、基坑的开挖、坑壁的支持、施工排水、验槽及基底土的处理、钢筋工程、混凝土工程、模板工程、避雷接地和土壤回填等项目。

1）基础的放线。在基坑开挖前，对现场布置坐标点、水准点及龙门板等进行施工校核，严格按设计要求及规范，控制开挖深度及平面尺寸，做好抄测记录。

2）基坑的开挖。开挖前应做好施工区的场地平整和防洪排水工作。如地质不符，要及时请设计单位、监理单位、地质勘查部门联系验槽，同时做好验槽记录。开挖要按尺寸施工，并随时注意检查。挖出的土不应在场地内任意堆放，多余土运往弃土地带。

3）坑壁的支持。开挖基坑时，需不需要支撑，视土的种类、状态、基坑深度和外露时间的长短而定。如果土质均匀、含水量正常，施工时间又短时，可不做支撑。

4）施工排水。在地下水位以下开挖基坑和基础的施工中，主要问题是处理地下水。施工时必须做好排水，防止或减少地下水渗入基坑。

5）验槽和基底土的处理。验槽又分观察验槽和钎探验槽。观察验槽主要是检验地基土质、边坡及有关位置、标高等情况；钎探验槽主要是检查地基持久力层土质是否符合设计要求，是否存在局部异常等情况。

6）钢筋工程。钢筋应有出厂合格证及复试报告单，严格按设计图样下料，保证搭接及锚固长度，钢筋替换必须得到监理工程师的同意。

7）混凝土工程。当土方挖至设计标高后，经验槽合格，浇筑混凝土垫层。混凝土采用机械搅拌和机械振捣，搅拌时间不得小于90s，浇筑按施工验收规范和操作规范执行，机械振捣要做到快插慢拔。混凝土中的碎石砂子在满足级配的条件下，宜采用较大粒径，但不得大于构件尺寸的1/4，也不得大于钢筋3/4。混凝土表面要压实平整，按规定留混凝土试块，严格控制保护层厚度。所用水泥必须有合格证，并做复试。

8）模板工程。模板应做到支护牢固，尺寸准确，内表面平整光滑，混凝土浇筑时应有专人看护。

9）避雷接地。避雷接地装置的接地电阻值必须符合设计要求；接至电气设备、器具和可拆卸的其他非带电金属部分接地的分支线，必须直接与接地干线串联联接。

10）土壤回填。基础砌到防潮层后，需进行隐蔽工程的检验。没有问题后，在基础和坑壁之间进行回填。通常用原土（除去杂物）分层回填夯实，回填时宜在相对的两侧或四周同时进行。

（2）铁塔塔身施工

铁塔塔身的安装可采用单件吊装、扩大拼装和综合安装等方式，有条件时可采用整体起调的方法安装。当采用扩大拼装时，对容易变形的构件要进行强度和稳定性验算，需要时应采取加固措施。铁塔塔身施工还要注意以下问题：

1）所建铁塔高度应符合设计要求。

2）基站铁塔如建在飞机航线上的，其顶部必须安装警航灯；不在航线上，但塔顶离地高度大于60m的，也必须安装警航灯。

3）铁塔垂直度小于或等于（$H/1500°$）、相邻两层垂直偏差小于或等于（$h/750°$）。其中：$H$为塔脚基础顶面至避雷针安装处的垂直距离；$h$为塔体相邻两层之间的垂直距离。

4）铁塔天线固定杆需垂直安装。

5）铁塔、桅杆的爬梯应设置防小孩攀爬设施，并在明显位置悬挂或涂刷通信标志和“通信设备，严禁攀登”的警告标志牌。

6）桅杆高于4m时必须安装脚梯和角铁，以便于馈线卡子的固定和维护。桅杆、角钢、扁钢、爬梯、紧固件均应符合室外防锈防腐要求。

（3）铁塔的避雷

1）按工业与信息化部颁布的《移动通信基站防雷与接地设计规范》执行。

2）铁塔顶避雷针应和建筑物主钢筋分别就近焊接，且不少于两处。

3）铁塔接地时，其铁塔地网与机房地网之间每隔3～5m应焊接连通一次，连接点不少于两点。铁塔地网面积应延伸到塔基四角1.5m以远的范围，网格尺寸应不大于3m×3m，其周边封闭。

4）建铁塔时，在大楼顶直接采用桅杆安装天线时，每根桅杆应分别就近接至楼顶避雷带。

5）塔灯、电调天线等附属在铁塔、桅杆上的电气设备的室外电源线，应穿过铁软管布放，并可靠地固定在塔身和桅杆上，铁软管两端就近接地。

6）山区接地电阻必须小于5Ω，平原接地电阻小于1Ω。

7）室外应在馈线入室口设接地铜牌，并与走线架、塔身等保持绝缘；接地铜牌应采用不小于40mm×4mm的镀锌扁铁就近与基站地网可靠连接。

（4）天线的安装

1）天线要安装在铁塔避雷针保护范围内，天线伸出铁塔平台距离应不小于1m。

2）天线固定在支架的固定杆上，松紧程度应确保承重和抗风。

3）天线的方位角误差不大于5°，俯仰角误差不大于0.5°。

4）天线馈线弯曲的最小弯曲半径应大于馈线直径的15倍。

5）天线馈线沿铁塔或走线架排列时，应无交叉和重叠，馈线从上往下边理顺、边紧固馈线固定夹。

6）天线馈线、密封窗、避水弯的防水处理要符合设计要求。

7）天线馈线、避雷线、接地线安装朝向要一致且连接可靠。

## 5.4 通信电源安装施工

### 5.4.1 免维护蓄电池

蓄电池组荷重较大，应用$2cm^2$以上的铁垫进行调整，蓄电池柜摆放需要按照厂家说明书的要求进行。

**1. 通电前的注意事项**

1）通电调试前，检查开关、接触器动作是否灵活、适度，接触是否良好，如不正常应立即修复。

2）断掉直流配电屏内负荷输出熔断器及相应告警熔断器。

3）断开蓄电池组的输出线，并作绝缘处理。

4）关掉交流配电屏内的隔离开关、输出分路开关及告警插件。

5）通电时，除操作者外应另有一个或两个人在机后侧观察，如有异常（烟、声响等）应立即通知操作人员断电检查，排除障碍后，方可再进行试机。

**2. 通电调试前检查**

1）按设备原理图检查各个元器件的连线是否正确，有无接地、短路、虚焊和接触松动等现象。

2）检查仪表有无卡阻、碰针现象，并校准指针为零位。

3）机架地线连接是否良好。

4）熔断器容量应符合设计标准或部颁要求，并做好标记。

**3. 通电试验操作**

1）将负载接到直流配电屏输出端上。

2）合上交流配电屏的隔离开关及相应的输出开关，检查市电是否缺相和供电电压是否符合规定。

3）开启整流设备正常后，输出到直流配电屏内，检查直流电压输出是否正常。

4）将交、直流配电屏的通电状态及整流器模块的各项输出指示做好记录。

## 5.4.2 柴油发电机组

机组搬运安装应在防震基础坚固后进行，搬运中要统一指挥，分工明确，按计划布置摆放平整，并做好地面固定螺栓。

**1. 质量要求**

1）各加固点一定要牢固，固定螺栓对准预留孔。

2）排气管安装应横平竖直，机器端应略高于外伸侧。

3）伸出端应加防雨或切斜口，必要时应安装防护网。

4）水管、油管、气管不应有渗漏现象。

5）排气管高度按设计进行，如无设计，距地不得小于2.5m。

6）排气管的吊挂处要牢固，排气管应自由吊在空中与机器接口连接。

7）水管、油管内壁安装前应清洗。

8）地下管如不用镀锌管应先涂防锈漆。

**2. 管路油漆要求**

1）油漆表面光亮、均匀，防锈漆刷一遍，油漆涂两遍。

2）进水管刷浅蓝色，出水管刷深蓝色。

3）机油管刷黄色，燃油管刷红色，回油管刷浅红色。

4）排烟管刷银粉漆。

**3. 试机前检查**

1）机组安装牢固，原始记录齐全。

2）控制屏接线无误，发电机绝缘良好。

3）燃油、润滑油、冷却水等符合说明书技术要求。

4）各管路接头无漏油、漏水和漏气现象。

5）机组接地保护良好，符合设计要求。

6）有条件情况下应用手摆动主机几圈，看有无碰撞。

7）安全消防器具齐全。

**4. 操作方法**

1）试运转。按说明书方法起动机器进行低速运转，检查仪表指示是否正常，有无漏油、漏水和漏气现象，无异常后进入指定转数空机运转。

2）如果机组厂家规定机组需研磨走合，按技术说明书规定进行走合后方可试机加载。

3）加载实验时，先开机达到额定转数，检查并记录油机压力、温度、水温及转速正常后，合上机组开关检查控制屏上的电压、功率和频率表正常后，加足负载，检查电流输出情况，无异常后结束试机，按说明书规定将各开关位置恢复到再起动位置。

## 5.4.3 馈电母线

**1. 馈电母线的制作**

1）锤平后的母线应平直，表面不得有锤痕。

2）母线弯曲不得小于90°，弯曲半径不得小于两倍母线的厚度。

3）母线作麻花弯时，其扭转部分应小于母线宽度的2.5倍。

4）母线做弯要整齐一致，弯处不得有裂痕、皱折。

5）接头应平整光洁，铜排镀锡。加工后母线截面积减少值：铜排不大于3%、铝排不大于5%。

6）眼孔位置正确、垂直、偏差不大于1mm。

**2. 安装操作方法**

1）选料应检查母线质量，表面应光亮，长短适中，尽量减少接头。

2）先将铜带宽面平放在铁砧或硬木方上，一人用垫锤，一人抡锤。垫锤的人不应站在抡锤的人的对面，抡锤的人不准戴手套。

3）锤平宽面后，再将窄面放好，如上法平直。最后将宽面、窄面小弯逐一锤平。

4）根据设计和现场安装位置确定各条母线的位置、路由、用尺绘制加工图。

5）用钢锯切割时，应将切割线留在母线上，由铁板锉将切口锉平；用切割机切割时，应注意周围环境，防止切屑伤人，切割后用锉将毛刺锉掉。

6）无论用手工或机器做弯，必须保证母线平衡，做弯后用万能角尺或长直角尺检查角度。

7）钻孔10mm以上孔时，应分步进行，先用5~7mm钻头打定位孔，然后扩大孔。

8）用电钻钻孔时，母线下面垫平木方。较长母线钻孔时，应用人协助、扶平，钻孔后，用锉将毛刺锉平。

9）将加工面锉平后，再用细纱纸（布）研磨使其表面光亮、平整。

10）用喷灯烘烤加工面，使母线加热处呈黑紫色，涂上焊油，用焊锡条在加工表面上均匀摩擦，用油布垫擦去多余的焊锡，使其表面光亮。

11）如用浸锡法时，可将锤平无氧化的光洁加工面涂少许焊锡油放入锡锅内，稍待片刻，待挂上锡后用布垫擦去多余焊锡。

**3. 母线连接与装配**

1）母线与母线、母线与设备承端连接时，接触面不得受外加应力。其接触面应平整、自如、紧密。

2）母线安装位置、距离应符合施工图样规定，安装牢固并保持垂直、水平偏差不大于1mm。

3）母线连接处的距离应符合：连接处与支撑绝缘处距离不小于50mm；连接处与母线弯曲处距离不小于30mm；多片母线的连接处应相互错开，间隔不小于50mm；加固支撑点的边缘距母线弯曲处应符合设计规定，范围在50～75mm。

4）母线直接头应用鸭脖弯或直连板连接。鸭脖弯连接时，铜排搭接长度等于其宽度，铝排等于其宽度的1.3倍，鸭脖弯的长度为厚度的2.3倍；直板连接的长度为母线宽度的两倍。

5）连接螺钉的螺母应装在便于维护的一侧。螺钉两侧均应装平垫圈，螺母侧装弹簧垫圈。

6）母线通电后，在满负荷时测量其电压降应符合设计规定。

7）通电1h后，在现用负荷下测量连接处，设备承端处温度不得超过70℃。

**4. 母线刷漆**

1）母线刷漆应按设计规定进行，如无规定时，除在连接部分和接头两侧5mm内的一段不刷漆外，其余部分均应刷漆。

2）单片母线四面均应刷漆，多片母线只在外面的两片和每片下面的窄面刷漆。

3）所有母线应刷漆两遍，油漆均匀，不起皱。

4）直流系统正极刷红色漆，负极刷蓝色漆。交流系统中各项母线刷漆颜色：第一相（A）黄色、第二相（B）绿色、第三相（C）红色，不接地中性线紫色，接地中性线黑色。

5）装在电池室内连接部分的缝隙应用油灰填满，母线表面（包括连接部分和螺钉）均刷漆两遍。刷漆前应保持空气流通，防止灰尘进入，操作人员应穿戴防护用具，刷漆前应采取措施，防止油漆落入机器内或地面上。

6）漆要调合均匀，稠稀适中。刷漆时应按先上后下、先里后外的顺序进行。必须待第一遍油漆干后再刷第二遍。

## 5.4.4 电源线

**1. 布放电源线**

1）电源线的敷设路由及截面、型号应符合施工图样规定，直流电源线与交流电源线应分开敷设，不应扎在一束内。

2）敷设电源线应平直、并拢，不得有急转弯或起伏不平现象。

3）电源线转弯时，电缆的曲率半径不得小于其外径的6倍。

4）电源线穿钢管时应符合下列要求：

① 钢管管口圆滑，管内干净，无积水，钢管接头紧密，不得使用螺钉接头。

② 钢管管径及位置符合设计要求。

③ 穿入管内的电源线不得有接头，穿完线，管口要封好。

④ 非同一级电线不得穿同一孔内。

⑤ 穿钢管电缆时，送线端引线和拉车端要配合好，以免拉伤电缆外皮。

5）地槽内电缆应排列整齐，尽量不交叉，大线径电缆不能压在小线径电缆上。

6）孔内送两根或多根电缆时，应将电缆头扎在一起布放。

**2. 布放室外直埋电缆**

1）按施工图样画好电缆路由。

2）沟底铺一层细砂或碎土。

3）将测试好的电缆放入沟内，电缆上铺一层细沙或碎土，高出电缆 5cm，再铺一层红砖。

4）完成隐蔽工程后，回土夯实。

5）按实际位置，绘制竣工图。

**3. 电缆走道上布放电源线**

1）按施工图样截好电缆长度，并记好标记。

2）放电缆时按设备承端，将电缆层次分开，用塑料扎带临时扎好。

3）用橡皮锤把电缆锤平，使电缆在走线道上成行。

4）电缆放完后，用塑料扎带由上而下、由里向外、由底层向上层捆扎好。

**4. 电源线与设备连接**

1）所有电源线剖头部分用塑料带缠好，缠扎厚度与电源线外皮取齐，端子头暴露部分用塑料胶带或热缩管保护好。各电源线缠扎长度要一致。

2）接线端子与设备的接触部分应平整、洁净、安装平直和端正。电源线与接线端子连接时，不应使设备端子承受机械压力。

3）通电后，电源线的电压降应小于 1.6V。通电 1h 后，测量电源线与接线端子及电源线与设备连接处的温度应不超过 65℃。

4）穿线与作弯时，不要碰损设备和内部电缆，电源线的走向，不应妨碍今后的正常维护工作，较大线径电源线需作弯时，应先作弯，后焊接或压接。

5）电源线进入设备后，根据走向与允许的最小曲率半径，按先里后外、先上后下的原则作弯。

6）做好电源线走向指示。

## 5.4.5 接地装置

**1. 质量要求**

1）接地体的位置和深度符合设计要求，敷设在地下的接地体不准涂漆。

2）连接扁钢与接地体焊接牢固，扁钢搭接处应为扁钢宽度的两倍。扁钢与接地体连接处至少要有三面满焊。

3）引入扁钢应涂沥青后缠上麻布，再涂上一层沥青。

4）接地装置汇接设备的安装位置，应符合设计规定，安装牢固端正。

5）敷设的裸线、接地线或扁钢通过墙壁时，应与墙壁绝缘。

6）接地端子应符合设计规定。

7）回填土时，在接地体周围勿将石块、砖回填。

**2. 敷设接地体**

1）按设计规定的数量、尺寸、形状锯好接地体。

2）在接地体定位线上打入接地体，漆露头高度为20～30cm。

3）扁钢与焊接体放成长条形，搭接长度符合质量要求。

**3. 焊接与安装接地引线**

1）清理焊面的油污、铁锈，连接处焊满并检查焊接质量。

2）将沥青化开，涂在扁钢与焊接处，缠上麻布后再涂上一层沥青。

3）如用铜胶线做接地线引线时，应用铜焊将铜胶线与扁钢焊接在一起。

**4. 测量接地电阻**

1）测量接地电阻时，所有测量用的导线应是绝缘导线。

2）地线安装完毕，在回填土前，会同建设单位的施工代表测量地线地阻，做好记录，并由双方签字。

**5. 回填**

1）接地装置按隐蔽工程处理，须检测合格后再回填。

2）回填时要分层夯实，如土质干燥需浇水。

## 5.5 实训 ××通信管道工程施工现场调研

**1. 实训目的**

通过施工现场调研，能够熟悉开挖管道沟和人孔管道等土方工程的施工规范，学会分析管道设计施工图，了解管材的特点、管道的敷设方法，了解光缆的穿管方法以及光缆的接续方法，掌握管道施工程序及施工要点。

**2. 实训要求**

由于是在校外的施工现场，要求注意安全，遵守工地纪律，服从指挥，不乱动工地设施及施工器材，认真观察记录。

**3. 实训内容**

1）施工前的环境检查。

2）设备器材检验清点。

3）安全生产、文明施工的措施。

4）管道坑槽质量控制。

5）管道基础质量控制。

6）包封加固质量控制。

7）回填土方质量控制。

8）钢管铺设质量控制。

9）塑料管道质量控制。

10）人孔四壁质量控制。

11）人孔上覆质量控制。

12）窗口管孔质量控制。

13）人孔铁件质量控制。

14）手孔构筑质量控制。

15）记录光缆穿放位置及管孔占用情况。

16）光缆在人孔中的接续。

**4. 实训报告**

1）说明管道工程施工特点。

2）说明施工过程中使用的工程机械。

3）通信管道试通。

4）混凝土标号及配比。

5）材料检验。

## 5.6 习题

1. 名词解释：

（1）墙壁电缆　　（2）暗管电缆　　（3）路由复测

（4）光缆配盘　　（5）光缆分屯

2. 填空题：

（1）电缆线路施工包括架空、________、________、墙壁及________等工程组成。

（2）墙壁电缆可采用________和________两种敷设方法。

（3）光缆线路施工一般可以分为 3 个阶段：________、施工阶段和________。

（4）光缆敷设常采用________、架空和________等方式。

（5）基站附属设备包括设备机架________、线缆走线架及________等。

3. 管道电缆施工时应注意哪些问题？

4. 直埋电缆施工时应注意哪些问题？

5. 如何敷设墙壁电缆和暗管电缆？

6. 光缆穿越铁路、主要公路及河流沟坎时，如何施工？

7. 如何设置光缆路由路缘石？

8. 简述光缆施工后回填土时的方法和注意事项。

9. 简述基站信号线布放的基本方法和注意事项。

10. 简述基站防雷接地的重要性。

11. 简述移动基站铁塔的土建施工方法。

# 第6章 通信工程监理

## 本章要点

- 工程监理的前期工作
- 施工阶段的工程监理
- 工程监理的后期工作

## 6.1 工程监理的前期工作

通信工程监理就是从通信技术和工程施工管理的角度，对工程全过程进行控制和管理，确保工程按照用户方的要求，保质保量地按时完成，并实现预期的建设目标。监理工作由独立的监理公司承担，监理公司凭借其在人才、技术和设施方面的综合优势，依照国家有关政策和法规以及通信工程建设合同条款的规定，帮助用户解决工程建设过程中的工程监督、质量控制、组织管理、纠纷调解等方面的问题。另外，在业主有需求并额外付酬的情况下，参与项目的需求分析、方案优选及设备选型等工作。

工程监理能够有效保障通信工程建设签约双方的利益。工程监理前期准备工作包括签订监理合同、编制监理规划和施工前相关资料的审查。

### 6.1.1 签订监理合同

建设工程委托监理合同是监理工作的核心文件，具有法律约束力，是监理公司执行监理职能的主要依据。

**1. 监理委托书**

在签订监理合同之前，要签订监理委托书，确定监理公司及工程项目。监理委托书包括以下内容。

1）监理公司全权代表建设单位，在施工阶段按照监理程序实施全面监理工作。

2）监理工作的主要内容。说明长途光缆干线、通信管道、本地网线路、用户电缆线路及综合布线等工程的主要监理工程量。

3）在施工期间如出现质量问题、安全隐患及重大的技术责任问题时，有权责令停工、返工，直到要求索赔。

4）维护建设单位利益，严格控制工程造价，对必须增加的费用与甲方代表共同签认。

5）对乙方的施工进度进行实物工程量审核，对合格部位给予计量并报甲方代表签认后，向乙方拨款。

6）该工程发生的设计变更、洽商由监理公司会同建设单位、施工单位及设计单位共同签认后生效。

7）协助建设单位做好工程的预、结算工作。

8）双方签订的监理合同严格按照相关条款执行，如遇问题，双方协商解决。

**2. 建设工程委托监理合同**

签订监理委托书后，可以签订更为详细的建设工程委托监理合同。监理合同分为3部分。

（1）第一部分：合同主体

1）委托人委托监理人监理的工程概况，内容包括工程名称、工程地点、工程规模和总投资。

2）合同的组成部分：监理投标书或中标通知书、本合同标准条件、本合同专用条件以及在实施过程中双方共同签署的补充与修正文件。

3）监理人向委托人承诺按照本合同的规定，承担本合同专用条件中议定工程范围内的工程监理任务。

4）委托人向监理人承诺按照本合同注明的期限、方式、币种、向监理人支付报酬。

（2）第二部分：标准条件

1）词语定义适用范围和法规。

2）监理人义务。

3）委托人义务。

4）监理人权利。

5）委托人权利。

6）监理人责任。

7）委托人责任。

8）合同生效、变更与终止。

9）监理报酬。

10）其他。

11）争议的解决。

（3）第三部分：专用条件

1）本合同适用的法律及监理依据：

国家和省市有关工程建设监理的法规和规定，工业与信息化部颁发的有关电信安装工程施工技术规范、验收标准和监理暂行规定及设计文件、工程建设合同、工程监理合同和工程监理规划文件等。

2）监理范围和监理工作内容：

① 提供工程监理规划文件，定期编制监理月报。

② 主持召开工地监理例会。

③ 隐蔽工程检查签证，工程质量初验及施工单位验收申请的签认。

④ 对重点关键工序实施旁站监理。

⑤ 发生的技术洽商经设计同意后给予确认。

⑥ 安全生产、文明施工及工地检查。

⑦ 完工后将监理有关技术资料的整编，报建设单位，以便组织竣工验收。

3）委托人应在7天内对监理人书面提交并要求作出决定的事宜作出书面答复。

4）委托人在本工程中的常驻代表为：×××。

5）委托人在条件允许的情况下，可以向监理机构提供如下设施：办公用房、生活用房和通信设备，监理人员自备的，委托人在协商的基础上给予一定的补偿。

6）在监理期间，委托人可以向监理机构提供工作人员，由总监理工程师安排其工作。

7）监理人在责任期间内，如果失职应承担赔偿损失，但总额不超过监理费。

8）委托人应按国家工业和信息化部信部规（2000）1219号《关于发布通信工程建设监理费计费标准规定的通知》中的规定：工程监理费＝工程费×费率，向监理机构提供监理费。

9）双方同意用支票支付报酬，按人民币结算。

10）奖励办法：工程费用节省额×报酬比率。

11）本合同在履行过程中发生争议时，双方当事人应及时协商解决，协商不成，双方同意由仲裁委员会仲裁。

### 6.1.2 编制监理规划

工程监理人员依据设计文件的工程概况、工程量、主要设备器材、工程造价、特殊要求及扩建、改建、割接的方案等主要内容和施工单位编制的施工组织设计方案，编制监理规划。工程监理规划共编制一式两份，建设单位和监理单位各持一份，具体编制内容如下。

（1）工程概况

1）工程简况和主要工作量。

2）本工程预算为：×××元。

3）施工或安装工期：××天。

4）项目组织系统：单位名称、联系人、电话或手机。

（2）监理依据

1）建设单位与施工单位签订的合同、协议。

2）工程设计文件及图样。

3）建设单位与监理单位签订的监理合同书。

4）国家和相关省市有关工程建设监理的法规、规章、政策及相应的规定。

5）施工验收规范，包括以下内容：

① 本地网通信线路工程验收规范。

② 市话局线路工程验收规定。

③ 通信管道工程施工及验收技术规范。

④ 企业有关的验收标准。

（3）监理范围及目标内容

1）监理工作范围。

2）监理工作目标：

① 三控，即质量控制、进度控制和投资控制。

② 二管，即合同管理和工程监理资料管理。

③ 一协调，即通信工程协调。

3）监理工作内容：

① 审查施工组织设计和施工方案。

② 监督施工单位按设计图样、规范、操作程序、验收标准和监理质量规定施工，控制

工程质量。

③ 审查、核查、检测主要器材。

④ 核定和签署设计变更、工程洽商。

⑤ 协助业主做好工程价款及工程竣工结算审查。

⑥ 检查承包单位技术保证体系、施工机具和安全保证体系。

⑦ 定期召开工地会议及技术会审或技术标准学习。

⑧ 组织施工单位进行工程初验，并协助业主进行竣工总体验收。

⑨ 按监理规定要求整理竣工技术资料。

（4）主要监理措施和组织

主要控制措施包括通信质量控制措施、进度控制措施和投资控制措施。施工现场实行监理工程师负责制，由项目监理工程师组建施工现场监理工作组织。

（5）监理任务程序

监理任务程序：接受任务、审核设计文件、参加工程施工招标（在业主要求下）、审查施工组织设计、参加建设单位组织的工程协调会、施工过程监理（三控二管一协调）、主持单位工程验收、参加工程总体竣工验收、资料整理及监理工作总结。

### 6.1.3 施工前的审查

为了保证施工的顺利进行，在工程施工前监理工程师要审查施工组织设计方案、开工报告和工程材料报验单等相关内容。

（1）审查施工组织设计方案

审查施工组织设计方案，可以评估施工企业（单位）的管理水平，同时也可以看出施工单位的组织系统是否健全，以及技术力量、职工岗前培训、物资供应、储运计划、施工工具、仪表、车辆和施工安全设施是否齐备等。重点审查内容如下：

1）工程概况：审查工程设计说明及工程量（主要工程量）。

2）编制依据：审查《施工合同书》、《施工及验收规范》和《现场勘察情况》。

3）工程应注意的问题：施工环境、施工工具、设备器材的运输及存放、施工用电照明、施工前其他准备工作。

4）施工方法措施：施工程序、应加措施、对原有设备的保护措施和施工工艺要求。

5）工机具、设备配备：在使用前对工机具、设备配备进行检查、测试和校正，使之处于良好状态，保证正常使用。

6）物资供应及储运计划。

7）技术要求及保证措施。

（2）审查开工报告

工程监理单位接到工程开工报告后，负责本工程的监理人员到施工单位现场进行审核。根据施工单位编制的施工组织设计方案的内容，了解本工程的各项准备工作是否完成。同时要求施工单位把审查出的问题进行修改和补充，以便顺利开工。具体审核要求如下：

1）审核施工单位的施工执照和施工许可证，企业资质是否符合工程要求。

2）根据招、投标及批准的工程编号，认真审核开工报告表。

3）审核工程名称、工程编号、建设单位（业主）、设计单位。

4）审核工程规模、设备规格型号、单位和数量，根据设计工程量把主要工程项目填写在记录表内。

5）确定供料办法：甲方供材或施工单位自行采购。

6）根据设计预算或招标、中标价审核施工合同价值。

7）记录工程计划开工和竣工的日期。

（3）审查工程材料报验单

1）严把物资供应质量关。根据施工单位编制的施工组织设计方案中设备器材的订货储运计划，把好订货选型关。订货前应由业主和施工单位共同确认设备、器材的质量和性能标准是否满足设计要求。

2）审查设备器材的生产厂家是否有完整准确的技术资料，包括出厂测试报告、省部级以上检测部门的鉴定书、合格证书和进网证等。

3）监理人员审核施工单位填写的器材报验表。表内包括器材名称、型号、规格、单位、数量和生产厂家等栏目。

## 6.2 施工阶段的工程监理

施工阶段工程监理的主要内容包括通信质量控制、进度控制、投资控制和工程协调。这些项目之间是互相依赖、互相制约的，进度加快，可以使工程项目早日投产，早日收回投资；但进度的加快可能需要增加投资，也可能会影响工程质量；反之，质量控制严格可能会影响工程进度，但如果工程质量控制得好，避免返工，又可以加快进度。因此，监理工程师在工作中要对这些项目全面考虑，正确处理好安全、质量、进度和投资之间的关系。

### 6.2.1 施工阶段的质量控制

监理工程师要严格约束施工单位，按照设计图样和技术规范中写明的试验项目、材料性能、施工要求和允许精度等有关规定进行施工，以消除工程隐患，防止事故发生，严格把好工程的质量关。施工阶段的质量控制分为事前控制、事中控制和事后控制。事前控制是监理工作中最重要一环，体现“防患于未然”的管理思路，也能体现监理机构的监理水平，因为要有丰富的工程监理经验才能做到有预见性的控制。

**1. 质量控制的事前控制**

质量控制的事前控制是保证工程质量的前提，应该做好以下工作：

（1）参加设计交底

总监理工程师组织监理人员熟悉、了解设计文件和工程特点，对设计文件中出现的问题和差错提出解决建议，并以书面的形式报建设单位。

（2）审查承包单位项目管理机构的质量管理、技术管理和质保体系

承包单位健全的质保体系，对于取得良好的施工效果具有重要作用。因此，项目监理机构一定要检查、督促施工单位不断健全及完善质保体系，承包单位要填写“承包单位质量管理体系报验申请表”。在报送施工组织设计的同时，向项目监理机构报送项目经理部的质量管理、技术管理和质保体系的有关资料。

（3）审查分包单位资格

在分部、分项工程开工前，项目监理机构要审查承包单位对工程的分包是否符合施工合同的规定，并完成对分包单位资格和技术水平的审核。承包单位应填写“分包单位资格报审表”，附上经其审核认可的分包单位的有关资料，报项目监理机构审核。

（4）审查承包单位的承包情况

项目监理机构如发现承包单位存在转包、肢解分包和层层分包等情况，应签发“监理工程师通知单”予以制止，同时报告建设单位及有关部门。

（5）检查现场施工条件

检查现场施工条件主要包括线路施工条件检查、通信线路路径是否协调、各级政府主管部门批件及外单位协议是否齐全、施工承包单位的施工许可证、道路通行证是否办妥、通信器材和设备集屯点是否选定且条件是否满足要求等。

（6）查验进场材料、构配件和设备

承包单位应对拟进场的工程材料、构配件和设备（包括建设单位采购的工程材料、构配件、设备）填写“工程材料/构配件/设备报验申请表”并附上相应的入网准用证明、出厂质量证明等有关资料，报项目监理机构审核、签认。对新材料、新产品，承包单位应报送有关部门进行鉴定，并取得确认的证明文件。

监理工程师应对进场的工程材料、构配件和设备，按照委托监理合同的约定和工程质量管理文件的规定，进行平行检测、见证取样。经专业监理工程师审核、检查合格后，签认“材料/构配件/设备报验申请表”。对未经监理工程师检验或检验不合格的工程材料、构配件、设备，监理工程师应拒绝签认，并应签发“监理工程师通知单”，书面通知承包单位未经检验的材料、构配件和设备不准在工程中使用，并限期运出现场。

**2. 质量控制的事中控制**

通信工程质量的事中控制包括以下内容：

（1）实行工序检验制度

施工中监理工程师应巡视检查，对关键工序旁站检查。工序完工后，承包单位应填报报验申请表，监理工程师应及时进行检验，并签证。

（2）实行隐蔽工序检查验收制度

承包单位对隐蔽工序必须提前将完工时间通知监理工程师，报请监理工程师检验。监理工程师应及时进行现场检验。未经检验的隐蔽工序不得隐蔽，否则监理工程师有权剥露检查。

（3）实行单项工程检查验收制度

通信工程以单项工程为单位，每个单项工程竣工后，承包单位应整理编制竣工资料，并填报竣工报验单，由监理工程师组织检查验收。通过检查验收，监理工程师应对单项工程作出初验合格或不合格的结论意见。若不合格，应责令承包单位进行整修或返工；若合格，通知建设单位进行工程验收（终验）。

**3. 质量控制的事后控制**

通信工程质量的事后控制包括如下内容：

（1）通信工程竣工验收

监理工程师应参加建设单位组织的正式竣工验收，并签认竣工验收中所形成的文件。对竣工验收中所提出的质量缺陷，监理工程师应督促承包单位进行整改，并对承包单位的整改报告签证。

（2）通信工程保修期监理

在保修期内，监理工程师应对承包单位的维修工程量进行监理，并鉴定造成该维修工程量的责任方。

## 4. 通信管道工程质量控制

通信管道工程质量控制的控制项目和控制要点如表 6-1 所示。

**表 6-1 通信管道工程质量控制**

| 控制项目 | 控制要点 | 控制项目 | 控制要点 |
|---|---|---|---|
| 管道坑槽质量控制 | 坑槽的宽度、深度 | 包封加固质量控制 | 钢筋绑扎预埋 |
| | 放坡比例要求 | | 模板安装牢固 |
| | 槽底障碍处理 | | 混凝土的配比 |
| | 换土夯实情况 | | 养护时间、强度 |
| | 护板支撑安全 | | 回填土质量控制 |
| 管道基础质量控制 | 基础宽度、厚度 | 回填土质量控制 | 土质更换情况 |
| | 基础位置偏移 | | 管块两腮夯实 |
| | 养护时间、强度 | | 管顶回填高度 |
| | 灰、砂、石的配比 | 人孔四壁质量控制 | 人孔内空尺寸 |
| 水泥管道敷设质量控制 | 敷管工艺平直 | | 外壁抹灰 |
| | 纱布规格摆放位置 | | 内壁抹灰 |
| | 管带管缝处理 | | 井底抹八字灰 |
| | 底角八字抹灰 | | 井底面抹灰 |
| | 敷管灰砂配比 | | 引上管口位置外形 |
| | 养护时间、强度 | | 人孔上覆质量控 |
| 钢管敷设质量控制 | 钢管、管道坑槽质量控制 | 人孔上覆质量控制 | 上覆与墙壁抹八字灰 |
| | 钢管基础质量控制 | | 上覆接缝抹灰 |
| | 钢管铺设质量控制 | | 井口（脖子）抹灰 |
| | 回填土方质量控制 | | 口圈接缝抹灰 |
| 塑料管敷设质量控制 | 坑槽质量控制 | 窗口、管孔质量控制 | 窗口上下高度尺寸 |
| | 基础质量 | | 窗口左右位置偏差 |
| | 敷管质量控制 | | 窗口四边八字 |
| | 管道包封加固质量控制 | | 窗口管块间接缝抹灰 |
| 手孔构筑质量控制 | 手孔坑槽 | 人孔铁件质量控制 | 电缆支架（横竖）安装 |
| | 手孔基础 | | 人孔口圈安装 |
| | 手孔的砌筑 | | 支架穿钉安装 |
| | 四壁抹灰 | | 拉力环安装 |
| | 窗口抹灰 | | 积水罐安装 |
| | 电缆支架 | | 高低井梯子安装 |
| | 手孔口圈的安装 | | 在人孔建筑中采用新器材、新工艺 |

## 5. 市话通信线路工程质量控制

市话通信线路工程质量控制的控制项目和控制要点如表 6-2 所示。

**表 6-2　市话通信线路工程质量控制**

| 控制项目 | 控制要点 | |
|---|---|---|
| 局内成端电缆质量控制 | 施工前的环境检查 | |
| | 设备及材料的型号、规格、电气性能和存放地址的检查 | |
| | 做好防火、防盗工作 | |
| | 主干电缆布放走向 | |
| | PVC 成端电缆布放绑扎 | |
| | 成端电缆把线裁、编、绑 | |
| | 保安排的安装 | |
| | 成端电缆竖接头 | |
| 管道主干电缆敷设质量控制 | 电缆敷设走向 | 全塑电缆 A、B 端要求 |
| | | 弯曲余长要求 |
| | | 尾巴电缆位置、长度 |
| | | 电缆编号标志要求 |
| | 电缆气压 | 全程电缆保气 |
| | | 气门位置安装 |
| | | 气压传感器安装 |
| | | 堵塞位置 |
| | 绝缘电阻及环阻的测试 | 测试仪器 |
| | | 测试方法要求 |
| | 芯线接续 | 接续必须具备的条件 |
| | | 接续注意事项 |
| | 传输和串音衰减测试 | |
| | 屏蔽护层的测试 | |
| | 接续封口 | |
| 交接设备质量控制点 | 设备及主要材料检查 | |
| | 交接设备质量要求控制 | 交接间配线架抽验 |
| | | 交接箱设备抽验 |
| | 交接设备安装质量要求控制 | 交接间设备的安装要求 |
| | | 落地式交接箱的安装要求 |
| | | 架空式交接箱的安装要求 |

| 控制项目 | 控制要点 |
|---|---|
| 配线电缆质量控制 | 电缆架设控制点的要求 |
| | 绝缘电阻测试要求 |
| | 芯线接续 |
| | 屏蔽层连通测试 |
| | 架空接口封闭 |
| | 引上电缆 |
| | 分线设备 |
| | 环阻测试 |
| 架空杆路质量控制点 | 电杆 |
| | 拉撑设备 |
| | 杆档线及引入线 |
| | 安全保护及电杆埋深 |
| 充气设备质量控制点 | 检查充气设备 |
| | 接地装置检查 |
| | 输出气体检查 |
| | 管路接头检查 |
| | 高压罐和低压罐 |
| | 自动控制和告警性能 |
| 市话光缆敷设质量控制点 | 直埋、管道、架空施工前对路由环境检查 |
| | 直埋光缆敷设质量控制 |
| | 管道光缆的质量控制 |
| | 架空光缆的质量控制 |
| | 光缆接头安放质量控制 |
| 新、旧局割接 | 设备器材清点检查 |
| | 新、旧局割接的原则 |
| | 由割接点至新局地下室敷设主干电缆要求 |
| | 新局成端电缆的安装制作要求 |
| | 割接点对旧号 |
| | 电缆芯线复接程序与要求 |

（续）

| 控制项目 | 控制要点 | 控制项目 | 控制要点 |
|---|---|---|---|
| 交接设备质量控制点 | 成端电缆安装要求控制 | 新、旧局割接 | 铅缆与塑缆的复接 |
| | 安全保护措施安装要求控制 | | 复接后电缆接口套管封闭 |
| | 跳线穿放连接质量要求控制 | | 拆除旧局方电缆的要求 |

**6. 长途光缆线路工程质量控制**

长途光缆线路工程质量控制的控制项目和控制要点如表6-3所示。

**表6-3 长途光缆线路工程质量控制**

| 控制项目 | 控制要点 | | 控制项目 | 控制要点 | |
|---|---|---|---|---|---|
| 长途直埋光缆敷设的质量控制 | 挖沟 | | 架空光缆架设质量控制 | 电杆建设 | |
| | 布放光缆 | | | 布放光缆 | |
| | 回填 | | 水底光缆 | 沟深 | |
| | 埋设标识 | | | 放缆 | |
| | 光缆防护 | | | 回填 | |
| 长途管道光缆敷设的质量控制 | 长途PVC塑料管道光缆 | 管道建设 | 光缆接续及安装 | 接续 | 接续的基本要求 |
| | | 光缆布放 | | | 光纤接续 |
| | 长途硅芯管道光缆 | 管道建设 | | | 接头装置的封装 |
| | | 吹放光缆 | | 接头装置的安放 | 直埋光缆接头装置安放 |
| | 回填 | | | | 管道人孔内光缆接头位置安放 |
| 架空光缆架设质量控制 | 电杆建设 | | | | 架空光缆接头装置安装 |
| | 布放光缆 | | | | 水底光缆终端的安放 |
| 水底光缆 | 沟深 | | | | 长途光缆接头装置的标志、位置编号要清晰、易查 |
| | 放缆 | | 进局光缆成端的质量控制 | | |
| | 回填 | | 中继段测试质量控制 | 电气指标 | |
| | 水底光缆的保护 | | | 中继段测试应在ODF架上进行，尚未安装时应必须熔接尾纤后，再进行测试 | |

## 6.2.2 施工阶段的进度控制

进度控制是指在通信工程项目的实施过程中，监理工程师按照国家以及工业与信息化部有关监理的法律、法规以及合同文件中赋予监理单位的权利，运用各种监理手段和方法，督促承包单位，采用先进合理的施工方案、组织形式和管理措施来保证工程进度。施工阶段是工程实体的形成阶段，对其进度进行控制是整个工程项目建设的重点。在监理过程中，要经常检查实际进度是否与计划进度符合，分析出现偏差的原因，采取补救措施，并调整修改原计划，在保证工程质量、投资的前提下，实现项目进度计划。

建设项目进度控制的总目标是在合同规定的工期加上监理工程师批准的工程顺延工期内，完成建设项目。

**1. 进度控制的事前控制**

进度控制的事前控制主要是审核承包单位的施工进度计划，督促承包单位做好施工进度计划，使之与工程项目总目标保持一致，并跟踪检查施工进度计划的执行情况，在必要时指令承包单位对施工进度计划进行调整。事前控制的任务就是在满足工程项目建设总进度目标要求的基础上，根据工程特点，确定进度目标，明确各阶段进度控制任务。

为保证工程项目能按期完成工程进度预期目标，需要对施工进度总目标从不同角度层层分解，形成施工进度控制目标体系，作为进度控制的依据。进度控制的事前控制方法如下：

（1）编制工作细则

施工进度控制监理工作细则是在工程项目监理规划的指导下，依据被批准的施工进度计划，由工程项目监理机构编制的具有实施性和操作性的监理业务文件，其主要内容如下：

1）施工进度控制的目标分解图、控制的主要工作内容、深度、监理人员的具体分工以及与进度控制有关各项工作的时间安排及工作流程。

2）进度控制的方法（包括进度检查日期、数据收集方式、进度报表格式、统计分析方法等）和具体措施（包括组织措施、技术措施、经济措施及合同措施等）。

3）施工进度控制目标实现的风险分析和尚待解决的有关问题。

（2）审核施工进度计划

项目监理机构应在总监理工程师的主持下，对承包单位提交的施工进度计划进行审核。审核的主要内容如下：

1）进度安排是否符合工程项目建设总进度计划中总目标和分目标的要求，是否符合施工合同中开、竣工日期的规定。

2）施工总进度计划中的项目是否有遗漏，各单项工程进度是否满足总进度的要求。

3）施工顺序的安排是否符合施工程序的要求，劳动力、材料、构配件、机具和设备的供应计划是否能保证进度计划的实现，供应是否均衡，需求高峰期是否有足够能力实现计划供应。

4）建设单位的资金供应能力是否能满足进度需要，建设单位提供的场地条件及原材料和设备，特别是国外设备的到货与进度计划是否衔接。

5）施工进度的安排是否与设计单位的计划供应速度相一致、进度安排是否合理、是否有造成建设单位违约而导致索赔的可能存在。

（3）督促施工单位按年、季、月编制计划

监理工程师在施工过程中，督促各承包单位按总进度计划的要求编制出分解进度计划，如年、月、旬进度计划、各专业进度计划等，并对之进行审核，审核其是否符合总进度计划的目标、与其他承包单位进度计划之间是否冲突、施工工序是否合理、是否能协调一致等。

在按计划期编制的进度计划中，监理工程师应着重解决各承包单位施工进度计划之间、施工进度计划与资源（包括资金、设备、机具、材料及劳动力）保障计划及外部协作条件延伸性计划之间的综合平衡与互相衔接问题。并根据上期计划完成情况对本期计划做必要的调整，从而作为承包单位近期执行的指令性计划。

**2. 进度控制的事中控制**

进度控制的事中控制的要点有监督实施、检查进度、分析偏差和处理措施。监督实施是根据总监理工程师批准的进度计划，监督承包单位组织实施；检查进度是按照进度计划检查实际工程的进展情况；分析偏差是监理工程师将实际进度与原有进度计划进行比较，分析实际进度与计划进度出现偏离的原因；处理措施是指监理工程师针对分析出的原因，研究纠偏的对策和措施，并督促承包单位实施，必要时还应对后期工程进度计划做适当的调整。

为有效地分析工程计划的完成情况，首先应分析确定工程进度有关信息的准确性和可靠性，然后对影响进度因素进行分析，找出其中关键性因素，最后制定对策和调整措施。当工程实际进度与原定计划出现较大偏差时，应进行分析并找出影响因素及起关键作用的因素，以便制订对策和调整。主要内容如下：

1）分析工程计划完成的比率（工程量、工作量完成的百分率），是否影响工期。

2）考察关键线路、关键工作是否会出现延期，是否会导致进度计划未按期完成。

3）考察有哪些工程项目影响工程的工期，导致进度计划未按期完成。

4）对下列问题进行详细分析，以确定影响进度计划的关键因素。

① 劳动力情况分析：主要分析劳动力数量与计划劳动力数量的关系，直接生产工作人员与管理人员的比例；劳动组织与生产效率是否达到要求，工程变更与事故率是否正常等。

② 机械设备情况的分析：主要分析机械设备是否能满足工程进度的需要、机械设备的利用率和完好率、设备是否陈旧、操作和维护费用如何、机械设备的停工时间所占比重、有无预防性维修计划、机械设备的生产率是否能达到定额的要求等。

③ 材料情况分析：主要分析材料供应是否及时，有无停工待料情况；材料用量是否符合计划要求，使用时用量是否准确，有无浪费和丢失现象；料场布置是否合理，材料运距是否合适；材料的储备周期是否合理等。

④ 施工方法分析：主要分析施工方法是否合理，工作顺序、工作流程是否合理，返工率和废品率的情况等。

⑤ 施工环节分析：主要分析施工环节是否衔接得合理，是否存在不合理工序导致返工率的提高。

⑥ 资金情况分析：主要分析承包单位的资金使用情况，是否合理地使用了工程预付款和工程进度款；建设单位是否按时足额支付工程进度款；工人收入如何，报酬支出是否合理，各种资金的支出比例是否符合比例；承包单位是否挪用资金等。

⑦ 其他情况分析：主要分析影响工程进度的其他因素，如天气是否正常，是否有与当地有关部门协调的原因，是否有工程量的增加；是否有建设单位、监理单位的原因如文件未及时批复，外部协调未及时办妥，应提供的设备或材料未及时到场，监理未及时检查验收等。

**3. 进度控制的事后控制**

进度控制的事后控制的要点是对原施工进度计划中已发生变化的项目进行调整和修改。其具体方法如下：

（1）分析产生进度偏差的原因

经监理工程师的现场检查，发现实际进度产生了偏差，为了调整进度，监理工程师应深入现场，调查、分析产生偏差的原因。

（2）分析偏差对后续工作和总工期的影响

在分析出偏差原因后，要分析偏差对后续工作和总工期的影响，确定是否应当调整。

（3）确定影响后续工作和总工期的限制条件

首先确定进度可调整的范围，主要指关键节点、后续工作的限制条件以及总工期允许变化的范围。往往与签订的合同有关，要认真分析，尽量防止后续分包单位提出索赔。

（4）采取进度调整措施

采取的进度调整措施应以后续工作和总工期的限制条件为依据，调整原进度计划，以保证要求的进度目标能够实现。

（5）实施调整后的进度计划

在工程继续实施中，将执行调整后的进度计划。监理工程师要及时协调有关单位的关系，并采取相应的经济、组织和合同措施，保证进度计划的顺利实施。

### 6.2.3 施工阶段的投资控制

施工阶段的投资控制就是把建设项目投资控制在批准的投资限额以内，并随时纠正发生的偏差，以保证项目造价管理目标的实现，以求在各个建设项目中能合理使用人力、物力、财力，取得较好的投资效益和社会效益。施工阶段投资控制仅仅靠控制工程款的支付是不够的，应从组织、经济、技术、合同等多方面采取措施，控制总造价。

**1. 投资控制的事前控制**

投资控制的事前控制主要是审查施工组织设计和施工预算。

（1）审查施工组织设计

在建设项目开工前，监理工程师需审定承包单位所编制的施工组织设计。审查重点是施工技术方案、施工进度计划，以确保建设项目的投资控制和进度控制。不同的方案，其经济效果不同，故应对各方案进行技术经济分析，以获得最优方案。主要内容如下：

1）进行施工组织设计的技术经济分析：

为提高建设项目的经济效益，降低造价和提高工程质量，对单位工程施工组织设计中的施工方案进行技术经济分析是十分重要的。内容包括主要施工机械选择的经济分析和施工方案的技术经济比较。

2）对施工进度的主要指标审查：

① 工期：进度计划必须符合规定工期，力求达到使成本最低或收益最高的最佳工期。

② 资源的均衡性：进度计划中的资源均衡性主要是指劳动力消耗的均衡性。根据通信工程特点，确定劳动力数量，既不出现因劳动力过剩导致窝工，又不会出现因劳动力短缺影响工程的情况。

③ 主要机械的使用率：进度计划中主要机械的使用会直接影响工期和成本，这是衡量进度计划的一个重要指标。不同主要机械的使用率可以做多方案比较，然后选择最优方案。

（2）审查施工预算

施工预算是根据施工图设计计算的工程量、施工组织设计、现行建筑工程预算定额及费用标准、建筑材料预算价格和国家规定的其他费用，进行计算和编制的单位工程和单项工程建设费用的文件。审查施工图预算是控制工程造价的一个有力措施，是与承包单位进行工程拨款和工程结算准备的主要依据，对合理使用人力、物力和资金都起积极作用。因此，审查工作必须认真细致。审查施工预算主要包括以下内容：

1）审查工程量。对施工图预算中的工程量，可根据设计或承包单位编制的工程量计算表，并对照施工图样审查其工程量否有漏算、重算和错算。审查工程量项目时，要抓住那些占预算价值比例较大的重点项目进行，做详细校对。其他项目可只做一般审查。同时要注意各分部项目，构配件的名称、规格、计量单位和数量是否与设计要求及施工规定相符。为了审查工程量，要求审查人员必须熟悉设计图样、预算定额和工程量计算规则。

2）审查定额单价。审查预算书中单价是否正确，应着重审查预算书上所列的工程名称、种类规格、计量单位，与预算定额或单位估价表上所列的内容是否一致。如果一致时才能套用，否则套错单价，就会影响直接费的准确度。

3）审查定额换算单价和补充单价。定额规定允许换算部分的分项工程单价，应根据定额的分部分项说明、附注和有关规定进行换算；定额规定不允许换算部分的分项工程单价，则不得强调工程的特殊性或其他原因，而任意加以换算，以保持定额的权威性和统一性。对于某些采用新结构、新技术、新材料的工程，在定额中确实缺少这些项目，需编制补充单价估价时，就应进行审查。审查其分项项目和工程量是否属实，套用单价是否正确，审查其补充单价的工料分析是根据工程测量的数据，还是用估算数字决定的。

4）审查直接费。决定直接费用的主要因素是各分部分项工程量及其预算定额单价。因此，审查直接费就是审查直接费部分的整个预算表，即根据已经过审查的分项工程量和预算定额单价核对，审查时应注意下列问题：

① 预算表上所列的各分项工程名称、内容、做法、规格及计量单位，与单位估价表中所规定的内容是否相符。

② 在预算表中是否有已包括在定额内的项目，从而出现重复多算情况；或因漏列定额未包括的项目，而少算直接费的情况。

5）审查间接费。依据施工企业性质、规模和承包工程性质的不同，间接费的计算方法有按直接费计算，也有用人工费的百分比进行计算的。因此，主要审查以下内容：

① 中央、省、市属国有企业与市、县、乡镇、街道属集体施工企业，在套用间接费定额时，是否符合各地区规定，有否集体企业套用全民企业定额标准的情况。

② 各种费用的计算基础是否符合规定。

③ 各种费用的费率，是否按地区的有关规定计算。

④ 计划利润是否按国家规定标准计取，没有计取资格的施工企业不应计取。

⑤ 各种间接费的计取是否正确合理。

⑥ 单项定额与综合定额有无重复计算的情况。

**2. 投资控制的事中控制**

监理工程师在施工过程中要把计划投资额作为投资控制的目标值，在项目施工过程中采取有效措施，控制投资的支出，将实际支出值与造价的目标值进行比较，并作出分析及预测，加强对各种干扰因素的控制，采取措施确保项目投资控制目标的实现。同时，根据实际情况，允许对投资控制目标进行必要的调整，调整的目的是使投资控制目标永远处于最佳状态和切合实际。但应注意，调整既定目标应严肃对待，并按规定程序执行。可采取如下措施：

（1）组织措施

在项目监理机构中落实投资控制人员的任务分工和职能分工，并编制各个阶段投资控制的工作计划和详细的工作流程图。

（2）经济措施

1）审查资金使用计划，确定、分解投资控制目标。

2）进行工程计量。

3）复核工程付款账单，签发付款证书。

4）在施工过程中进行造价跟踪控制，定期地进行投资实际支出值与计划目标值的比较；发现偏差，分析产生偏差的原因，采取纠偏措施。

5）对工程施工过程中的投资支出做好分析与预测，经常或定期向建设单位提交项目投资控制及其存在问题的报告。

（3）技术措施

1）对设计变更进行技术经济比较，严格控制设计变更。

2）继续寻找通过设计挖潜节约投资的可能性。

（4）合同措施

参与合同修改、补充工作，着重考虑对投资控制的影响，还要做好施工记录，保存各种文件、图样，特别是注有实际施工变更情况的图样，注意积累素材，为正确处理可能发生的索赔提供依据，并参与处理索赔事宜。

（5）工程计量

工程计量是指监理人员按规定对承包单位所完成的实际工程量进行测量并认可。工程计量是控制项目投资支出的关键环节，合同条件中明确规定工程量表中开列的工程量，是该工程的估算工程量，不能作为承包单位完成的实际和确切的工程量。因为工程量表中的工程量是在制定招标文件时，在图样和规范的基础上估算的工程量，不能作为结算工程价款的依据。监理工程师必须对已完成的工程进行计量。经过监理工程师计量所确定的数量是向承包商支付款项的凭证。

工程计量同时也是约束承包单位履行合同义务，强化承包单位合同意识的手段。对于不合格的工件和工程，监理工程师可以拒绝计量。同时，监理工程师通过按实计量，可以及时掌握承包商工程的进展情况和工程的进度。当监理工程师发现进度缓慢，有权要求承包人采取措施加快进度。因此，在监理过程中，监理工程师可以通过计量支付手段，控制工程按合同条件进行。

计量依据一般有质量合格证书、工程量清单、技术规范中的“计量支付”条款和设计图样。也就是说，计量时必须以这些资料为依据。

**3. 投资控制的事后控制**

投资控制事后控制的主要工作是竣工决算编制、审查、竣工项目回访与保修。

（1）竣工决算的编制

竣工决算是反映工程项目实际造价和为核定新增固定资产价值，考核分析投资效果，办理交付使用验收的依据，是验收报告的重要组成部分，竣工决算由建设单位编制。

竣工决算包括从筹建到竣工投产全过程的全部实际支出费用，即建筑工程费用、安装工程费用、设备工器具购置费用和其他费用等。竣工决算由竣工决算报表、竣工决算报告说明书、竣工工程平面示意图、工程造价比较分析四部分组成。其中：大中型建设项目竣工决算报表一般包括竣工工程概况表、竣工财务决算表、建设项目交付使用财产总表及明细表，建设项目建成交付使用后投资效益表等；小型项目竣工决算报表则由竣工决算总表和交付使用财产明细表所组成。

编制竣工决算时，根据经审定的承包单位竣工结算的原始资料，对原概预算进行调整，重新核定各单项工程和单位工程造价。属于增加固定资产价值的其他投资，如建设单位管理费、研究试验费、土地征用及拆迁赔偿费等，应分摊到受益工程中，随同受益工程交付使用的同时，一并计入新增固定资产价值。

（2）竣工决算的审查

竣工决算编制后，必须进行竣工决算的审查。在审查时，必须以国家的有关方针政策、设计文件、基本建设计划为依据，有计划、有组织地进行审查。竣工决算的审查分为两个方面，一方面是由建设单位（监理工程师）组织有关人员或有关部门进行初审。另一方面是在建设单位自审的基础上，经过领导批准报上级主管部门，由上级主管部门和建设银行及有关部门进行审查，这两个方面的审查一般包括以下内容：

1）根据设计概算和年度基本建设计划，审查有无计划外工程和楼堂管所；设计变更有无设计部门的变更通知，工程增加或减少有无建设单位和承包单位共同签认的手续。

2）根据财政制度，审查各项支出是否符合规定，有无乱摊成本，扩大开支范围和请客送礼、铺张浪费等违反财经纪律情况。

3）审查报废工程损失、非常损失等项目是否经过主管机关批准，如有不合理支出，应予以剔除。

4）审查基建结余资金是否真实，有无私分基本建设剩余物资等情况。

5）审查文字说明的内容，是否符合实际，有无虚报，掩盖矛盾等情况。

6）审查基建拨款支出是否与建设银行拨款或贷款账面相符，应收、应付的各项款项是否全部结清，工程应退的余料是否退清等情况。

（3）竣工项目的回访

回访是设计单位、承包单位、设备材料供应单位、监理单位，在建设项目投入使用后的一定期限内，了解项目的使用情况和设计质量、施工质量及设备运行状态，以及用户对维修方面的要求。通过回访，根据用户的意见，并针对需要处理的问题，设计单位、承包单位和设备材料供应单位在保修期内予以保修。回访的主要内容如下：

1）听取用户介绍项目的使用情况和意见。

2）查询或调查现场因承包商原因造成的问题。

3）进行原因分析和确认。

4）商讨进行返修的事项。

5）填写回访卡。

（4）竣工项目的保修

在保修期内，项目出现质量问题影响使用，用户可以用口头或书面方式通知承包商和有关保修部门，说明情况，要求派人前往检查修理。承包单位和有关保修部门必须尽快派人前往检查，并会同用户和监理工程师共同作出鉴定，提出修理方案，并尽快地组织人力、物力进行修理。在发生问题的部位或项目返修完毕后，要在保修证书的“保修记录”栏内做好记录，并经用户和监理工程师验收签字。

由于通信工程情况比较复杂，不像其他商品那样单一性强，往往是由于多种原因造成的。因此，监理工程师在费用的处理上必须根据造成问题的原因以及具体的返修内容，与有关单位共同商定处理办法。一般来说有以下几种情况：

1）因承包单位的施工质量原因造成的问题，由承包单位负责进行保修，其费用由承包单位负责。由此给项目造成的其他损失，监理工程师应向承包单位提出索赔。

2）因设备质量原因造成的问题，由设备供应单位负责进行保修，其费用由设备供应单位负责。由此给项目造成的其他损失，监理工程师应向设备供应单位提出索赔。

3）如因用户在使用后有新的要求或用户使用不当，需进行局部处理和返修时，由用户与承包单位协商解决，或用户另外委托施工，费用由用户自己负责。

### 6.2.4 施工阶段的安全控制

在通信工程施工过程中，保证通信安全畅通是每一位施工人员、监理人员的职责。通信安全控制是通信工程监理人员在施工阶段放到首位的主要工作，监理人员在监理通信工程扩建、改建和割接时，为了确保既有通信设备的安全运行，监理人员应对施工单位的施工组织方案和技术措施进行监控。

**1. 通信管道及人孔的扩建、改建工程**

1）在既有通信管道路由上扩建挖沟，坑边沿60～80cm以内严禁堆土和摆放水泥管块，以防倒塌损坏既有通信管道。

2）扩建中遇有各种管线、地下设施应慎重作业，防止碰坏旧有管道。

3）人孔扩建在拆除上覆和人孔墙壁前，必须根据人孔内的光（电）缆的数量和位置，采取不同的保护措施，如全覆盖、吊扎、包扎和临时支撑等方法。

4）拆除的水泥块和砖头等应清理到人孔墙外侧，保证光（电）缆不受损伤。

**2. 在原有杆路架挂光（电）缆**

1）检验电杆根部有无腐朽，并检验拉撑设备强度是否符合设计要求。

2）架挂的光（电）缆吊线或自承式电缆垂度、层距是否符合设计要求，有无托磨现象。

3）与其他架空线缆交叉时应符合规定距离，不合格的应有安全保护措施。

4）架挂的光（电）缆与杆上任何部位、树木、建筑物等托磨时应有安全保护措施。

**3. 在通信管道中敷设光（电）缆**

1）上、下人孔时必须使用梯子，严禁蹬踩电缆、支架、托板。

2）核实设计选用的管孔位置，查看管孔周边在运行的光（电）缆的程式、数量。

3）敷设光（电）缆时，布放端的原有缆应加保护措施，管口处采用电缆弯曲器（弯铁）以防光（电）缆损伤。

4）光（电）缆牵引端钢丝绳、滑轮不得碰磨原有光（电）缆。

5）进行电缆接头封闭或封端帽时，不准把汽油带进人孔，不准在人孔内点燃喷灯。点燃的喷灯不准对着光（电）缆和人孔墙壁放置。

**4. 在原缆位置埋设光（电）缆**

1）在原有光（电）缆路由埋设光（电）缆时，在电缆沟中挖到保护红砖或水泥盖板时应轻挖，注意不损伤原有光（电）缆，无保护措施时可先挖探坑找到电缆位置后再挖沟。

2）布放新光（电）缆时，不得砸、压、挤原有光（电）缆，按设计要求的位置摆放新缆。

3）回填土方时严禁把石块、砖头、水泥块等填入坑内，保证新、旧光（电）缆的安全。

**5. 光（电）缆割接、改接**

1）光（电）缆割接、改接点（位置）应选择有防雨、防潮措施的干燥通风处。

2）严格按照设计或施工方案进行割接、改接。

3）新、旧缆应进行复对号，局内搭好跳线，成回路后再割改，或采用复接模块的方法确保割接、改接过程中的通信畅通。

### 6.2.5 工程协调

通信工程点多线长，工程的外部协调和内部协调工作涉及面广，贯穿于建设的全过程中，协调的效果直接影响工程的进度、质量和投资。因此，协调工作也是工程监理工作的一个重要环节。工程协调的依据主要是各种涉及工程建设的合同和有关国家法规及文件。

**1. 外部协调**

1）办理通信工程可行性研究报告、工程立项、工程设计以及工程实施过程中公安、交通、土地、环保、文物等政府部门和建设单位主管部门的批件等。

2）为满足工程建设的线路路由、局站地址、使用动力、穿越道路和河流、桥梁等条件，办理与相关单位的协议、合同等文件。

3）办理承包单位各种施工许可证、机械和汽车通行证等。

4）办理施工所需的仓库、驻地、运输等协议和合同等。

5）办理线路施工青苗、破路等赔补。

**2. 外部协调的责任分工**

1）涉及产权所有的外部协调工作，一般由建设单位负责办理。建设单位也可委托监理单位或承包单位办理。

2）涉及现场施工的外部协调工作，应由承包单位负责办理，但建设单位应给予支持和协助。

3）监理工程师应对工程的外部协调进行督促，并根据外部的协调信息及时控制工程进度计划和质量保证措施。

4）对外部协调的责任人，应按合同条款规定签认有关奖惩的监理通知。

**3. 内部协调**

内部协调是监理工程师的重要职责。监理工程师应以诚信、公正、科学的工作态度，按照工程建设的有关规范、标准、法律和规章制度以及工程监理相关程序，准确地处理各种内部协调。内部协调主要包括如下内容：

1）工程进度协调，如计划进度的审核、开、停工令和计划进度的调整等监理通知。

2）工程质量协调，如各承包单位质量控制措施的审核、各施工工序安排是否符合质量要求、各专业单项工程之间的质量衔接、各施工队伍之间的质量衔接等监理通知。

3）工程投资协调，如工程款项的审核签认、工程索赔的核实签认、工程风险的预报等监理通知。

4）通信工程的合同管理协调，如未按合同条款或不符合合同条款进行工程建设的处理、对合同条款有争议的处理、未签订文字协议而参与工程建设的处理等，都应按时通知相关方。

5）通信工程的信息管理协调，如对口头的、会议的、协商的工程信息必须实现文字化、自动化；对工程存档的各种信息必须完整、准确和符合存档要求等，并及时通知相关方。

**4. 主要协调方法**

(1) 工程协调会

工程协调会由建设单位以文字方式通知参与工程建设的各方参加。参与人员有建设单位的代表、监理单位的总监和各专业监理工程师、设计单位的代表、总承包单位的项目经理人及相关技术人员和管理人员、分承包单位的项目管理人员和技术人员等。

(2) 监理通知单

监理工程师在工程监理范围和权限内，对工程进度、质量、投资、合同管理、信息管理和工程协调等工作发表的意见，都可以使用监理通知单。监理工程师如发布口头通知，必须在24h内补发书面监理通知单。监理通知单应写明发送单位、事由、内容和处理意见等。

(3) 监理工作联系单

监理工作联系单是用于建设单位或承包单位发给总监理工程师或专业监理工程师的工作联系函件，其事由及内容应书写得具体清楚，并签署落款和日期等。监理人员对工作联系单应按合同要求的时间及时作出书面答复（或通知）。

(4) 监理指令

监理指令是进行工程协调的手段，包括开工令、暂停令、复工令和现场指令等。

## 6.3 工程监理的后期工作

工程监理的后期工作是工程项目完成后，监理工程师整理监理资料、编写完工报告和审查施工单位的项目结算等工作。

### 6.3.1 整理监理资料

在工程验收后，需要对以下监理资料进行整理：

1) 合同文件。

2) 设计文件。

3) 工程项目监理规划及监理实施细则。

4) 设计变更洽商记录。

5) 监理月报。

6) 会议纪要。

7) 施工组织设计（施工方案）。

8) 分包企业资质。

9) 进度控制文件。

10) 质量控制文件。

11) 投资控制文件。

12) 监理通知。

13) 合同其他事项管理。

14）工程验收资料。

15）其他往来函件。

16）监理管理台账及监理日记。

17）监理工作总结（专题阶段和竣工总结报告等）。

需要归档的主要监理资料如下：

1）监理委托书。

2）监理合同。

3）监理月报。

4）会议纪要。

5）分项、分部工程量报验认可单。

6）质量事故的处理资料。

7）投资控制资料。

8）工程验收资料。

9）监理通知。

10）合同其他事项管理资料。

11）监理完工报告。

整理监理资料时，应注意以下内容：

1）注意保持文件资料的清洁、整齐。

2）各种收发文件，必须有单位的印章和日期。

3）质量检验和隐蔽工程的检查记录必须由施工单位和监理单位共同签认。

4）设计变更、工程洽商必须由建设单位、设计单位、施工单位和监理单位四方签认。

## 6.3.2 编写完工报告

编写完工报告应在工程初验后开始，总体工程验收后完成。简要地把工程监理工作的三控（质量控制、进度控制、投资控制）完成情况作为主要报告内容。

**1. 安全控制**

完工报告中涉及安全控制的内容有：通信管道人孔扩建、改建、在原杆路上架挂光（电）缆、通信管道内敷设光（电）缆、在原直埋缆的位置埋设光（电）缆、光（电）缆割接、改接和通信设备割接等工程的施工方案和措施，施工使用的工具、器材检查及操作人员培训、演练等确保通信安全的措施。

**2. 质量控制**

完工报告中涉及质量控制的内容主要是施工过程和项目完工工程质量检查的优良率、合格率等。例如，本地网线路工程中的立电杆及安装拉线、吊线、布放电缆、安装交接箱及成端电缆、安装分线设备、电缆芯线接续、电缆接头封闭及电气性能测试等；通信管道建筑工程中的管道坑槽深度、宽度，管道基础宽度、厚度，管道铺设的管缝、管带、八字抹灰，包封加固混凝土的配比、强度，人孔和手孔建筑的四壁、上覆、窗口和铁件，回填土方，管块两腮及管顶回填夯实等；长途光缆干线工程的光缆预留长度、光缆布放端别要求、管道光缆敷设、架空光缆敷设、局内光缆布放、光缆成端、光缆接续、接头盒安装以及中继段测试等内容。

**3. 进度控制**

完工报告中涉及进度控制的内容主要有以下方面：

1）按计划工期完成情况的简要说明。例如，由于本工程开工工具、器材准备充分与所在局、所及相邻单位协作配合正常，使施工顺利进行，于×××××年×月×日开工，×××××年×月×日完工，工期××天。

2）说明工程进度延期的理由。例如，工程延期理由包括受自然灾害影响、施工环境条件差和排除障碍的影响，设备、器材运到施工现场时间延误的影响，设备、器材严重损坏，造成更换时间长及其他原因影响施工进度，根据上述情况工程顺延的天数。

3）施工单位的停工报告。要有监理单位（总监理工程师）批准签认并报建设单位签认的相关资料。

**4. 投资控制**

完工报告中涉及投资控制的内容主要有以下方面：

1）工程结算没有超出设计预算或投标金额的简要说明情况。例如，本工程设计预算为××万元，由于本工程严格按设计施工，节约用料，所以本工程没有出现工程洽商，结算金额为××万元结算，并没有超出预算。

2）结算超出设计预算的必须有工程量洽商。增加工程量的说明，必须有建设单位、设计单位、施工单位和监理单位的共同签认。

### 6.3.3 审查项目结算

审查工程项目结算时，应坚持对报验资料不全、与合同文件的约定不符、未经质量签认合格或有违约的不予审核和计量，可根据核定变化的工程量和工程洽商审查。审查的主要内容如下：

1）核实原设计工程量和变化工程量及工程洽商核定的工程量。

2）核实工程安装使用的设备、器材的型号、规格、数量与实际及竣工图是否相吻合。

3）核实安装设备器材的单价（批发价、出厂价、零售价、市场价和器材公司的核定价）。

4）工程结算中是否有不应计取的其他费用。

5）审查后以书面形式交建设单位处理。

## 6.4 实训 ××通信管道工程监理

**1. 实训目的**

本实训是在监理工程师的带领下，通过对通信管道工程的监理，能够熟悉各种监理文件，了解工程监理程序和工作内容，了解管道工程的安全控制、质量控制、进度控制和投资控制的方法，熟悉监理资料的管理，练习撰写监理材料。

**2. 实训要求**

由于是在校外的施工现场，要求注意安全，遵守工地纪律，服从指挥，不乱动工地设施及施工器材，认真观察记录。

**3. 实训内容**

1）接受监理委托。

2）审核设计文件。

3）参加工程施工招标。

4）审查施工组织设计。

5）参加建设单位组织的工程协调会。

6）施工过程中监理。

7）参加工程总体竣工验收。

8）资料整理及监理工作总结。

**4. 监理案例**

（1）背景材料

2014年5月哈尔滨××通信工程监理公司经过招、投标，最终中标由××电信哈尔滨分公司发包、哈尔滨××规划设计院设计、哈尔滨××通信工程公司承建的光明路通信管道工程。工程相关人员如下。

甲方（××电信哈尔滨分公司）：网络建设发展部主管部长刘民义、工程主管王希才。

乙方（哈尔滨××通信工程公司）：工程项目经理王大力、施工队长徐民。

设计方（哈尔滨××规划设计院）：设计员陈拓。

监理方（哈尔滨××通信工程监理公司）：总监王利、线路部主任徐涛、监理员张九月、内业部洪娟。

（2）工程监理过程

为了方便阅读，以工程施工时间为顺序，介绍工程监理情况。

5月9日：电信分公司工程主管王希才与总监王利通电话，对该工程进行了简单的介绍，并通知王利参加明天召开的工程设计交底会。

5月10日：在电信分公司四楼会议室，参加人员有甲方（刘民义、王希才）、监理方（王利、徐涛、张九月）、乙方（王大力、徐民）和设计院（陈拓）等相关人员，会议由刘民义部长主持，会议内容如下。

刘部长对该工程的重要性进行说明，并规定工程必须在6月15日之前完工。

设计员陈拓对设计文件进行设计交底，并对本工程中涉及特殊工艺要求的地方（主要有：涵洞顶管一处，20~24#段全部人孔做内外防水）进行说明。

监理方徐涛说明监理要求，强调开工报告审签条件和流程；施工现场围、挡板数量要足够，以确保施工安全；现场要有专职资料员，对每日工程量汇总，现场交由监理人员签认等。

施工方项目经理王大力提出因为时间较为紧迫，有些后续手续还没办完，要求先开工，同时办手续。

注：施工手续包括规划局许可证，市政、道路、园林、供排水、煤气、热力网、电力和其他运营商的各种签字、审批手续。手续应该由建设单位自己办理，但建设单位常将手续委托给施工方办理。

5月13日：监理方线路部主任徐涛收到开工报告，审验完各种手续和施工方资质后，签章同意开工并报请甲方（建设方）批准。

5月14日：现场监理张九月与施工方工程项目经理王大力一同进行路由复测，并在现场就设计文件中不详、不实之处一一做记录，提出小的修改建议，出具工程变更申请报请甲方同意，同时开挖管道沟工作开始。

5 月 15 日：现场监理张九月指出挖沟时放坡系数不够，有塌方的危险，口头告之要加大放坡系数，对于无作业空间的特殊地段，要求用挡土板支撑。

5 月 16 日：上午下雨停工。下午雨停复工。监理张九月检查料场中管材的规格（材料由甲方提供）。

5 月 17 日：已完成 1 ~ 3#人孔的挖沟作业，经测量沟深合格后，监理同意进行下道工序——敷设管材。

注：按哈尔滨市政要求，每次开挖只能破路面 300m，相当于 3 个人孔井段，这 300m 完工并回填夯实、恢复路面原貌（由市政施工队进行施工）之后，才可进行下个工段的施工。

5 月 18 日：4#井位于一仓买店门前，店主不同意施工，施工队长徐民与其交涉后，妥善解决。监理张九月发现 5#井坑尺寸不足，成井后将无法达到设计尺寸要求，故下达监理指令要求施工方立即整改。当日，监理将开工以来的进度情况，报送本公司内业员洪娟，以制作监理周报，上报××电信哈尔滨分公司。

5 月 19 日：第一工段施工完毕，监理张九月召集一次工地例会，就本段工程施工中出现的几个问题与施工方沟通、交换看法，双方达成一致。张九月指出下一段的两个人孔井按设计，要求做重点防水（每个人孔井的内外抹灰都有一定防水功能，重点防水还需要使用防水材料)，防水材料要提前准备到位。另外，按目前进度，如期完工较困难，要求施工方采取预制人孔上覆的方法，以加快施工进度。

同日，哈尔滨市政人员对第一段工程进行管道沟水撼沙（填沙、浇水、再填沙）回填，并同意下段施工。

5 月 20 日：第二段管道已开挖 100m，现场监理张九月要求施工方加派人手，并由施工方申请市政有关部门同意在管道线路两头同时施工后，进度明显加快。期间，监理张九月抽查混凝土配比，及人孔井基础钢筋用量，未发现问题。

5 月 22 ~ 28 日：全部工程已完工近 80%，监理张九月提醒施工队长，提前组织专业顶管队伍进行涵洞顶管作业，以免耽误工期。

5 月 29 日上午：××电信哈尔滨分公司工程主管王希才到工地检查，对已完成工程及人孔井工艺表示满意，并叮嘱注意施工安全。

5 月 29 日中午：施工队长徐民找到监理张九月，询问是否能帮忙找到顶管队伍，原来谈好的那家顶管队伍出现变化。张九月立即帮助联系顶管队伍，并帮助施工方将顶管费用谈妥，施工方很感激。

5 月 30 日：顶管工作开始。同时对已完成的人孔井进行内壁处理（挂支架、处理窗口等)。下午城管大队王队长带人来要求停工，原来由于抢进度，夜间使用风镐施工，扰民被举报，施工队长徐民保证不在夜间使用风镐等机械，化解了矛盾。

5 月 31 日：监理张九月发现有两处人孔的窗口处，未加钢筋底帘，责问施工队长徐民并令其返工整改。鉴于开工以来双方一直配合相处融洽，故未下书面监理指令。同时管道沟已全线开挖完毕。

6 月 1 日：4 个井段清沟（由于下雨，沟内有杂物)，敷设管道。

6 月 2 日：下雨停工，监理张九月整理监理资料。

6月3日：雨停，人孔井继续施工。

6月4日：当人孔井位坑开挖到1.2m深处，挖到建筑垃圾，施工方要求监理签加工程费。监理张九月留存现场照片后，签认隐蔽工程量。

6月5日夜：监理张九月路过施工现场时，偶然发现有一处未完工井坑的外护板及照明设施损坏，电话通知施工队长徐民马上派人维护，以免出现行人坠井事件。

6月7日：监理张九月发现管材质量不好（管壁薄，有毛刺等），通知施工队暂时不用这批管材，并向甲方主管王希才汇报情况（因为是甲方供材）。下午更换一批合格的管材后，施工继续进行。

6月8日：哈尔滨市××区为配合市政府举办的第12届观光节而进行街道市容大检查，要求该工程6月9~12日停工。当日，监理方、施工方和建设方共同开会，同意以增加夜间施工费和机械台班费的方式对施工方予以补偿，从而要求节后24h不间断施工，以保证工期。

6月9~12日：停工。

6月13~15日：24h不间断施工，工程如期完工。

6月16日：进行洗刷管道、喷井号等收尾工作，同时上报竣工验收申请，由现场监理张九月和总监王利签字后，上报××电信哈尔滨分公司工程主管王希才。

6月18日：建设方组织由维护单位、施工监理公司参加竣工初验，并对初验发现的问题一一记录，要求整改完成后再进行工程终验。

6月19日：工程整改。

6月20日：工程终验顺利完成。

**5. 实训报告**

1）说明工程概况。

2）分析工程质量。

3）分析监理现场例会的内容。

4）说明通信管道工程的监理要点。

5）监理工程师如何进行现场管理，结合个人感受谈经验得失。

6）对于管道工程而言，安全隐患有哪些（施工人员的、工程的）？

7）管道监理中，哪些是应旁站的？

## 6.5 习题

1. 名词解释：

| | | |
|---|---|---|
| （1）通信工程监理 | （2）进度控制 | （3）投资控制 |
| （4）施工预算 | （5）工程计量 | （6）竣工决算 |

2. 填空题：

（1）建设工程委托监理合同中，工程概况包括________、________、________和总投资。

（2）投资控制事后控制的主要工作是竣工结算编制、________、竣工项目回访与________。

（3）工程协调的依据主要是各种涉及工程建设的________和有关________及文件。

（4）监理指令是进行工程协调的手段，包括________、暂停令、________和现场指令等。

（5）编写完工报告应在工程初验后________，总体工程验收后________。

3. 为什么要实施通信工程监理？

4. 建设工程委托监理合同由哪些部分组成？

5. 监理规划的编制依据是什么？

6. 简要说明通信工程安全控制的要点。

7. 如何做好质量控制的事前控制？

8. 进度控制的事后控制方法有哪些？

9. 投资控制的事中控制措施是什么？

10. 说明工程协调的意义及主要方法。

11. 如何审查施工单位的工程项目结算？

# 第 7 章　通信工程概预算综合实训

## 本章要点

- 通信工程工程量的计算
- 工程费用的计取
- 通信工程概预算文件的编写

## 7.1　概预算文件的编制

建设工程项目的设计概预算是初步设计概算和施工图设计预算的统称，是根据各个不同设计阶段的深度和建设内容，按照国家主管部门颁发的概预算定额，设备、材料价格，编制方法、费用标准等有关规定，对通信建设项目、单项工程按实物工程量法预先计算和确定的全部费用文件，是设计文件的重要组成部分。设计概预算是工程的计划价格，对工程项目设计概预算的管理和控制，即是对建设工程实行科学管理和监督的一种重要手段。设计的概预算是以初步设计和施工图设计为基础编制的，不仅是考核设计方案的经济性和合理性的重要指标，而且也是确定建设项目建设计划、签订合同、办理贷款、进行竣工决算和考核工程造价的主要依据。

及时、准确地编制出工程概预算，对加强建设项目管理，提高建设项目投资的社会效益、经济效益有着重要意义，也是加强建设项目管理的重要内容。

### 7.1.1　概预算文件的组成

概预算文件由编制说明和概预算表组成。

**1. 编制说明**

编制说明一般由工程概况、编制依据、投资分析和其他需要说明的问题 4 部分组成。

(1) 工程概况

工程概况说明项目规模、用途、概预算总价值、产品品种、生产能力、公用工程及项目外工程的主要情况等。

(2) 编制依据

编制依据主要说明编制时依据的技术、经济条件、各种定额、材料设备价格、地方政府的有关规定和主管部门未作统一规定的费用计算依据和说明。

(3) 投资分析

投资分析主要说明各项投资的比例及类似工程投资额的比较、分析投资额高的原因、工程设计的经济合理性、技术的先进性及其适宜性等。

(4) 其他需要说明的问题

其他需要说明的问题，如建设项目的特殊条件和特殊问题，需要上级主管部门和有关部门帮助解决的其他有关问题等。

**2. 概预算文件表格**

通信工程概预算表格全套包括建设项目总概预算表（汇总表）、工程概预算总表（表一）、建筑安装工程费用概预算表（表二）、建筑安装工程量概预算表（表三）甲、建筑安装工程施工机械使用费概预算表（表三）乙、建筑安装工程施工仪器仪表使用费概预算表（表三）丙、国内器材概预算表（表四）甲、引进器材概预算表（表四）乙、工程建设其他费概预算表（表五）甲、引进设备工程建设其他费用概预算表（表五）乙共5种10张表格。下面分别说明各表格的填写方法。

（1）建设项目总概预算表（汇总表）

建设项目总概预算表（汇总表）供编制建设项目总概预算使用，建设项目的全部费用在该表（如表7-1所示）中汇总。

**表7-1 建设项目总概预算表**（汇总表）

建设项目名称： 建设单位名称： 表格编号： 第 页

| 序号 | 表格编号 | 单项工程名称 | 小型建筑工程费 | 需要安装的设备费 | 不需安装的设备、工器具费 | 建筑安装工程费 | 预备费 | 其他费用 | 总价值 | | 生产准备及开办费 |
|---|---|---|---|---|---|---|---|---|---|---|---|
| | | | /元 | | | | | | 人民币/元 | 其中外币/() | /元 |
| Ⅰ | Ⅱ | Ⅲ | Ⅳ | Ⅴ | Ⅵ | Ⅶ | Ⅷ | Ⅸ | Ⅹ | Ⅺ | Ⅻ |
| | | | | | | | | | | | |
| | | | | | | | | | | | |
| | | | | | | | | | | | |
| | | | | | | | | | | | |

设计负责人： 审核： 编制： 编制日期： 年 月

汇总表填写方法如下：

1）第Ⅱ栏根据各工程相应总表（表一）编号填写。

2）第Ⅲ栏根据建设项目的各工程名称依次填写。

3）第Ⅳ～Ⅸ栏根据工程项目的概算或预算（表一）相应各栏的费用合计填写。

4）第Ⅹ栏为第Ⅳ～Ⅸ栏的各项费用之和。

5）第Ⅺ栏填写以上各列费用中以外币支付的合计。

6）第Ⅻ栏填写各工程项目需单列的“生产准备及开办费”金额。

7）当工程有回收金额时，应在费用项目总计下列出“其中回收费用”，其金额填入第Ⅸ栏。此费用不冲减总费用。

（2）工程概预算总表（表一）

工程概预算总表（表一）供编制单项（单位）工程概预算之用，单项（单位）工程的全部费用在该表中（如表7-2所示）汇总。

表 7-2 工程概预算总表（表一）

建设项目名称：

工程名称： 建设单位名称： 表格编号： 第 页

| 序号 | 表格编号 | 费用名称 | 小型建筑工程费 | 需要安装的设备费 | 不需要安装的设备、工器具费 | 建筑安装工程费 | 其他费用 | 总价值 | |
|---|---|---|---|---|---|---|---|---|---|
| | | | | | /元 | | | 人民币/元 | 其中外币/( ) |
| Ⅰ | Ⅱ | Ⅲ | Ⅳ | Ⅴ | Ⅵ | Ⅶ | Ⅷ | Ⅸ | Ⅹ |
| | | | | | | | | | |
| | | | | | | | | | |
| | | | | | | | | | |
| | | | | | | | | | |

设计负责人： 审核： 编制： 编制日期： 年 月

表一的填写方法如下：

1）表首“建设项目名称”填写立项工程项目全称。

2）第Ⅱ栏根据本工程各类费用概预算表格编号填写。

3）第Ⅲ栏根据本工程概预算各类费用名称填写。

4）第Ⅳ～Ⅷ栏根据相应各类费用合计填写。

5）第Ⅸ栏为第Ⅳ～Ⅷ栏之和。

6）第Ⅹ栏填写本工程引进技术和设备所支付的外币总额。

7）当工程有回收金额时，应在费用项目总计下列出“其中回收费用”，其金额填入第Ⅷ栏。此费用不冲减总费用。

（3）建筑安装工程费用概预算表（表二）

建筑安装工程费用概预算表（表二）主要统计建筑安装工程费用，需要（表三）甲提供工日、（表三）乙提供机械使用费、（表三）丙提供仪器仪表使用费、表四提供材料费，如表 7-3 所示。

表二的填写方法如下：

1）第Ⅲ栏根据《通信工程费用定额》相关规定，填写第Ⅱ栏各项费用的计算依据和方法。

2）第Ⅳ栏填写第Ⅱ栏各项费用的计算结果。

（4）建筑安装工程量概预算（表三）甲

建筑安装工程量概预算表（表三）甲供编制工程量，并计算技工和普工总工日数量使用，如表 7-4 所示。

（表三）甲填写方法如下：

1）第Ⅱ栏根据《通信工程预算定额》，填写所套用预算定额子目的编号。若需临时估列工作内容子目，在本栏中标注“估列”两字；两项以上“估列”条目，应编列序号。

2）第Ⅲ、Ⅳ栏根据《通信建设预算定额》分别填写所套定额子目的名称、单位。

3）第Ⅴ栏填写根据定额子目的工作内容所计算出的工程量数值。

**表 7-3　建筑安装工程费用概预算表（表二）**

工程名称：　　建设单位名称：　　表格编号：　　第　页

| 序号 | 费用名称 | 依据和计算方法 | 合计/元 | 序号 | 费用名称 | 依据和计算方法 | 合计/元 |
|---|---|---|---|---|---|---|---|
| Ⅰ | Ⅱ | Ⅲ | Ⅳ | Ⅰ | Ⅱ | Ⅲ | Ⅳ |
| | 建筑安装工程费 | | | 8 | 夜间施工增加费 | | |
| 一 | 直接费 | | | 9 | 冬雨期施工增加费 | | |
| （一） | 直接工程费 | | | 10 | 生产工具用具使用费 | | |
| 1 | 人工费 | | | 11 | 施工用水电蒸气费 | | |
| （1） | 技工费 | | | 12 | 特殊地区施工增加费 | | |
| （2） | 普工费 | | | 13 | 已完工程及设备保护费 | | |
| 2 | 材料费 | | | 14 | 运土费 | | |
| （1） | 主要材料费 | | | 15 | 施工队伍调遣费 | | |
| （2） | 辅助材料费 | | | 16 | 大型施工机械调遣费 | | |
| 3 | 机械使用费 | | | 二 | 间接费 | | |
| 4 | 仪表使用费 | | | （一） | 规费 | | |
| （二） | 措施费 | | | 1 | 工程排污费 | | |
| 1 | 环境保护费 | | | 2 | 社会保障费 | | |
| 2 | 文明施工费 | | | 3 | 住房公积金 | | |
| 3 | 工地器材搬运费 | | | 4 | 危险作业意外伤害保险费 | | |
| 4 | 工程干扰费 | | | （二） | 企业管理费 | | |
| 5 | 工程点交、场地清理费 | | | 三 | 利润 | | |
| 6 | 临时设施费 | | | 四 | 税金 | | |
| 7 | 工程车辆使用费 | | | | | | |

设计负责人：　　审核：　　编制：　　编制日期：　　年　月

**表 7-4　建筑安装工程量概预算表（表三）甲**

工程名称：　　建设单位名称：　　表格编号：　　第　页

| 序号 | 定额编号 | 项目名称 | 单位 | 数量 | 单位定额值 | | 合计值 | |
|---|---|---|---|---|---|---|---|---|
| | | | | | 技工 | 普工 | 技工 | 普工 |
| Ⅰ | Ⅱ | Ⅲ | Ⅳ | Ⅴ | Ⅵ | Ⅶ | Ⅷ | Ⅸ |
| | | | | | | | | |
| | | | | | | | | |
| | | | | | | | | |
| | | | | | | | | |

设计负责人：　　审核：　　编制：　　编制日期：　　年　月

4）第Ⅵ、Ⅶ栏填写所套定额子目的工日单位定额值。

5）第Ⅷ栏为第Ⅴ栏与第Ⅵ栏的乘积。

6）第Ⅸ栏为第Ⅴ栏与第Ⅶ栏的乘积。

（5）建筑安装工程施工机械使用费概预算表（表三）乙

建筑安装工程施工机械使用费概预算表（表三）乙，供编制本工程所列的机械费用汇总使用，如表 7-5 所示。

**表 7-5　建筑安装工程施工机械使用费概预算表（表三）乙**

工程名称：　　建设单位名称：　　表格编号：　　第　页

| 序号 | 定额编号 | 项目名称 | 单位 | 数量 | 机械名称 | 单位定额值 | | 合计值 | |
|---|---|---|---|---|---|---|---|---|---|
| | | | | | | 数量/台班 | 单价/元 | 数量/台班 | 合价/元 |
| Ⅰ | Ⅱ | Ⅲ | Ⅳ | Ⅴ | Ⅵ | Ⅶ | Ⅷ | Ⅸ | Ⅹ |
| | | | | | | | | | |
| | | | | | | | | | |
| | | | | | | | | | |
| | | | | | | | | | |

设计负责人：　　审核：　　编制：　　编制日期：　　年　月

（表三）乙填写方法如下：

1）第Ⅱ、Ⅲ、Ⅳ和Ⅴ栏分别填写所套用定额子目的编号、名称、单位以及该子目工程量数值。

2）第Ⅵ、Ⅶ栏分别填写定额子目所涉及的机械名称及此机械台班的单位定额值。

3）第Ⅷ栏填写根据《通信工程施工机械、仪表台班费用定额》查找到的相应机械台班单价值。

4）第Ⅸ栏填写第Ⅶ栏与第Ⅴ栏的乘积。

5）第Ⅹ栏填写第Ⅷ栏与第Ⅸ栏的乘积。

（6）建筑安装工程施工仪器仪表使用费概预算表（表三）丙

建筑安装工程施工仪器仪表使用费概预算表（表三）丙，供编制本工程所列的仪表费用汇总使用，如表 7-6 所示。

**表 7-6　建筑安装工程施工仪器仪表使用费概预算表（表三）丙**

工程名称：　　建设单位名称：　　表格编号：　　第　页

| 序号 | 定额编号 | 项目名称 | 单位 | 数量 | 仪表名称 | 单位定额值 | | 合计值 | |
|---|---|---|---|---|---|---|---|---|---|
| | | | | | | 数量/台班 | 单价/元 | 数量/台班 | 合价/元 |
| Ⅰ | Ⅱ | Ⅲ | Ⅳ | Ⅴ | Ⅵ | Ⅶ | Ⅷ | Ⅸ | Ⅹ |
| | | | | | | | | | |
| | | | | | | | | | |
| | | | | | | | | | |
| | | | | | | | | | |

设计负责人：　　审核：　　编制：　　编制日期：　　年　月

（表三）丙填写方法与（表三）乙基本相同。

（7）国内器材概预算表（表四）甲

国内器材概预算表（表四）甲，供编制本工程的主要材料、设备和工器具的数量和费用使用，如表 7-7 所示。

**表 7-7 国内器材概预算表（表四）甲**

（ 表）

工程名称： 建设单位名称： 表格编号： 第 页

| 序号 | 名称 | 规格程式 | 单位 | 数量 | 单价/元 | 合计/元 | 备 注 |
|---|---|---|---|---|---|---|---|
| Ⅰ | Ⅱ | Ⅲ | Ⅳ | Ⅴ | Ⅵ | Ⅶ | Ⅷ |
| | | | | | | | |
| | | | | | | | |
| | | | | | | | |
| | | | | | | | |

设计负责人： 审核： 编制： 编制日期： 年 月

（表四）甲填写方法如下：

1）表格标题下面括号内根据需要填写主要材料或需要安装的设备或不需要安装的设备、工器具、仪表。

2）第Ⅱ、Ⅲ、Ⅳ、Ⅴ、Ⅵ栏分别填写主要材料或需要安装的设备或不需要安装的设备、工器具、仪表的名称、规格程式、单位、数量和单价。

3）第Ⅶ栏填写第Ⅵ栏与第Ⅴ栏的乘积。

4）第Ⅷ栏填写主要材料或需要安装的设备或不需要安装的设备、工器具、仪表需要说明的有关问题。

5）依次填写需要安装的设备或不需要安装的设备、工器具、仪表之后，还需填写小计、运杂费、运输保险费、采购及保管费、采购代理服务费、合计。

6）用于主要材料表时，应将主要材料分类后，计取运杂费、运输保险费、采购及保管费、采购代理服务费等相关费用，然后进行总计。

（8）引进器材概预算表（表四）乙

引进器材概预算表（表四）乙，供编制引进工程的主要材料、设备和工器具的数量和费用使用，如表 7-8 所示。

**表 7-8 引进器材概预算表（表四）乙**

（ 表）

工程名称： 建设单位名称： 表格编号： 第 页

| 序号 | 中文名称 | 外文名称 | 单位 | 数量 | 单 价 | | 合 价 | |
|---|---|---|---|---|---|---|---|---|
| | | | | | 外币/( ) | 折合人民币/元 | 外币/( ) | 折合人民币/元 |
| Ⅰ | Ⅱ | Ⅲ | Ⅳ | Ⅴ | Ⅵ | Ⅶ | Ⅷ | Ⅸ |
| | | | | | | | | |
| | | | | | | | | |
| | | | | | | | | |
| | | | | | | | | |

设计负责人： 审核： 编制： 编制日期： 年 月

（表四）乙填表方法如下：

1）表格标题下面括号内根据需要填写引进主要材料或引进需要安装的设备或引进不需要安装的设备、工器具、仪表。

2）第Ⅵ、Ⅶ、Ⅷ和Ⅸ栏分别填写外币金额及折算人民币的金额，并按引进工程的有关规定填写相应费用。其他填写方法与（表四）甲基本相同。

（9）工程建设其他费概预算表（表五）甲

工程建设其他费概预算表（表五）甲，供编制国内工程计列的工程建设其他费使用，如表 7-9 所示。

**表 7-9　工程建设其他费概预算表（表五）甲**

工程名称：　　　　　　　　　　　建设单位名称：　　　　　　　　表格编号：　　　　　　　　第　页

| 序号 | 费 用 名 称 | 计算依据及方法 | 金额/元 | 备　注 |
|---|---|---|---|---|
| Ⅰ | Ⅱ | Ⅲ | Ⅳ | Ⅴ |
| 1 | 建设用地及综合赔补费 | | | |
| 2 | 建设单位管理费 | | | |
| 3 | 可行性研究费 | | | |
| 4 | 研究试验费 | | | |
| 5 | 勘察设计费 | | | |
| 6 | 环境影响评价费 | | | |
| 7 | 劳动安全卫生评价费 | | | |
| 8 | 建设工程监理费 | | | |
| 9 | 安全生产费 | | | |
| 10 | 工程质量监督费 | | | |
| 11 | 工程定额测定费 | | | |
| 12 | 引进技术及引进设备其他费 | | | |
| 13 | 工程保险费 | | | |
| 14 | 工程招标代理费 | | | |
| 15 | 专利及专利技术使用费 | | | |
| | 总计 | | | |
| 16 | 生产准备及开办费（运营费） | | | |
| | | | | |
| | | | | |

设计负责人：　　　　　　　　审核：　　　　　　　　编制：　　　　　　　　编制日期：　　　年　　月

（表五）甲填写方法如下：

1）第Ⅲ栏根据《通信工程费用定额》相关费用的计算规则填写。

2）第Ⅴ栏根据需要填写补充说明的内容事项。

（10）引进设备工程建设其他费用概预算表（表五）乙，如表 7-10 所示。

**表 7-10　引进设备工程建设其他费用概预算表（表五）乙**

工程名称：　　　　　　　　　　　建设单位名称：　　　　　　　　表格编号：　　　　　　　　第　页

| 序号 | 费用名称 | 计算依据及方法 | 金　额 | | 备　注 |
|---|---|---|---|---|---|
| | | | 外币/( ) | 折合人民/元 | |
| Ⅰ | Ⅱ | Ⅲ | Ⅳ | Ⅴ | Ⅵ |
| | | | | | |
| | | | | | |
| | | | | | |
| | | | | | |

设计负责人：　　　　　　　　审核：　　　　　　　　编制：　　　　　　　　编制日期：　　　年　　月

（表五）乙填写方法如下：

1）本表供编制引进工程计列的工程建设其他费。

2）第Ⅲ栏根据国家及主管部门的相关规定填写。

3）第Ⅳ、Ⅴ栏分别填写各项费用所需计列的外币与人民币数值。

4）第Ⅵ栏根据需要填写补充说明的内容事项。

### 7.1.2 编制程序

编制概预算文件时，先要收集资料，熟悉工程设计图样，计算出工程量；再套用定额确定主材使用量，依据费用定额计算各项费用；经过复核无误后，编写工程说明，最后经主管领导审核、签字后印刷出版。

（1）收集资料，熟悉图样

在编制概预算前，针对工程具体情况和所编概预算内容收集有关资料，包括概预算定额、费用定额以及材料、设备价格等。对施工图进行一次全面的检查，检查图样是否完整、检查各部分尺寸是否有误、有无施工说明等，重点要明确设计意图。

（2）计算工程量

工程量是编制概预算的基本数据，计算的准确与否直接影响到工程造价的准确度。工程量计算时要注意以下几点。

1）要先熟悉设计图样的内容和相互关系，注意有关标注和说明。

2）计算的单位一定要与编制概预算时所依据的概预算定额单位相一致。

3）要防止误算、漏算和重复计算，最后将同类项加以合并，并编制工程量汇总表。

（3）套用定额

工程量经复核无误后，方可套用定额确定主材使用量。套用定额时应该核对工程内容与定额内容是否一致，以防误套。

（4）计算各项费用

根据费用定额的计算规则、标准分别计算各项费用，并按通信工程概预算表格的填写要求填写表格。

（5）复核

对上述表格内容进行一次全面检查。检查所列项目、工程量、计算结果、套用定额、选用单价、费用定额的使用标准以及计算数值等是否正确。

（6）编写说明

复核无误后，进行对比、分析，撰写编制说明。凡概预算表格不能反映的一些事项以及编制中必须说明的问题，都应用文字表达出来，以供审批单位审查。

### 7.1.3 概预算文件的审核

审查工程概预算的目的是核实工程概算、预算的造价。由于通信工程涉及面广，计价依据繁多，情况复杂，在审核过程中，要严格按照国家有关工程项目建设的方针、政策和规定对费用实事求是地逐项核实。

**1. 设计概算的审查**

审查设计概算是一项政策性、技术性强而又复杂细致的工作。通常，概算的审查包括以下主要内容。

（1）设计概算编制依据的审查

审查设计概算的编制是否符合初步设计规定的技术经济条件及其有关说明，是否遵守国家规定的有关定额、指标价格取费标准及其他有关规定等，同时应注意审查编制依据的适用范围和时效性。

（2）工程量的审查

工程量是计算工程直接费的重要依据。工程直接费在概算造价中起相当重要的作用。因此，审查工程量，纠正其差错，对提高概算编制质量，节约项目建设资金很重要。审查时的主要依据是初步设计图样、概算定额及工程量计算规则等。审查工程量时必须注意以下几点。

1）有否漏算、重算和错算，定额和单价的套用是否正确。

2）计算工程量所采用的各个工程及其组成部分的数据，是否与设计图样上标注的数据及说明相符。

3）工程量计算方法及计算公式是否与计算规则和定额规定相符。

（3）对使用相关定额计费标准及各项费用的审查

1）直接套用定额是否正确。

2）定额的项目可否换算，换算是否正确。

3）临时定额是否正确、合理、符合现行定额的编制依据和原则。

4）材料预算价格的审查。主要审查材料原价和运输费用，并根据设计文件确定的材料耗用量，重点审查耗用量较大的主要材料。

5）间接费的审查。审查间接费时应注意以下几点：

① 间接费的计算基础、所取费率是否符合规定，是否套错。

② 间接费中的项目应以工程实际情况为准，没有发生的就不要计算。

③ 所用间接费定额是否与工程性质相符，即属于什么性质的工程，就执行与之配套的间接费定额。

6）其他费用的审查。主要审查计费基础和费率及计算数值是否正确。

7）设备及安装工程概算的审查。根据设备清单审查设备价格、运杂费和安装费用的计算是否正确。标准设备的价格以各级规定的统一价格为准；非标准设备的价格应审查其估价依据和估价方法等；设备运杂费率应按主管部门或地方规定的标准执行；进口设备的费用应按设备费用各组成部分及我国设备进口公司、外汇管理局、海关等有关部门的规定执行。对设备安装工程概算，应审查其编制依据和编制方法等。另外，还应审查计算安装费的设备数量及种类是否符合设计要求。

8）项目总概算的审查。审查总概算文件的组成是否完整，是否包括了全部设计内容，概算反映的建设规模、建筑标准投资等是否符合设计文件的要求，概算内投资是否包括了项目从筹建至竣工投产所需的全部费用，是否把设计以外的项目计入概算内多列投资，定额的使用是否符合规定，各项技术经济指标的计算方法和数值是否正确，概算文件中的单位造价与类似工程的造价是否相符或接近，如不符且差异过大时，应审查初步设计与采用的概算定额是否相符。

**2. 施工图预算的审查**

审查施工图预算，首先要做好审查预算所依据的有关资料的准备工作，如施工图、有关标准、各类预算定额、费用标准和图样会审记录等。尤其要熟悉施工图样，因为施工图是审查施工图预算各项数据的依据。审查时，应建立完整的审查档案，做好预算审查的原始记录，整理出完备的工程量计算说明书。对审查中发现的差错，应与预算编制单位协商，做相应的增加或削减处理，统一意见后，对施工图预算进行相应的调整，并编制施工图预算调整表，将调整结果逐一填入作为审核档案。

审查施工图预算时，应重点对工程量、定额套用、定额换算、补充单价及各项计取费用是否合适等内容进行审查。

（1）工程量的审查

应检查预算工程量的计算是否遵守计算规则，预算定额的分项工程项目的划分，是否有重算、漏算及错算等。例如：审核土方工程，应注意地槽与地坑是否应该放坡、支挡土板或加工作业面放坡系数及加宽是否正确，挖土方工程量计算是否符合定额计算规定和施工图样中标示的尺寸，地槽、地坑回填的体积是否扣除了基础所占体积，运土方数是否扣除了就地回填的土方数等。

（2）套用预算定额的审查

审查预算定额套用的正确性，是施工图预算审查的主要内容之一。如套错预算定额就会影响施工图预算的准确性，审查时应注意以下几点：

1）审核预算中所列预算分项工程的名称、规格、计量单位与预算定额所列的项目内容是否一致，定额的套用是否正确，有否套错。

2）审查预算定额中，已包括的项目是否又另列而进行了重复计算。

（3）临时定额和定额换算的审查

对临时定额应审核其是否符合编制原则，编制所用人工单价标准、材料价格是否正确，人工工日、机械台班的计算是否合理。对定额工日数量和单价的换算应审查换算的分项工程是否是定额中允许换算的，其换算依据是否正确。

（4）各项计取费用的审查

费率标准与工程性质、承包方式、施工企业级别和工程类别是否相符，计取基础是否符合规定。计划利润和税金应注意审查计取基础和费率是否符合现行规定。

## 7.2 预算文件编制实例

### 7.2.1 长途干线管道穿光缆一阶段设计预算

**1. 已知条件**

1）本工程为××长途干线管道穿光缆工程，设计为一阶段设计预算。

2）施工地点在城区，施工企业距施工现场24km。

3）设计图样及说明：××长途干线管道穿光缆工程示意图，如图7-1所示。

图样说明如下。

① 管道光缆路由长度数据，均为人孔中心到人孔中心的直线距离。

② 采用36芯管道单模光缆GYTA-36B1。

③ 光缆接头点在5#人孔内。另一侧光缆接续的长度不在本工程内计取。

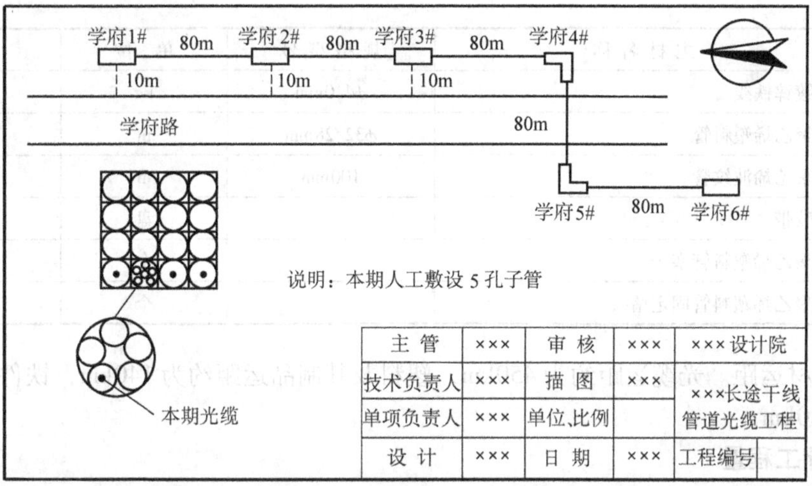


图7-1 ×××长途干线管道穿光缆工程示意图

④ 光缆及子管（5孔）敷设方式为人工敷设。

⑤ 每个人孔内均有积水。

⑥ 敷设子管（5孔）长度，按管道路由长度取定，不再计取材料损耗量。

⑦ 光缆预留量取定如下：5#人孔为接续割接点，光缆预留25m；其余人孔各预留1m（弯曲增长预留）；管道光缆的自然弯曲系数，取定为0.5%。

4）不考虑光缆中继测试。

5）建设用地及综合赔补费总计1400元。

6）施工用水电蒸汽费按300元计取，劳动安全卫生评价费按400元计取。

7）计算建设单位管理费时计费基础为建筑安装工程工程费。

8）本工程不计取已完工程及设备保护费、运土费、工程排污费、可行性研究费、研究试验费、环境影响评价费、工程保险费、工程招标代理费、专利及专用技术使用费、生产准备及开办费，没有引进技术和引进设备。

9）主材不计取采购代理服务费。主材原价按××市电信管理物资处编制的《电信工程概算、预算常用电信器材基础价格目录》取定。本工程用的设备主材单价表如表7-11所示。

**表7-11 设备主材单价表**

| 序 号 | 主材名称 | 规格型号 | 单 位 | 单价/元 |
|---|---|---|---|---|
| 1 | 单模光缆 | GYTA-36B1 | m | 5.97 |
| 2 | 光缆接头盒 | 36芯直通（圆形） | 套 | 90.38 |
| 3 | 光缆接续器材 | | 套 | 15.00 |
| 4 | 光缆托板 | 二线 | 块 | 3.05 |
| 5 | 托板垫 | | 块 | 6.80 |
| 6 | 镀锌铁线 | $\phi$1.5mm | kg | 5.50 |

（续）

| 序　号 | 主材名称 | 规格型号 | 单　位 | 单价/元 |
|---|---|---|---|---|
| 7 | 镀锌铁线 | $\phi$4.0mm | kg | 5.50 |
| 8 | 聚乙烯塑料管 | $\phi$32/28mm | m | 9.38 |
| 9 | 聚乙烯波纹管 | 100mm | m | 5.70 |
| 10 | 胶带 | | 盘 | 4.50 |
| 11 | 聚乙烯塑料管塞子 | | 个 | 1.04 |
| 12 | 聚乙烯塑料管固定堵头 | | 个 | 1.04 |

10）主材运距。光缆运距约为450km，塑料及其制品运距约为140km，铁件及其他主材运距约为120km。

**2. 统计工程量**

通过对工程设计图样及说明的分析，该工程为通信线路工程的敷设管道光（电）缆。结合工程示意图，工程量的计算过程如下。

1）光缆施工测量工程量（单位：100m）：光缆路由的长度 = 80m × 5 = 400m = 4.0（100m）

2）敷设光（电）缆人孔抽积水工程量（单位：个）：数量 = 5 个

3）人工敷设塑料子管（5孔子管）工程量（单位：km）：数量 = 0.4km

4）人工敷设管道光缆工程量（单位：千米条）：

$$光缆敷设长度 = 400 \times (1 + 0.5\%) + 25 + 5 = 0.432(千米条)$$

5）长途光缆接续工程量（单位：头）：数量 = 1 头

根据以上统计计算，并查阅表 A-8、表 A-18 ~ 表 A-23。工程量汇总如表 7-12 所示。

**表 7-12　工程量汇总**

| 序　号 | 定额编号 | 工程量名称 | 单　位 | 数　量 |
|---|---|---|---|---|
| 1 | TXL1-003 | 管道光（电）工程施工测量 | 100m | 4.000 |
| 2 | TXL4-005 | 人工敷设塑料子管（5孔子管） | km | 0.400 |
| 3 | TXL4-006 | 布放光（电）缆人孔抽水（积水） | 个 | 5.000 |
| 4 | TXL4-010 | 敷设管道光缆（36芯以下） | 千米条 | 0.432 |
| 5 | TXL5-003 | 光缆接续（36芯以下） | 头 | 1.000 |

**3. 填写（表三）甲、（表三）乙和（表三）丙**

根据工程量汇总表中的定额，参照附录 B 中的机械、仪表台班单价定额，分别填写（表三）甲、（表三）乙和（表三）丙。

1）建筑安装工程量预算表（表三）甲，表格编号为 GL3J，如表 7-13 所示。

2）建筑安装工程施工机械使用费预算表（表三）乙，表格编号为 GL3Y，如表 7-14 所示。

3）建筑安装工程施工仪器仪表使用费预算表（表三）丙，表格编号为 GL3B，如表 7-15所示。

**表 7-13　建筑安装工程量预算表（表三）甲**

工程名称：×××长途干线管道穿光缆工程　　建设单位名称：×××电信局　　表格编号：GL3J　　第　页

| 序号 | 定额编号 | 项目名称 | 单位 | 数量 | 单位定额值 | | 合计值 | |
|---|---|---|---|---|---|---|---|---|
| | | | | | 技工 | 普工 | 技工 | 普工 |
| Ⅰ | Ⅱ | Ⅲ | Ⅳ | Ⅴ | Ⅵ | Ⅶ | Ⅷ | Ⅸ |
| 1 | TXL1-003 | 管道光（电）工程施工测量 | 100m | 4.000 | 0.50 | 0.00 | 2.00 | 0.00 |
| 2 | TXL4-005 | 人工敷设塑料子管（5孔子管） | km | 0.400 | 14.58 | 27.66 | 5.83 | 11.06 |
| 3 | TXL4-006 | 布放光（电）缆人孔抽水（积水） | 个 | 5.000 | 0.00 | 1.0 | 0.00 | 5.00 |
| 4 | TXL4-010 | 敷设管道光缆（36芯以下） | 千米条 | 0.432 | 13.66 | 26.16 | 5.90 | 11.30 |
| 5 | TXL5-003 | 光缆接续（36芯以下） | 头 | 1.000 | 6.84 | 0.00 | 6.84 | 0.00 |
| 6 | | 合计 | | | | | 20.57 | 27.36 |
| 7 | | 通信线路工程总工日在100以下时，增加0.15% | | | | | 3.09 | 4.10 |
| 8 | | 总计 | | | | | 23.66 | 31.46 |

设计负责人：×××　　审核：×××　　编制：×××　　编制日期：××××年×月×日

**表 7-14　建筑安装工程施工机械使用费预算表（表三）乙**

工程名称：×××长途干线管道穿光缆工程　　建设单位名称：×××电信局　　表格编号：GL3Y　　第　页

| 序号 | 定额编号 | 项目名称 | 单位 | 数量 | 机械名称 | 单位定额值 | | 合计值 | |
|---|---|---|---|---|---|---|---|---|---|
| | | | | | | 数量/台班 | 单价/元 | 数量/台班 | 合价/元 |
| Ⅰ | Ⅱ | Ⅲ | Ⅳ | Ⅴ | Ⅵ | Ⅶ | Ⅷ | Ⅸ | Ⅹ |
| 1 | TXL4-006 | 布放光（电）缆人孔抽水（积水） | 个 | 5.000 | 抽水机 | 0.20 | 57 | 1.00 | 57.00 |
| 2 | TXL5-003 | 光缆接续（36芯以下） | 头 | 1.000 | 光缆接续车 | 1.00 | 242 | 1.00 | 242.00 |
| | | | | | 汽油发电机（10kW） | 0.50 | 290 | 0.50 | 145.00 |
| | | | | | 光纤熔接机 | 1.00 | 168 | 1.00 | 168.00 |
| 3 | | 合计 | | | | | | | 612.00 |

设计负责人：×××　　审核：×××　　编制：×××　　编制日期：××××年×月×日

**表 7-15　建筑安装工程施工仪器仪表使用费预算表（表三）丙**

工程名称：×××长途干线管道穿光缆工程　　建设单位名称：×××电信局　　表格编号：GL3B　　第　页

| 序号 | 定额编号 | 项目名称 | 单位 | 数量 | 仪表名称 | 单位定额值 | | 合计值 | |
|---|---|---|---|---|---|---|---|---|---|
| | | | | | | 数量/台班 | 单价/元 | 数量/台班 | 合价/元 |
| Ⅰ | Ⅱ | Ⅲ | Ⅳ | Ⅴ | Ⅵ | Ⅶ | Ⅷ | Ⅸ | Ⅹ |
| 1 | TXL4-010 | 敷设管道光缆（36芯以下） | 千米条 | 0.432 | 光时域反射仪 | 0.15 | 306 | 0.06 | 18.36 |
| 2 | TXL5-003 | 光缆接续（36芯以下） | 头 | 1.000 | 光时域反射仪 | 1.40 | 306 | 1.40 | 428.4 |
| 3 | | 合计 | | | | | | | 446.76 |

设计负责人：×××　　审核：×××　　编制：×××　　编制日期：××××年×月×日

### 4. 填写（表四）甲

1）主材用量。参考工程量汇总表中各定额需要的主要材料，若定额中主要材料是带有括号的和以分数表示的，表示供设计选用，应根据技术要求或工程实际需要来决定，而以“＊”号表示的是由设计确定其用量，需要结合工程实际确定其用量的。各定额的主材用量如表 7-16 所示。

**表 7-16　各定额的主材用量**

| 序号 | 定额编号 | 项目名称 | 工程量 | 主材名称 | 规格型号 | 单位 | 定额量 | 主材用量 |
|---|---|---|---|---|---|---|---|---|
| 1 | TXL4-005 | 人工敷设塑料子管（5孔子管） | 0.4km | 聚乙烯塑料管 | $\phi$28/32mm | m | 5050 | 2020.00 |
| | | | | 固定堵头 | | 个 | 60.75 | 24.30 |
| | | | | 塞子 | | 个 | 122.50 | 49.00 |
| | | | | 镀锌铁线 | $\phi$1.5mm | kg | 3.05 | 1.22 |
| | | | | 镀锌铁线 | $\phi$4.0mm | kg | 20.30 | 8.12 |
| 2 | TXL4-010 | 敷设管道光缆（36 芯以下） | 0.432 千米条 | 聚乙烯波纹管 | 100mm | m | 26.70 | 11.53 |
| | | | | 胶带（PVC） | | 盘 | 52.00 | 22.46 |
| | | | | 镀锌铁线 | $\phi$1.5mm | kg | 3.05 | 1.32 |
| | | | | 镀锌铁线 | $\phi$4.0mm | kg | 20.30 | 8.77 |
| | | | | 光缆 | GYTA-36B1 | m | 1015.00 | 438.48 |
| | | | | 光缆托板 | 二线 | 块 | 48.50 | 20.95 |
| | | | | 托板垫 | | 块 | 48.50 | 20.95 |
| 3 | TXL5-003 | 光缆接续（36 芯以下） | 1.0 头 | 光缆接续器材 | | 套 | 1.01 | 1.01 |
| | | | | 光缆接头盒 | 36 芯 | 套 | 1.01 | 1.01 |

2）将表 7-16 中的同类材料合并，参照表 7-11 所示的设备主材单价及主材运距填写表四（甲），表格编号为 GL4J，国内器材预算表（表四）甲如表 7-17 所示。

**表 7-17　国内器材预算表（表四）甲**

（主要材料）表

工程名称：×××长途干线管道穿光缆工程　　建设单位名称：×××电信局　　表格编号：GL4J　　第　页

| 序号 | 名　称 | 规格程式 | 单位 | 数量 | 单价/元 | 合计/元 | 备　注 |
|---|---|---|---|---|---|---|---|
| Ⅰ | Ⅱ | Ⅲ | Ⅳ | Ⅴ | Ⅵ | Ⅶ | Ⅷ |
| 1 | 光缆 | GYTA-36B1 | m | 438.48 | 5.97 | 2617.73 | 光缆 |
| 2 | （1）小计 | | | | | 2617.73 | |
| 3 | （2）运杂费：小计×1.4% | | | | | 36.65 | |
| 4 | （3）运输保险费：小计×0.1% | | | | | 2.62 | |
| 5 | （4）采购及保管费：小计×1.1% | | | | | 28.80 | |
| 6 | （5）采购代理服务费：不计 | | | | | 0.00 | |
| 7 | 合计 1 | | | | | 2685.80 | |
| 8 | 聚乙烯塑料管 | $\phi$28/32mm | m | 2020.00 | 9.38 | 18947.60 | 塑料及塑料制品 |
| 9 | 固定堵头 | | 个 | 24.30 | 1.04 | 25.27 | |
| 10 | 塞子 | | 个 | 49.00 | 1.04 | 50.96 | |

（续）

| 序号 | 名　称 | 规格程式 | 单位 | 数量 | 单价/元 | 合计/元 | 备　注 |
|---|---|---|---|---|---|---|---|
| Ⅰ | Ⅱ | Ⅲ | Ⅳ | Ⅴ | Ⅵ | Ⅶ | Ⅷ |
| 11 | 聚乙烯波纹管 | 100mm | m | 11.53 | 5.7 | 65.72 | |
| 12 | 胶带（PVC） | | 盘 | 22.46 | 4.49 | 100.85 | |
| 13 | （1）小计 | | | | | 19190.40 | |
| 14 | （2）运杂费：小计×4.8% | | | | | 921.14 | 塑料及塑料制品 |
| 15 | （3）运输保险费：小计×0.1% | | | | | 19.19 | |
| 16 | （4）采购及保管费：小计×1.1% | | | | | 211.09 | |
| 17 | （5）采购代理服务费：不计 | | | | | 0.00 | |
| 18 | 合计2 | | | | | 20341.82 | |
| 19 | 镀锌铁线 | $\phi$1.5mm | kg | 2.54 | 5.50 | 13.97 | |
| 20 | 镀锌铁线 | $\phi$4.0mm | kg | 16.89 | 5.50 | 92.90 | |
| 21 | 光缆托板 | 二线 | 块 | 20.95 | 3.05 | 63.90 | |
| 22 | 托板垫 | | 块 | 20.95 | 6.80 | 142.46 | |
| 23 | 光缆接续器材 | | 套 | 1.01 | 15.00 | 15.15 | |
| 24 | 光缆接头盒 | 36芯 | 套 | 1.01 | 90.38 | 91.28 | 其他 |
| 25 | （1）小计 | | | | | 419.66 | |
| 26 | （2）运杂费：小计×4.0% | | | | | 16.79 | |
| 27 | （3）运输保险费：小计×0.1% | | | | | 0.42 | |
| 28 | （4）采购及保管费：小计×1.1% | | | | | 4.20 | |
| 29 | （5）采购代理服务费：不计 | | | | | 0.00 | |
| 30 | 合计3 | | | | | 441.07 | |
| 31 | 合计 | | | | | 23468.69 | |

设计负责人：××× 　审核：××× 　编制：××× 　编制日期：××××年×月×日

**5. 填写**（表二）

按照题中给定的已知条件，确定每项费用的费率及计费基础，还必须时刻注意费用定额中的注解和说明，同时要填写表中的“依据和计算方法”栏。另外，从（表三）乙可以看出，本工程使用的光缆接续车属于大型施工机械，总吨位为4t，要计取“大型施工机械调遣费”；工程施工地为城区，所以无“特殊地区施工增加费”；计算税金时，要在直接工程费中将光缆的预算价核减。表二的表格编号为GL2，建筑安装工程费用预算表（表二）如表7-18所示。

**6. 填写**（表五）**甲**

1）勘察费。本工程的勘察总长为光缆路由的长度 =400m =0.40km。查本书表4-32可知，管道光缆线路工程的勘察费为2000.00元；线路及管道工程一阶段设计的勘察费 = 2000.00×80% =1600元。

2）设计费。计费额为建筑安装工程费（没有购买设备和工器具）=47012.24元。由于计费额低于200万元，又是一阶段设计，所以设计费 = 计费额×0.045 =47012.24元×0.045 =2115.55元

**表 7-18　建筑安装工程费用预算表（表二）**

工程名称：×××长途干线管道穿光缆工程　　建设单位名称：×××电信局　　表格编号：GL2　第　页

| 序号 | 费用名称 | 依据和计算方法 | 合计/元 | 序号 | 费用名称 | 依据和计算方法 | 合计/元 |
|---|---|---|---|---|---|---|---|
| Ⅰ | Ⅱ | Ⅲ | Ⅳ | Ⅰ | Ⅱ | Ⅲ | Ⅳ |
|  | 建筑安装工程费 | 一+二+三+四 | 29894.01 | 8 | 夜间施工增加费 | 人工费×3.0% | 51.99 |
| 一 | 直接费 | (一)+(二) | 27400.20 | 9 | 冬雨期施工增加费 | 人工费×2.0% | 34.66 |
| (一) | 直接工程费 | 1+2+3+4 | 26331.28 | 10 | 生产工具用具使用费 | 人工费×3.0% | 51.99 |
| 1 | 人工费 | (-1)+(-2) | 1733.42 | 11 | 施工用水电蒸汽费 | 300（给定） | 300.00 |
| -1 | 技工费 | 技工总工日（23.66）×48.00 | 1135.68 | 12 | 特殊地区施工增加费 | 不计 | 0.00 |
| -2 | 普工费 | 普工总工日（31.46）×19.00 | 597.74 | 13 | 已完工程及设备保护费 | 不计（给定） | 0.00 |
| 2 | 材料费 | (-1)+(-2) | 23539.10 | 14 | 运土费 | 不计（给定） | 0.00 |
| -1 | 主要材料费 | （表四）甲 | 23468.69 | 15 | 施工队伍调遣费 | 不计（35km 以内） | 0.00 |
| -2 | 辅助材料费 | 主要材料费×0.3% | 70.41 | 16 | 大型施工机械调遣费 | 2×0.62×24×4 | 119.04 |
| 3 | 机械使用费 | （表三）乙 | 612 | 二 | 间接费 | (一)+(二) | 1074.46 |
| 4 | 仪表使用费 | （表三）丙 | 446.76 | (一) | 规费 | 1+2+3+4 | 554.56 |
| (二) | 措施费 | 1+2+3+…+16 | 1068.92 | 1 | 工程排污费 | 不计（给定） | 0.00 |
| 1 | 环境保护费 | 人工费×1.5% | 25.995 | 2 | 社会保障费 | 人工费×26.81% | 464.62 |
| 2 | 文明施工费 | 人工费×1.0% | 17.33 | 3 | 住房公积金 | 人工费×4.19% | 72.61 |
| 3 | 工地器材搬运费 | 人工费×5.0% | 86.65 | 4 | 危险作业意外伤害保险费 | 人工费×1.0% | 17.33 |
| 4 | 工程干扰费 | 人工费×6.0% | 103.98 | (二) | 企业管理费 | 人工费×30.0% | 519.90 |
| 5 | 工程点交、场地清理费 | 人工费×5.0% | 86.65 | 三 | 利润 | 人工费×30.0% | 519.90 |
| 6 | 临时设施费 | 人工费×5.0% | 86.65 | 四 | 税金 | (一+二+三)×3.41%（核减光缆的预算价） | 899.45 |
| 7 | 工程车辆使用费 | 人工费×6.0% | 103.98 |  |  |  |  |

3）工程建设其他费用预算表（表五）甲的表格编号为 GL5J，如表 7-19 所示。

**7. 填写**（表一）

由于本工程没有购置设备、工器具，建筑安装工程费就是工程费。工程（预）算总表（表一）的表格编号为 GL1，如表 7-20 所示。

**表 7-19　工程建设其他费用预算表（表五）甲**

单项工程名称：×××长途干线管道穿光缆工程　　建设单位名称：×××电信局　　表格编号：GL5J　　第　页

| 序号 | 费 用 名 称 | 计算依据及方法 | 金额/元 | 备　注 |
|---|---|---|---|---|
| Ⅰ | Ⅱ | Ⅲ | Ⅳ | Ⅴ |
| 1 | 建设用地及综合赔补偿费 | 1400（给定） | 1400.00 | |
| 2 | 建设单位管理费 | 建筑安装工程费×1.5% | 448.41 | 给定计费基础为建筑安装工程费 |
| 3 | 可行性研究费 | 不计（给定） | | |
| 4 | 研究试验费 | 不计（给定） | | |
| 5 | 勘察设计费 | 勘察费+设计费 | 3715.55 | 勘察费：1600.00 元、设计费：2115.55 元 |
| 6 | 环境影响评价费 | 不计（给定） | | |
| 7 | 劳动安全卫生评价费 | 400（给定） | 400.00 | |
| 8 | 建设工程监理费 | 不计（给定） | | |
| 9 | 安全生产费 | 建筑安装工程费×1.0% | 298.94 | 建筑安装工程费为 29894.01 元（见表 7-18） |
| 10 | 工程质量监督费 | 已取消 | | |
| 11 | 工程定额测定费 | 已取消 | | |
| 12 | 引进技术和引进设备其他费 | 无 | | |
| 13 | 工程保险费 | 不计（给定） | | |
| 14 | 工程招标代理费 | 不计（给定） | | |
| 15 | 专利及专用技术使用费 | 不计（给定） | | |
| 16 | 总计 | | 6262.90 | |
| 17 | 生产准备及开办费（运营费） | 不计（给定） | | |

设计负责人：×××　　审核：×××　　编制：×××　　编制日期：××××年×月×日

**表 7-20　工程预算总表（表一）**

建设项目名称：×××市电信公司接入网

工程名称：×××长途干线管道穿光缆工程　　建设单位名称：×××电信局　　表格编号：GL1　　第　页

| 序号 | 表格编号 | 费 用 名 称 | 小型建筑工程费 | 需要安装的设备费 | 不需要安装的设备、工器具费 | 建筑安装工程费 | 其他费用 | 总 价 值 | |
|---|---|---|---|---|---|---|---|---|---|
| | | | /元 | | | | | 人民币/元 | 其中外币/( ) |
| Ⅰ | Ⅱ | Ⅲ | Ⅳ | Ⅴ | Ⅵ | Ⅶ | Ⅷ | Ⅸ | Ⅹ |
| 1 | GL2 | 工程费 | | | | 29894.01 | | 29894.01 | |
| 2 | GL5J | 工程建设其他费 | | | | | 6262.90 | 6262.90 | |
| 3 | | 合计 | | | | | | 36156.91 | |
| 4 | | 预备费（合计×4%） | | | | | | 1446.28 | |
| 5 | | 总计 | | | | | | 37603.19 | |

设计负责人：×××　　审核：×××　　编制：×××　　编制日期：××××年×月×日

**8. 撰写预算编制说明**

1）工程概况。本工程为××干线管道穿光缆单项工程，按一阶段设计编制施工图预算。工程共敷设单模 36 芯管道长途光缆 0.432km，预算总价值为 37 603.19 元；总工日 55.12 工日，其中技工工日 23.66，普工工日 31.46。

2）编制依据。

① 施工图设计图样及说明。

② 工信部发布的［2008］75 号文件《通信工程概算、预算编制办法及费用定额》。

③ ××市电信管理局物资处编制的《××市电信建设工程概算、预算常用电信器材基础价格目录》。

④ 通信工程预算定额第四册《通信线路工程》。

⑤ 通信工程施工机械、仪表台班定额。

3）工程技术经济指标分析：本单项工程总投资 37 603.19 元。其中建筑安装工程费 29 894.01 元；工程建设其他费 6262.90 元；预备费 1446.28 元。敷设单模光缆 15.55 芯公里 =36 芯 ×0.432km，平均每芯公里造价 2418.21 元 =37 603.19/15.55 元。

4）其他需说明的问题（略）。

### 7.2.2 长途光缆直埋工程一阶段设计预算

**1. 已知条件**

1）本工程为××长途光缆线路工程，设计为一阶段设计预算。

2）施工企业距施工现场 40km，完全在野外施工，施工地区为山区，平均海拔约 650m。

3）设计图样及说明：直埋光缆线路单项工程路由示意图如图 7-2 所示。

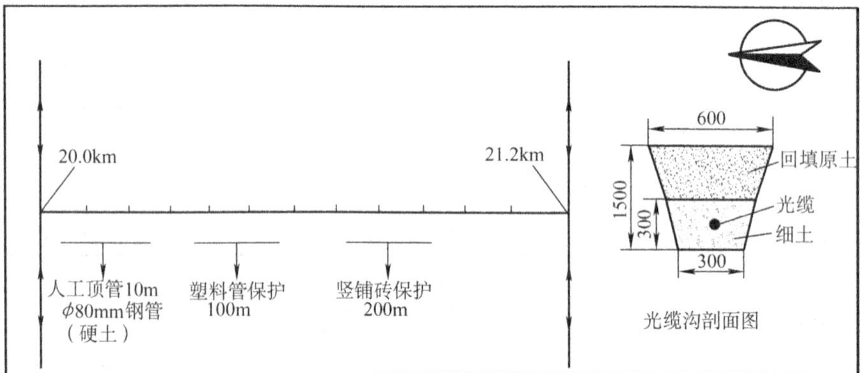


| | | | | | |
|---|---|---|---|---|---|
| 主 管 | ××× | 审 核 | ××× | ×××设计院 | |
| 技术负责人 | ××× | 描 图 | ××× | ×××直埋光缆线路工程 | |
| 单项负责人 | ××× | 单位、比例 | | | |
| 设 计 | ××× | 日 期 | ××× | 工程编号 | |

图 7-2 直埋光缆线路单项工程路由示意图

图样说明如下。

① 施工地形为山区，其中硬土为 810m，其余为砂砾土。

② 硬土地区挖填光缆沟类型为“挖夯填”，砂砾土地区挖填光缆沟类型为“挖松填”。

③ 沟底宽为0.30m，沟上口宽0.60m，沟深1.5m。

④ 光缆为直埋式36芯（单模）光缆，敷设光缆采用人工抬放方式，线路两端各预留10m并与其他光缆进行接续，测试为一个中继段。

⑤ 直埋式光缆自然弯曲增长系数为0.7%。

⑥ 人工顶管10m（硬土区）。

4）建设用地及综合赔补费为1000元/千米。

5）施工用水电蒸汽费按500元计取，劳动安全卫生评价费按300元计取。

6）建设单位管理费的计费基础为建筑安装工程工程费。

7）本工程不计取已完工程及设备保护费、运土费、工程排污费、可行性研究费、研究试验费、环境影响评价费、工程保险费、工程招标代理费、专利及专用技术使用费、生产准备及开办费，没有引进技术和引进设备。

8）主材不计取采购代理服务费。主材原价按××市电信管理物资处编制的《电信建设工程概算、预算常用电信器材基础价格目录》取定。本工程用的主材单价表如表7-21所示。

**表7-21　主材单价表**

| 序　号 | 主材或机械名称 | 规格型号 | 单　位 | 单价/元 |
|---|---|---|---|---|
| 1 | 光缆 | 埋式36芯 | m | 4.50 |
| 2 | 镀锌无缝钢管 | $\phi$80mm | m | 17.00 |
| 3 | 光缆接续器材 | | 套 | 15.00 |
| 4 | 管箍 | | 个 | 1.50 |
| 5 | 机制砖 | | m | 0.47 |
| 6 | 塑料管 | $\phi$80mm | m | 30.00 |

9）主材运距。光缆运距约为350km，塑料及其制品运距约为220km，其他主材运距约为120km。

**2．工程量统计计算**

1）施工测量工程量（单位：100m）：

数量＝路由丈量长度＝21.2km－20.0km＝1.2km＝12(100m)

2）挖、松填光（电）缆沟及接头坑（砂砾土）（单位：$100m^3$）：

数量＝(0.3m＋0.6m)×1.5/2m×(1200m－810m)(砂砾土沟长)/100＝2.63($100m^3$)

3）挖、夯填光（电）缆沟及接头坑（硬土）（单位：$100m^3$）

数量＝(0.3m＋0.6m)×1.5/2m×(810m－10m)

(硬土沟长，其中人工顶管10m)/100＝5.4($100m^3$)

4）敷设埋式光缆（山区）36芯以下（单位：千米条）：

数量＝路由丈量长度×(1＋0.7%)＋预留长度＝(1200×1.007＋10×2)/1000＝1.228千米条

5）长途光缆接续（36芯以下）（单位：头）：数量＝2头

6）长途光缆中继段测试（36芯以下）（单位：中继段）：数量＝1中继段

7）人工顶管（单位：m）：数量＝10m

8）铺设塑料管保护（单位：m）：数量＝100m

9）铺设竖砖保护（单位：km）：数量＝0.2km

根据以上统计计算，工程量汇总表如表7-22所示。

**表7-22 工程量汇总表**

| 序号 | 定额编号 | 项目名称 | 单位 | 数量 |
|---|---|---|---|---|
| 1 | TXL1-001 | 施工测量（通信光缆） | 100m | 12.00 |
| 2 | TXL2-003 | 挖、松填光缆沟及接头坑（砂砾土） | $100m^3$ | 2.63 |
| 3 | TXL2-009 | 挖、夯填光缆沟及接头坑（硬土） | $100m^3$ | 5.40 |
| 4 | TXL2-018 | 敷设埋式光缆（平原36芯以下） | 千米条 | 1.228 |
| 5 | TXL5-003 | 长途光缆接续（36芯以下） | 头 | 2.00 |
| 6 | TXL5-069 | 40km以下长途光缆中继段测试（36芯以下） | 中继段 | 1.00 |
| 7 | TXL2-122 | 人工顶管 | m | 10.00 |
| 8 | TXL2-125 | 铺设塑料管保护 | m | 100.00 |
| 9 | TXL2-128 | 铺设竖砖保护 | km | 0.20 |

**3. 填写（表三）甲、（表三）乙和（表三）丙**

根据工程量汇总表中的定额，参照附录B中的机械、仪表台班单价定额，分别填写（表三）甲、（表三）乙和（表三）丙。

1）建筑安装工程量预算表（表三）甲，表格编号为ZM3J，如表7-23所示。

2）建筑安装工程施工机械使用费预算表（表三）乙，表格编号为ZM3Y，如表7-24所示。

3）建筑安装工程施工仪器仪表使用费预算表（表三）丙，表格编号为ZM3B，如表7-25所示。

**表7-23 建筑安装工程量预算表（表三）甲**

工程名称：×××长途光缆直埋工程　　建设单位名称：×××电信局　　表格编号：ZM3J　　第　页

| 序号 | 定额编号 | 项目名称 | 单位 | 数量 | 单位定额值 | | 合计值 | |
|---|---|---|---|---|---|---|---|---|
| | | | | | 技工 | 普工 | 技工 | 普工 |
| Ⅰ | Ⅱ | Ⅲ | Ⅳ | Ⅴ | Ⅵ | Ⅶ | Ⅷ | Ⅸ |
| 1 | TXL1-001 | 施工测量（通信光缆） | 100m | 12.00 | 0.70 | 0.30 | 8.4 | 3.60 |
| 2 | TXL2-003 | 挖、松填光缆沟及接头坑（砂砾土） | $100m^3$ | 2.63 | | 81.00 | 0.00 | 213.03 |
| 3 | TXL2-009 | 挖、夯填光缆沟及接头坑（硬土） | $100m^3$ | 5.40 | | 62.00 | 0.00 | 334.80 |
| 4 | TXL2-018 | 敷设埋式光缆（平原36芯以下） | 千米条 | 1.228 | 16.68 | 37.86 | 20.48 | 46.49 |
| 5 | TXL5-003 | 长途光缆接续（36芯以下） | 头 | 2.00 | 6.84 | | 13.68 | 0.00 |
| 6 | TXL5-069 | 40km以下长途光缆中继段测试（36芯以下） | 中继段 | 1.00 | 14.00 | | 14.00 | 0.00 |
| 7 | TXL2-122 | 人工顶管 | m | 10.00 | 1.00 | 2.00 | 10.00 | 20.00 |
| 8 | TXL2-125 | 敷设塑料管保护 | m | 100.00 | 0.01 | 0.10 | 1.00 | 10.00 |
| 9 | TXL2-128 | 敷设竖砖保护 | km | 0.20 | 2.00 | 10.00 | 0.40 | 2.00 |
| 10 | | 合计 | | | | | 67.96 | 629.92 |
| 11 | | 总计 | | | | | 67.96 | 629.92 |

设计负责人：×××　　审核：×××　　编制：×××　　编制日期：××××年×月×日

**表 7-24　建筑安装工程施工机械使用费预算表（表三）乙**

工程名称：×××长途光缆直埋工程　　建设单位名称：×××电信局　　表格编号：ZM3Y　　第　页

| 序号 | 定额编号 | 项目名称 | 单位 | 数量 | 机械名称 | 单位定额值 | | 合计值 | |
|---|---|---|---|---|---|---|---|---|---|
| | | | | | | 数量/台班 | 单价/元 | 数量/台班 | 合价/元 |
| Ⅰ | Ⅱ | Ⅲ | Ⅳ | Ⅴ | Ⅵ | Ⅶ | Ⅷ | Ⅸ | Ⅹ |
| 1 | TXL2-009 | 挖、夯填光缆沟及接头坑（硬土） | $100m^3$ | 5.40 | 夯实机 | 0.50 | 53 | 2.70 | 143.10 |
| 2 | TXL5-003 | 光缆接续（36 芯以下） | 头 | 2.00 | 光缆接续车 | 1.00 | 242 | 2.00 | 484.00 |
| | | | | | 汽油发电机（10kW） | 0.50 | 290 | 1.00 | 290.00 |
| | | | | | 光纤熔接机 | 1.00 | 168 | 2.00 | 336.00 |
| 3 | | 合计 | | | | | | | 1253.10 |

设计负责人：×××　　审核：×××　　编制：×××　　编制日期：××××年×月×日

**表 7-25　建筑安装工程施工仪器仪表使用费预算表（表三）丙**

工程名称：×××长途光缆直埋工程　　建设单位名称：×××电信局　　表格编号：ZM3B　　第　页

| 序号 | 定额编号 | 项目名称 | 单位 | 数量 | 仪表名称 | 单位定额值 | | 合计值 | |
|---|---|---|---|---|---|---|---|---|---|
| | | | | | | 数量/台班 | 单价/元 | 数量/台班 | 合价/元 |
| Ⅰ | Ⅱ | Ⅲ | Ⅳ | Ⅴ | Ⅵ | Ⅶ | Ⅷ | Ⅸ | Ⅹ |
| 1 | TXL1-001 | 施工测量（通信光缆） | 100m | 12.00 | 地下管线探测仪 | 0.10 | 173 | 1.20 | 207.60 |
| 2 | TXL2-018 | 敷设埋式光缆（平原 36 芯以下） | 千米条 | 1.228 | 光时域反射仪 | 0.15 | 306 | 0.18 | 56.37 |
| 3 | TXL5-003 | 光缆接续（36 芯以下） | 头 | 2.00 | 光时域反射仪 | 1.40 | 306 | 2.80 | 856.80 |
| 4 | TXL5-069 | 40km 以下长途光缆中继段测试（36 芯以下） | 中继段 | 1.00 | 光时域反射仪 | 1.90 | 306 | 1.90 | 581.40 |
| | | | | | 稳定光源 | 1.90 | 72 | 1.90 | 136.80 |
| | | | | | 光功率计 | 1.90 | 62 | 1.90 | 117.80 |
| 5 | | 合计 | | | | | | | 1956.77 |

设计负责人：×××　　审核：×××　　编制：×××　　编制日期：××××年×月×日

## 4. 填写（表四）甲

1）主材用量。参考工程量汇总表中各定额需要的主要材料，若定额中主要材料是带有括号的和以分数表示的，表示供设计选用，应根据技术要求或工程实际需要来决定，而以“*”号表示的是由设计确定其用量，需要结合工程实际确定其用量的。各定额的主材用量如表 7-26 所示。

**表 7-26　主材用量**

| 序号 | 定额编号 | 项目名称 | 工程量 | 主材名称 | 规格型号 | 单位 | 定额量 | 主材用量 |
|---|---|---|---|---|---|---|---|---|
| 1 | TXL2-018 | 敷设埋式光缆（平原36 芯以下） | 1.228 | 光缆 | 36 芯 | m | 1005.00 | 1234.14 |
| 2 | TXL5-003 | 长途光缆接续（36 芯以下） | 2.00 | 光缆接续器材 | | 套 | 1.01 | 2.02 |
| 3 | TXL2-122 | 人工顶管 | 10.00 | 镀锌无缝钢管 | $\phi$80mm | m | 1.01 | 10.10 |
| | | | | 管箍 | | 个 | 0.17 | 1.70 |

（续）

| 序号 | 定额编号 | 项目名称 | 工程量 | 主材名称 | 规格型号 | 单位 | 定额量 | 主材用量 |
|---|---|---|---|---|---|---|---|---|
| 4 | TXL2-125 | 敷设塑料管保护 | 100.00 | 塑料管 | $\phi$80mm | m | 1.01 | 101.00 |
| 5 | TXL2-128 | 敷设竖砖保护 | 0.20 | 机制砖 |  | m | 4080.00 | 816.00 |

2）将表7-26中的同类材料合并，参照表7-21所示的设备主材单价及主材运距填写表四（甲），表格编号为ZM4J，国内器材预算表（表四）甲如表7-27所示。

**表7-27　国内器材预算表（表四）甲**

（主要材料）表

工程名称：×××长途光缆直埋工程　　建设单位名称：×××电信局　　表格编号：ZM4J　　第　页

| 序号 | 名　称 | 规格程式 | 单位 | 数量 | 单价/元 | 合计/元 | 备　注 |
|---|---|---|---|---|---|---|---|
| Ⅰ | Ⅱ | Ⅲ | Ⅳ | Ⅴ | Ⅵ | Ⅶ | Ⅷ |
| 1 | 光缆 | 36芯 | m | 1234.14 | 4.50 | 5553.63 | 光缆 |
| 2 | （1）小计 |  |  |  |  | 5553.63 |  |
| 3 | （2）运杂费：小计×1.3% |  |  |  |  | 72.20 |  |
| 4 | （3）运输保险费：小计×0.1% |  |  |  |  | 5.55 |  |
| 5 | （4）采购及保管费：小计×1.1% |  |  |  |  | 61.09 |  |
| 6 | （5）采购代理服务费：不计 |  |  |  |  | 0.00 |  |
| 7 | 合计1 |  |  |  |  | 5692.47 |  |
| 8 | 塑料管 | $\phi$80mm | m | 101.00 | 30.00 | 3030.00 | 塑料及塑料制品 |
| 9 | （1）小计 |  |  |  |  | 3030.00 |  |
| 10 | （2）运杂费：小计×5.4% |  |  |  |  | 163.62 |  |
| 11 | （3）运输保险费：小计×0.1% |  |  |  |  | 3.03 |  |
| 12 | （4）采购及保管费：小计×1.1% |  |  |  |  | 33.33 |  |
| 13 | （5）采购代理服务费：不计 |  |  |  |  | 0.00 |  |
| 14 | 合计2 |  |  |  |  | 3229.98 |  |
| 15 | 光缆接续器材 |  | 套 | 2.02 | 15.00 | 30.30 | 其他 |
| 16 | 镀锌无缝钢管 | $\phi$80mm | m | 10.10 | 17.00 | 171.70 |  |
| 17 | 管箍 |  | 个 | 1.70 | 1.50 | 2.55 |  |
| 18 | 机制砖 |  | m | 816.00 | 0.47 | 383.52 |  |
| 19 | （1）小计 |  |  |  |  | 588.07 |  |
| 20 | （2）运杂费：小计×4.0% |  |  |  |  | 23.52 |  |
| 21 | （3）运输保险费：小计×0.1% |  |  |  |  | 0.59 |  |
| 22 | （4）采购及保管费：小计×1.1% |  |  |  |  | 6.47 |  |
| 23 | （5）采购代理服务费：不计 |  |  |  |  | 0.00 |  |
| 24 | 合计3 |  |  |  |  | 618.65 |  |
| 25 | 合计 |  |  |  |  | 9541.10 |  |

设计负责人：×××　　审核：×××　　编制：×××　　编制日期：××××年×月×日

**5. 填写（表二）**

按照题中给定的已知条件，确定每项费用的费率及计费基础，还必须时刻注意费用定额中的注解和说明，同时要填写表中的“依据和计算方法”栏。另外，从（表三）乙可以看出，本工程使用的光缆接续车属于大型施工机械，总吨位为4t，要计取“大型施工机械调遣费”；工程施工地为山区，平均海拔约650m，所以无“特殊地区施工增加费”；计算税金时，要在直接工程费中将光缆的预算价核减。表二的表格编号为ZM2，建筑安装工程费用预算表（表二）如表7-28所示。

**表7-28 建筑安装工程费用预算表（表二）**

工程名称：×××长途光缆直埋工程　　建设单位名称：×××电信局　　表格编号：ZM2　　第　页

| 序号 | 费用名称 | 依据和计算方法 | 合计/元 | 序号 | 费用名称 | 依据和计算方法 | 合计/元 |
|---|---|---|---|---|---|---|---|
| Ⅰ | Ⅱ | Ⅲ | Ⅳ | Ⅰ | Ⅱ | Ⅲ | Ⅳ |
|  | 建筑安装工程费 | 一+二+三+四 | 51 777.15 | 8 | 夜间施工增加费 | 人工费×3.0% | 456.9 |
| 一 | 直接费 | (一)+(二) | 36 241.3 | 9 | 冬雨期施工增加费 | 人工费×2.0% | 304.6 |
| (一) | 直接工程费 | 1+2+3+4 | 28 010.15 | 10 | 生产工具用具使用费 | 人工费×3.0% | 456.9 |
| 1 | 人工费 | (-1)+(-2) | 15 230.56 | 11 | 施工用水电蒸汽费 | 500（给定） | 500.00 |
| -1 | 技工费 | 技工总工日（67.96）×48.00 | 3262.08 | 12 | 特殊地区施工增加费 | 不计 | 0.00 |
| -2 | 普工费 | 普工总工日（629.92）×19.00 | 11 968.48 | 13 | 已完工程及设备保护费 | 不计（给定） | 0.00 |
| 2 | 材料费 | (-1)+(-2) | 9569.72 | 14 | 运土费 | 不计（给定） | 0.00 |
| -1 | 主要材料费 | （表四）甲 | 9541.10 | 15 | 施工队伍调遣费 | 106×5×2 | 1060.00 |
| -2 | 辅助材料费 | 主要材料费×0.3% | 28.62 | 16 | 大型施工机械调遣费 | 2×0.62×40×4 | 198.4 |
| 3 | 机械使用费 | （表三）乙 | 1253.10 | 二 | 间接费 | (一)+(二) | 9442.60 |
| 4 | 仪表使用费 | （表三）丙 | 1956.77 | (一) | 规费 | 1+2+3+4 | 4873.60 |
| (二) | 措施费 | 1+2+3+…+16 | 8231.15 | 1 | 工程排污费 | 不计（给定） | 0.00 |
| 1 | 环境保护费 | 人工费×1.5% | 228.45 | 2 | 社会保障费 | 人工费×26.81% | 4083.16 |
| 2 | 文明施工费 | 人工费×1.0% | 152.3 | 3 | 住房公积金 | 人工费×4.19% | 638.14 |
| 3 | 工地器材搬运费 | 人工费×5.0% | 761.5 | 4 | 危险作业意外伤害保险费 | 人工费×1.0% | 152.30 |
| 4 | 工程干扰费 | 人工费×6.0% | 913.8 | (二) | 企业管理费 | 人工费×30.0% | 4569.00 |
| 5 | 工程点交、场地清理费 | 人工费×5.0% | 761.5 | 三 | 利润 | 人工费×30.0% | 4569.00 |
| 6 | 临时设施费 | 人工费×10.0% | 1523.00 | 四 | 税金 | (一+二+三)×3.41%（核减光缆的预算价） | 1524.25 |
| 7 | 工程车辆使用费 | 人工费×6.0% | 913.8 |  |  |  |  |

**6. 填写（表五）甲**

1）勘察费。本工程的勘察总长为施工测量长度=1.2km。查本书表4-32可知，光缆线路直埋工程的勘察费=基价+内插值×相应插值=2500元+1140元×(1.2－1.0)=2728.00元；线路及管道工程一阶段设计的勘察费=2728.00元×80%=2182.40元。

2）设计费。计费额为建筑安装工程费（没有购买设备和工器具）=51 777.15元。由于计费额低于200万元，又是一阶段设计，所以设计费=计费额×0.045=47 273.03元×0.045=2329.97元

3）工程建设其他费用预算表（表五）甲的表格编号为ZM5J，如表7-29所示。

**表7-29 工程建设其他费用预算表（表五）甲**

单项工程名称：×××长途光缆直埋工程　　建设单位名称：×××电信局　　表格编号：ZM5J　　第　页

| 序号 | 费用名称 | 计算依据及方法 | 金额/元 | 备注 |
|---|---|---|---|---|
| Ⅰ | Ⅱ | Ⅲ | Ⅳ | Ⅴ |
| 1 | 建设用地及综合赔补偿费 | 1.2×1000（给定） | 1200.00 | |
| 2 | 建设单位管理费 | 建筑安装工程费×1.5% | 776.66 | 给定计费基础为建筑安装工程费 |
| 3 | 可行性研究费 | 不计（给定） | | |
| 4 | 研究试验费 | 不计（给定） | | |
| 5 | 勘察设计费 | 勘察费+设计费 | 4512.37 | 勘察费为2182.40元；设计费为2329.97元 |
| 6 | 环境影响评价费 | 不计（给定） | | |
| 7 | 劳动安全卫生评价费 | 300（给定） | 300.00 | |
| 8 | 建设工程监理费 | 不计（给定） | | |
| 9 | 安全生产费 | 建筑安装工程费×1.0% | 517.77 | 建筑安装工程费为51 777.15元（见表7-28） |
| 10 | 工程质量监督费 | 已取消 | | |
| 11 | 工程定额测定费 | 已取消 | | |
| 12 | 引进技术和引进设备其他费 | 无 | | |
| 13 | 工程保险费 | 不计（给定） | | |
| 14 | 工程招标代理费 | 不计（给定） | | |
| 15 | 专利及专用技术使用费 | 不计（给定） | | |
| 16 | 总计 | | 7306.80 | |
| 17 | 生产准备及开办费（运营费） | 不计（给定） | | |

设计负责人：×××　　审核：×××　　编制：×××　　编制日期：××××年×月×日

**7. 填写（表一）**

由于本工程没有购置设备、工器具，建筑安装工程费就是工程费。工程预算总表

(表一)的表格编号为 ZM1，如表 7-30 所示。

**表 7-30　工程预算总表（表一）**

建设项目名称：×××市电信公司接入网

工程名称：×××长途光缆直埋工程　　建设单位名称：×××电信局　　表格编号：ZM1　　第　页

| 序号 | 表格编号 | 费用名称 | 小型建筑工程费 | 需要安装的设备费 | 不需要安装的设备、工器具费 | 建筑安装工程费 | 其他费用 | 总价值 | |
|---|---|---|---|---|---|---|---|---|---|
| | | | /元 | | | | | 人民币/元 | 其中外币/( ) |
| Ⅰ | Ⅱ | Ⅲ | Ⅳ | Ⅴ | Ⅵ | Ⅶ | Ⅷ | Ⅸ | Ⅹ |
| 1 | ZM2 | 工程费 | | | | 51 777.15 | | 51 777.15 | |
| 2 | ZM5J | 工程建设其他费 | | | | | 7306.80 | 7306.80 | |
| 3 | | 合计 | | | | | | 59 083.95 | |
| 4 | | 预备费（合计×4%） | | | | | | 2363.36 | |
| 5 | | 总计 | | | | | | 61 447.31 | |

设计负责人：×××　　审核：×××　　编制：×××　　编制日期：××××年×月×日

**8. 撰写预算编制说明**

1）工程概况。本工程为××长途光缆直埋工程工程；按一阶段设计编制施工图预算。工程共敷设埋式 36 芯光缆 1.2km，预算总价值为 61 447.31 元；总工日 699.88 工日，其中技工工日 69.96，普工工日 629.92。

2）编制依据。

① 施工图设计图样及说明。

② 工信部发布的［2008］75 号文件《通信工程概算、预算编制办法及费用定额》。

③ ××市电信管理局物资处编制的《××市电信建设工程概算、预算常用电信器材基础价格目录》。

④ 通信工程预算定额第四册《通信线路工程》。

⑤ 通信工程施工机械、仪表台班定额。

3）工程技术经济指标分析：本单项工程总投资 61 447.31 元。其中建筑安装工程费 51 777.15 元，工程建设其他费 7306.80 元，预备费 2363.36 元。敷设埋式光缆 43.2 芯公里＝36芯×1.2km，平均每芯公里造价 1422.39 元＝61 447.31/43.2 元。

4）其他需说明的问题（略）。

## 7.2.3 基站设备及馈线安装工程施工图预算

**1. 已知条件**

1）本工程为×××基站设备及馈线安装工程。设计为施工图预算。

2）施工地区在市区，施工企业距工程所在地 15km。

3）设计图样及有关说明：设计图样示意图如图 7-3 所示。

图样说明如下。

① 本基站站址选择建在市区，繁华地带，基站位置三层机房。

② 楼顶铁塔上安装 3 副定向天线，小区方向分别为 N0°、N120°、N240°，其塔高均为 18m。

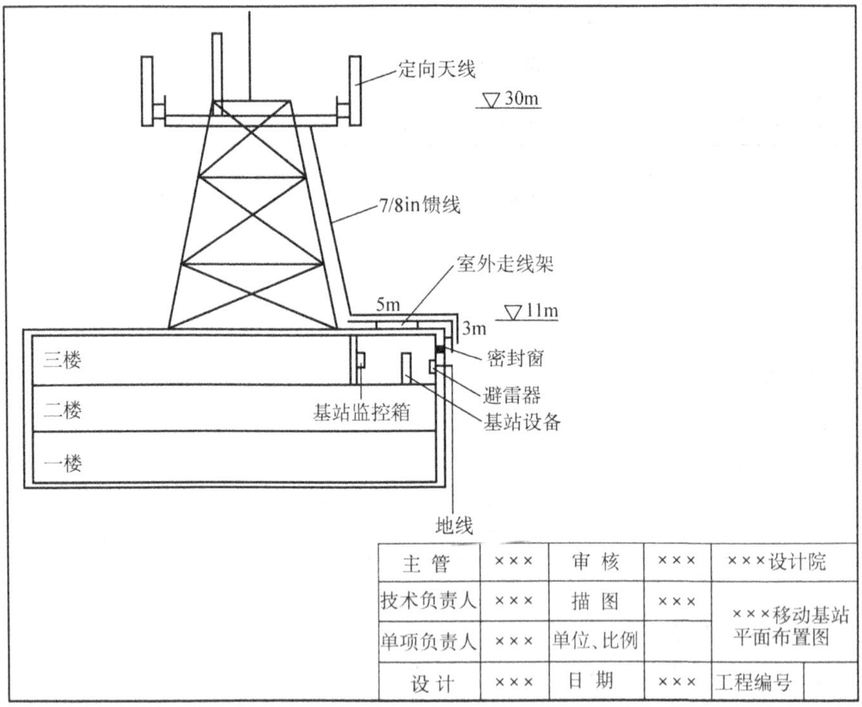


图 7-3　设计图样示意图

③ 基站天馈线的布置与安装采用 7/8″同轴电缆，共敷设 6 条，每条长 40m。各馈线进入机房的孔洞严格密封，以防渗水。

④ 室外走线架的规格为 500mm 宽，走线架固定件材料已含在走线架材料内。

4）不计取建设用地及综合赔补费，不计取施工用水电蒸汽费，劳动安全卫生评价费按 300 元计取。

5）建设工程监理费经双方约定，按建筑工程安装费的 5% 计取，设计费为 3800 元。

6）本工程不计取已完工程及设备保护费、运土费、工程排污费、可行性研究费、研究试验费、环境影响评价费、工程保险费、工程招标代理费、专利及专用技术使用费、生产准备及开办费，没有引进技术和引进设备。

7）主材不计取采购代理服务费。主材原价按 × × 市电信管理物资处编制的《电信建设工程概算、预算常用电信器材基础价格目录》取定。本工程用的设备主材单价表如表 7-31 所示。

**表 7-31　设备主材单价表**

| 序　号 | 设备及材料名称 | 单　位 | 价格/元 | 备　注 |
|---|---|---|---|---|
| 1 | 基站设备 | 架 | 20 000. 00 | 落地式 |
| 2 | 外围告警监控箱 | 个 | 500. 00 | 壁挂式 |
| 3 | 防雷接地装置 | 套 | 2000. 00 | |
| 4 | 馈线密封窗 | 个 | 1000. 00 | |
| 5 | 定向天线 | 副 | 1500. 00 | |
| 6 | 射频同轴电缆（7/8″） | m | 1. 50 | |

（续）

| 序　号 | 设备及材料名称 | 单　位 | 价格/元 | 备　注 |
|---|---|---|---|---|
| 7 | 室外馈线走道 | m | 220.00 | |
| 8 | 7/8″电缆馈线卡子 | 套 | 0.20 | |
| 9 | 膨胀螺栓 M10×40 | 套 | 3.00 | |
| 10 | 膨胀螺栓 M10×80 | 套 | 6.00 | |
| 11 | 膨胀螺栓 M12×80 | 套 | 5.00 | |

8）主材运距均为60km，所安装设备均为国产，运距为420km，不需要中转。

9）设计范围与分工如下。

① 本工程设计范围主要包括移动基站的天线、馈线、室外走线架等设备的安装及布放，不考虑中继传输电路、供电电源等部分内容。

② 本基站收、发信机架间所有连线、收发信机之间的缆线均由设备供应商提供并负责安装。

③ 基站设备与监控箱、避雷器在同一机房内，设备平面布置及走线架位置由本工程统一协调安排。

④ 土建（包括墙洞）、空调等配套工程的设计和预算未包括在本设计内，由建设单位委托相关设计单位设计。

**2. 工程量计算**

1）安装移动通信定向天线（单位：副）：3 副。

2）布放射频同轴电缆（单位：m）：共有 6 条馈线，总长度 =10m×6+10m×18=240m。

其中：基本布放长度为10米/条（定额），共有6条（10米/条）

超过10m的部分，共有18条（10米/条）

3）安装基站设备（单位：架）：1 架。

4）安装基站监控配线箱（单位：个）：1 个。

5）安装防雷接地装置（单位：套）：1 套。

6）安装馈线密封窗（单位：个）：1 个。

7）安装室外馈线走道（单位：m）：5m(水平)+3m(沿外墙垂直)=8m。

8）基站天、馈线系统调测（单位：条）：6 条。

9）GSM 基站系统调测（6 个载频）（单位：站）：1 站。

按照上述工程项目，查找定额，工程量汇总表如表7-32所示。

**表7-32　工程量汇总表**

| 序　号 | 定额编号 | 项目名称 | 单　位 | 数　量 |
|---|---|---|---|---|
| 1 | TSW1-003 | 安装室外馈线走道（水平） | m | 5 |
| 2 | TSW1-004 | 安装室外馈线走道（沿外墙垂直） | m | 3 |
| 3 | TSW2-009 | 安装定向天线楼顶铁塔上（高度20m以下） | 副 | 3 |
| 4 | TSW2-023 | 布放射频同轴电缆7/8″以下（布放10m） | 条 | 6 |

（续）

| 序 号 | 定额编号 | 项目名称 | 单 位 | 数 量 |
|---|---|---|---|---|
| 5 | TSW2-024 | 布放射频同轴电缆 7/8″以下（每增加 10m） | 条 | 18 |
| 6 | TSW1-017 | 安装防雷接地装置 | 套 | 1 |
| 7 | TSW1-058 | 安装馈线密封窗 | 个 | 1 |
| 8 | TSW2-036 | 安装基站设备（落地式） | 架 | 1 |
| 9 | TSW1-013 | 安装壁挂式外围告警监控箱 | 个 | 1 |
| 10 | TSW2-032 | 基站天、馈线系统调测 | 条 | 6 |
| 11 | TSW2-044 | GSM 基站系统调测（6 个载频以下） | 站 | 1 |

### 3. 填写（表三）甲和（表三）丙

根据工程量汇总表中的定额，参照附录 B 中的机械、仪表台班单价定额，分别填写（表三）甲和（表三）丙。

1）建筑安装工程量预算表（表三）甲，表格编号为 JZSB3J，如表 7-33 所示。

2）建筑安装工程施工仪器仪表使用费预算表（表三）丙，表格编号为 JZSB3B，如表 7-34 所示。

**表 7-33 建筑安装工程量预算表（表三）甲**

工程名称：×××基站设备及馈线安装工程　　建设单位名称：×××电信局　　表格编号：JZSB3J　　第　页

| 序号 | 定额编号 | 项目名称 | 单位 | 数量 | 单位定额值 | | 合计值 | |
|---|---|---|---|---|---|---|---|---|
| | | | | | 技工 | 普工 | 技工 | 普工 |
| Ⅰ | Ⅱ | Ⅲ | Ⅳ | Ⅴ | Ⅵ | Ⅶ | Ⅷ | Ⅸ |
| 1 | TSW1-003 | 安装室外馈线走道（水平） | m | 5 | 1.00 | 0.00 | 5.00 | 0.00 |
| 2 | TSW1-004 | 安装室外馈线走道（沿外墙垂直） | m | 3 | 1.50 | 0.00 | 4.50 | 0.00 |
| 3 | TSW2-009 | 安装定向天线楼顶铁塔上（高度 20m 以下） | 副 | 3 | 8.00 | 0.00 | 24.00 | 0.00 |
| 4 | TSW2-023 | 布放射频同轴电缆 7/8″以下（布放 10m） | 条 | 6 | 1.50 | 0.00 | 9.00 | 0.00 |
| 5 | TSW2-024 | 布放射频同轴电缆 7/8″以下（每增加 10m） | 条 | 18 | 0.80 | 0.00 | 14.40 | 0.00 |
| 6 | TSW1-017 | 安装防雷接地装置 | 套 | 1 | 1.00 | 0.00 | 1.00 | 0.00 |
| 7 | TSW1-058 | 安装馈线密封窗 | 个 | 1 | 2.00 | 0.00 | 2.00 | 0.00 |
| 8 | TSW2-036 | 安装基站设备（落地式） | 架 | 1 | 10.00 | 0.00 | 10.00 | 0.00 |
| 9 | TSW1-013 | 安装壁挂式外围告警监控箱 | 个 | 1 | 1.50 | 0.00 | 1.50 | 0.00 |
| 10 | TSW2-032 | 基站天、馈线系统调测 | 条 | 6 | 4.00 | 0.00 | 24.00 | 0.00 |
| 11 | TSW2-044 | GSM 基站系统调测（6 个载频以下） | 站 | 1 | 30.00 | 0.00 | 30.00 | 0.00 |
| 12 | | 合计 | | | | | 125.40 | 0.00 |
| 13 | | 总计 | | | | | 125.40 | 0.00 |

设计负责人：×××　　审核：×××　　编制：×××　　编制日期：××××年×月×日

表 7-34　建筑安装工程施工仪器仪表使用费预算表（表三）丙

工程名称：×××基站设备及馈线安装工程　　建设单位名称：×××电信局　　表格编号：JZSB3B　　第　页

| 序号 | 定额编号 | 项目名称 | 单位 | 数量 | 仪表名称 | 单位定额值 | | 合计值 | |
|---|---|---|---|---|---|---|---|---|---|
| | | | | | | 数量/台班 | 单价/元 | 数量/台班 | 合价/元 |
| Ⅰ | Ⅱ | Ⅲ | Ⅳ | Ⅴ | Ⅵ | Ⅶ | Ⅷ | Ⅸ | Ⅹ |
| 1 | TSW2-032 | 基站天、馈线系统调测 | 条 | 6 | 天馈线测试仪 | 0.50 | 193 | 3 | 579.00 |
| | | | | | 操作测试终端（电脑） | 0.50 | 74 | 3 | 222.00 |
| 2 | TSW2-044 | GSM 基站系统调测（6 个载频以下） | 站 | 1 | 天馈线测试仪 | 2.00 | 193 | 2 | 386.00 |
| | | | | | 操作测试终端（电脑） | 2.00 | 74 | 2 | 148.00 |
| | | | | | 微波频率计 | 2.00 | 145 | 2 | 290.00 |
| | | | | | 误码测试仪 | 2.00 | 66 | 2 | 132.00 |
| 3 | | 合计 | | | | | | | 1757.00 |

设计负责人：×××　　审核：×××　　编制：×××　　编制日期：××××年×月×日

### 4. 填写（表四）甲

1）主材用量。参考工程量汇总表中各定额需要的主要材料，若定额中主要材料是带有括号的和以分数表示的，表示供设计选用，应根据技术要求或工程实际需要来决定，而以“ * ”号表示的是由设计确定其用量，需要结合工程实际确定其用量的。各定额的主材用量如表 7-35 所示。

表 7-35　主材用量

| 序号 | 定额编号 | 项目名称 | 工程量 | 主材名称 | 规格型号 | 单位 | 定额量 | 主材用量 |
|---|---|---|---|---|---|---|---|---|
| 1 | TSW1-003 | 安装室外馈线走道（水平） | 5 | 室外馈线走道 | | m | 1.01 | 5.05 |
| 2 | TSW1-004 | 安装室外馈线走道（沿外墙垂直） | 3 | 室外馈线走道 | | m | 1.01 | 3.03 |
| 3 | TSW2-023 | 布放射频同轴电缆 7/8″以下（布放 10m） | 6 | 射频同轴电缆 | 7/8″以下 | m | 10.20 | 61.20 |
| | | | | 馈线卡子 | 7/8″以下 | 套 | 9.60 | 57.60 |
| 4 | TSW2-024 | 布放射频同轴电缆 7/8″以下（每增加 10m） | 18 | 射频同轴电缆 | 7/8″以下 | m | 10.20 | 183.60 |
| | | | | 馈线卡子 | 7/8″以下 | 套 | 8.60 | 154.80 |
| 5 | TSW1-017 | 安装防雷接地装置 | 1 | 螺栓 | M10×40 | 套 | 4.04 | 4.04 |
| 6 | TSW1-058 | 安装馈线密封窗 | 1 | 螺栓 | M10×40 | 套 | 6.06 | 6.06 |
| 7 | TSW2-036 | 安装基站设备（落地式） | 1 | 螺栓 | M12×80 | 套 | 4.04 | 4.04 |
| 8 | TSW1-013 | 安装壁挂式外围告警监控箱 | 1 | 螺栓 | M10×80 | 套 | 4.04 | 4.04 |

2）将表 7-35 中的同类材料合并，参照表 7-31 所示的设备主材单价及主材运距填写表四（甲），表格编号为 JZSB4J-1，国内器材预算表（表四）甲（主要材料）甲如表 7-36 所示。

需要安装设备均为国产，运距为 420km，不需要中转，国内器材预算表（表四）甲（需要安装设备）表如表 7-37 所示。

**5. 填写（表二）**

按照题中给定的已知条件，确定每项费用的费率及计费基础，还必须时刻注意费用定额中的注解和说明，同时要填写表中的“依据和计算方法”栏。另外，本工程没有使用施工机械，所以无“大型施工机械调遣费”；工程施工地为城区，所以无“特殊地区施工增加费”。表二的表格编号为JZSB2，建筑安装工程费用预算表（表二）如表7-38所示。

**表7-36 国内器材预算表（表四）甲**

（主要材料）表

工程名称：×××基站设备及馈线安装工程　　建设单位名称：×××电信局　　表格编号：JZSB4J-1　第　页

| 序号 | 名　称 | 规格程式 | 单位 | 数量 | 单价/元 | 合计/元 | 备　注 |
|---|---|---|---|---|---|---|---|
| Ⅰ | Ⅱ | Ⅲ | Ⅳ | Ⅴ | Ⅵ | Ⅶ | Ⅷ |
| 1 | 射频同轴电缆 | 7/8″以下 | m | 244.8 | 1.50 | 367.20 | 电缆 |
| 2 | （1）小计 | | | | | 367.20 | |
| 3 | （2）运杂费：小计×1.5% | | | | | 5.51 | |
| 4 | （3）运输保险费：小计×0.1% | | | | | 0.37 | |
| 5 | （4）采购及保管费：小计×1.0% | | | | | 3.67 | |
| 6 | （5）采购代理服务费：不计 | | | | | 0.00 | |
| 7 | 合计1 | | | | | 376.75 | |
| 8 | 室外馈线走道 | | m | 8.08 | 220.00 | 1777.60 | 其他 |
| 9 | 馈线卡子 | 7/8″以下 | 套 | 212.40 | 0.20 | 42.48 | |
| 10 | 螺栓 | M10×40 | 套 | 10.10 | 3.00 | 30.30 | |
| 11 | 螺栓 | M12×80 | 套 | 4.04 | 4.00 | 16.16 | |
| 12 | 螺栓 | M10×80 | 套 | 4.04 | 5.00 | 20.20 | |
| 13 | （1）小计 | | | | | 1886.74 | |
| 14 | （2）运杂费：小计×3.6% | | | | | 67.93 | |
| 15 | （3）运输保险费：小计×0.1% | | | | | 1.89 | |
| 16 | （4）采购及保管费：小计×1.0% | | | | | 18.87 | |
| 17 | （5）采购代理服务费：不计 | | | | | 0.00 | |
| 18 | 合计2 | | | | | 1975.43 | |
| 19 | 合计 | | | | | 2352.18 | |

设计负责人：×××　　审核：×××　　编制：×××　　编制日期：××××年×月×日

**表7-37 国内器材预算表（表四）甲**

（需要安装设备）表

工程名称：×××基站设备及馈线安装工程　　建设单位名称：×××电信局　　表格编号：JZSB4J-2　第　页

| 序号 | 名　称 | 规格程式 | 单位 | 单价/元 | 数量 | 合计/元 |
|---|---|---|---|---|---|---|
| Ⅰ | Ⅱ | Ⅲ | Ⅳ | Ⅴ | Ⅵ | Ⅶ |
| 1 | 馈线密封窗 | | 个 | 1000.00 | 1.00 | 1000.00 |
| 2 | 防雷接地装置 | | 套 | 2000.00 | 1.00 | 2000.00 |
| 3 | 外围告警监控箱 | 壁挂式 | 个 | 500.00 | 1.00 | 500.00 |
| 4 | 定向天线 | | 副 | 1500.00 | 3.00 | 4500.00 |

（续）

| 序号 | 名　称 | 规格程式 | 单位 | 单价/元 | 数量 | 合计/元 |
|---|---|---|---|---|---|---|
| Ⅰ | Ⅱ | Ⅲ | Ⅳ | Ⅴ | Ⅵ | Ⅶ |
| 5 | 基站设备 | 落地式 | 架 | 20 000.00 | 1.00 | 20 000.00 |
| 6 | （1）需安装的设备类小计 | | | | | 28 000.00 |
| 7 | （2）运杂费（小计×1.2%） | | | | | 336.00 |
| 8 | （3）运输保险费（小计×0.4%） | | | | | 112.00 |
| 9 | （4）采购及保管费（小计×0.82%） | | | | | 229.60 |
| 10 | （5）采购代理服务费：不计 | | | | | 0.00 |
| 11 | 总计 | | | | | 28 677.60 |

设计负责人：××× 审核：××× 编制：××× 编制日期：××××年×月×日

### 表7-38　建筑安装工程费用预算表（表二）

工程名称：×××基站设备及馈线安装工程 建设单位名称：×××电信局 表格编号：JZSB2 第 页

| 序号 | 费用名称 | 依据和计算方法 | 合计/元 | 序号 | 费用名称 | 依据和计算方法 | 合计/元 |
|---|---|---|---|---|---|---|---|
| Ⅰ | Ⅱ | Ⅲ | Ⅳ | Ⅰ | Ⅱ | Ⅲ | Ⅳ |
| | 建筑安装工程费 | 一+二+三+四 | 17 984.72 | 8 | 夜间施工增加费 | 人工费×2.0% | 120.38 |
| 一 | 直接费 | （一）+（二） | 11 854.18 | 9 | 冬雨期施工增加费 | 人工费×2.0% | 120.38 |
| （一） | 直接工程费 | 1+2+3+4 | 10 198.95 | 10 | 生产工具用具使用费 | 人工费×2.0% | 120.38 |
| 1 | 人工费 | （-1）+（-2） | 6019.20 | 11 | 施工用水电蒸汽费 | 不计（给定） | 0.00 |
| -1 | 技工费 | 技工总工日（125.40）×48.00 | 6019.20 | 12 | 特殊地区施工增加费 | 不计 | 0.00 |
| -2 | 普工费 | 普工总工日（0.00）×19.00 | 0.00 | 13 | 已完工程及设备保护费 | 不计（给定） | 0.00 |
| 2 | 材料费 | （-1）+（-2） | 2422.75 | 14 | 运土费 | 不计（给定） | 0.00 |
| -1 | 主要材料费 | （表四）甲 | 2352.18 | 15 | 施工队伍调遣费 | 不计（35km以内） | 0.00 |
| -2 | 辅助材料费 | 主要材料费×3.0% | 70.57 | 16 | 大型施工机械调遣费 | 不计 | 0.00 |
| 3 | 机械使用费 | （表三）乙 | 0.00 | 二 | 间接费 | （一）+（二） | 3731.78 |
| 4 | 仪表使用费 | （表三）丙 | 1757.00 | （一） | 规费 | 1+2+3+4 | 1926.08 |
| （二） | 措施费 | 1+2+3+…+16 | 1655.23 | 1 | 工程排污费 | 不计（给定） | 0.00 |
| 1 | 环境保护费 | 人工费×1.2% | 72.23 | 2 | 社会保障费 | 人工费×26.81% | 1613.70 |
| 2 | 文明施工费 | 人工费×1.0% | 60.19 | 3 | 住房公积金 | 人工费×4.19% | 252.20 |
| 3 | 工地器材搬运费 | 人工费×1.3% | 78.25 | 4 | 危险作业意外伤害保险费 | 人工费×1.0% | 60.19 |
| 4 | 工程干扰费 | 人工费×4.0% | 240.76 | （二） | 企业管理费 | 人工费×30.0% | 1805.70 |
| 5 | 工程点交、场地清理费 | 人工费×2.0% | 120.38 | 三 | 利润 | 人工费×30.0% | 1805.70 |
| 6 | 临时设施费 | 人工费×6.0% | 361.14 | 四 | 税金 | （一+二+三）×3.41% | 593.06 |
| 7 | 工程车辆使用费 | 人工费×6.0% | 361.14 | | | | |

**6. 填写（表五）甲**

1）勘察费：本工程为移动通信基站设备安装工程，查本书表 4-33 可知，勘察费为 4250 元，施工图设计的勘察费 = 4250.00 元 × 40% = 1700.00 元。

2）设计费：3800 元（给定）。

3）工程建设其他费用预算表（表五）甲的表格编号为 JZSB5J，如表 7-39 所示。

**表 7-39 工程建设其他费用预算表（表五）甲**

单项工程名称：×××基站设备及馈线安装工程　　建设单位名称：×××电信局　　表格编号：JZSB5J 第　页

| 序号 | 费用名称 | 计算依据及方法 | 金额/元 | 备　注 |
|---|---|---|---|---|
| Ⅰ | Ⅱ | Ⅲ | Ⅳ | Ⅴ |
| 1 | 建设用地及综合赔补偿费 | 不计（给定） | 0.00 | |
| 2 | 建设单位管理费 | 工程费 ×1.5% | 269.78 | 工程费为 46 662.32 元 |
| 3 | 可行性研究费 | 不计（给定） | 0.00 | |
| 4 | 研究试验费 | 不计（给定） | 0.00 | |
| 5 | 勘察设计费 | 勘察费 + 设计费 | 5500.00 | 勘察费：1700.00 元、设计费：3800.00 元 |
| 6 | 环境影响评价费 | 不计（给定） | 0.00 | |
| 7 | 劳动安全卫生评价费 | 300（给定） | 300.00 | |
| 8 | 建设工程监理费 | 建筑安装工程费 ×5.0% | 899.25 | 双方约定 |
| 9 | 安全生产费 | 建筑安装工程费 ×1.0% | 179.85 | 建筑安装工程费为 17 984.72（见表 7-38） |
| 10 | 工程质量监督费 | 已取消 | 0.00 | |
| 11 | 工程定额测定费 | 已取消 | 0.00 | |
| 12 | 引进技术和引进设备其他费 | 无 | 0.00 | |
| 13 | 工程保险费 | 不计（给定） | 0.00 | |
| 14 | 工程招标代理费 | 不计（给定） | 0.00 | |
| 15 | 专利及专用技术使用费 | 不计（给定） | 0.00 | |
| 16 | 总计 | | 7148.88 | |
| 17 | 生产准备及开办费（运营费） | 不计（给定） | 0.00 | |

设计负责人：×××　　审核：×××　　编制：×××　　编制日期：××××年×月×日

**7. 填写（表一）**

由于本工程编制的是施工图预算，所以可以不列支预备费。工程预算总表（表一）的表格编号为 JZSB1，如表 7-40 所示。

**8. 撰写预算编制说明**

1）工程概况。本工程为×××基站设备及馈线安装工程，按一阶段设计编制施工图预算。本工程共安装基站设备 1 架、布放 7/8″射频同轴电缆 240m。预算总价值为 53 811.2 元，总工日 125.40 工日，均为技工工日。

2）编制依据。

① 施工图设计图样及说明。

② 国家工业和信息化部发布的［2008］75 号文件《通信工程概算、预算编制办法及费

用定额》。

**表 7-40　工程预算总表（表一）**

建设项目名称：×××市电信公司接入网

工程名称：×××基站设备及馈线安装工程　　建设单位名称：×××电信局　　表格编号：JZSB1　　第　页

| 序号 | 表格编号 | 费用名称 | 小型建筑工程费 | 需要安装的设备费 | 不需要安装的设备、工器具费 | 建筑安装工程费 | 其他费用 | 总价值 | |
|---|---|---|---|---|---|---|---|---|---|
| | | | /元 | | | | | 人民币/元 | 其中外币/( ) |
| Ⅰ | Ⅱ | Ⅲ | Ⅳ | Ⅴ | Ⅵ | Ⅶ | Ⅷ | Ⅸ | Ⅹ |
| 1 | JZSB2 | 建筑安装工程费 | | | | 17 984. 72 | | 17 984. 72 | |
| 2 | JZSB4J-2 | 需要安装设备费 | | 28 677. 60 | | | | 28 677. 60 | |
| 3 | JZSB5J | 工程建设其他费 | | | | | 7148. 88 | 7148. 88 | |
| 4 | | 合计 | | | | | | 53 811. 2 | |
| 5 | | 总计 | | | | | | 53 811. 2 | |

设计负责人：×××　　审核：×××　　编制：×××　　编制日期：××××年×月×日

③ ××市电信管理局物资处编制的《××市电信建设工程概算、预算常用电信器材基础价格目录》。

④ 通信工程预算定额第三册《无线通信设备安装工程》。

⑤ 通信工程施工机械、仪表台班定额。

3）工程技术经济指标分析：本单项工程总投资 53 811.2 元。其中建筑安装工程费 17 984.72 元，工程建设其他费 7148.88 元，需要安装设备费 28 677.60 元，没有列支预备费。

4）其他需说明的问题（略）。

# 7.3　实训　概预算软件的应用

## 7.3.1　认识概预算软件

工程概预算文件的编制工作十分烦琐，是一个信息的收集、传递、加工、保存和运用的过程，需要人们花费大量的时间进行分析、计算和汇总。计算机具备高速度、高可靠性和存储能力，可以减轻概预算人员的劳动强度，因此，无论是建设单位、设计单位，还是施工单位，都广泛地应用计算机进行工程概预算文件的编制与管理，这也是现代化生产的必然趋势。

北京的成捷讯、瑞地，天津的网天和广东的建软等许多公司都开发“通信工程概预算”专用软件。本书以广东建软软件技术公司开发的“超人通信工程概预算软件 2008 版”V4.0 正式版为例讲解，2008 版是指采用 2008 年发布的定额，也是现在采用的定额。

**1. 软件的获得与安装**

通过互联网访问 http：//www. cryjs. com/，在主页“下载中心”的“通信广电软件”中下载学习版软件。学习版除不支持打印输出外，其他功能与注册版基本相同。下载后，按照软件的提示安装即可。

安装完成后，用鼠标双击桌面上的软件图标，浏览一下软件的“日积月累”窗口，了解一下软件功能后，单击“确定”按钮，“超人通信工程概预算软件2008版”V4.0对话框如图7-4所示。

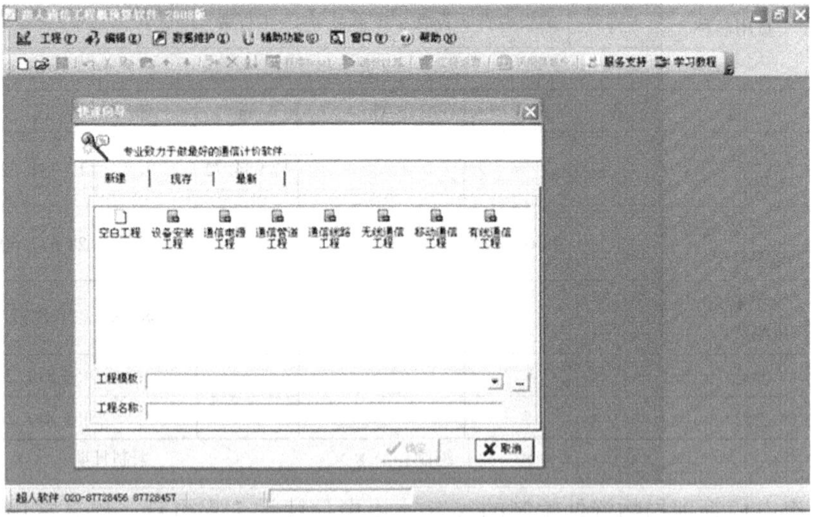

图7-4　“超人通信工程概预算软件2008版”V4.0对话框

**2. 概预算文件的编制**

在使用软件之前，要对工程项目的基本情况认真分析，取定主材单价，根据设计图样统计工程量。使用软件要经过建立并设置项目信息、录入表三甲数据、生成并修改主材、刷新各表数据和预览打印等5个步骤。

### 7.3.2 概预算软件应用向导

为了使概预算软件应用的介绍言简意明，以一个交接箱配线管道电缆线路工程设计预算为例学习。

**1. 已知条件**

1）本工程是××市××局交接箱配线管道电缆线路单项工程一阶段设计预算。

2）本工程为四类工程，由三级施工企业施工；施工企业距施工现场10km。

3）不计取建设用地及综合赔补费；勘察设计费按2500元计取。

4）本工程不计取已完工程及设备保护费、运土费、工程排污费、可行性研究费、研究试验费、环境影响评价费、工程保险费、工程招标代理费、专利及专用技术使用费、生产准备及开办费；没有引进技术和引进设备。

5）施工用水电蒸汽费按400元计取；劳动安全卫生评价费按200元计取。

6）主材不计取采购代理服务费。主材原价按××市电信管理物资处编制的《电信建设工程概算、预算常用电信器材基础价格目录》取定。本工程用的主材单价表如表7-41所示。

7）主材运距：电缆、钢材及其他类主材在100km以内；塑料及塑料制品在40km以内。

8）电缆托板按设计共需18块。

9）电缆敷设方式为人工布放；接续电缆芯线的方式为模块接续方式（25回线模块）。

10）3个人孔有积水。

**表7-41 主材单价表**

| 序号 | 主材名称 | 规格程式 | 单位 | 单价/元 |
|---|---|---|---|---|
| 1 | 市话全塑充油电缆 | T6-0.5 | m | 120.00 |
| 2 | 托板塑料垫 | | 块 | 1.00 |
| 3 | 电缆托板 | | 块 | 2.00 |
| 4 | 接线模块（25回线） | 4000DWP | 块 | 20.00 |
| 5 | 充油膏接头套管 | $\phi$130×900 | 套 | 800.00 |
| 6 | 热缩端帽（不带气门） | | 个 | 20.00 |
| 7 | 热缩端帽（带气门） | | 个 | 25.00 |
| 8 | 镀锌铁线 | $\phi$1.5mm | kg | 4.00 |
| 9 | 镀锌铁线 | $\phi$4.0mm | kg | 3.00 |
| 10 | 充油电缆接头用油膏剂 | | kg | 10.00 |
| 11 | 尼龙固定卡带 | | 根 | 1.00 |
| 12 | 尼龙网套 | | m | 7.00 |

### 2. 工程量汇总

通过查询定额，计算的工程量汇总表如表7-42所示。

**表7-42 工程量汇总表**

| 序号 | 定额编号 | 工程量名称 | 单位 | 数量 |
|---|---|---|---|---|
| 1 | TXL1-002 | 施工测量 | 100m | 1.2 |
| 2 | TGD1-034 | 人孔抽水（弱水流） | 个 | 3.0 |
| 3 | TXL4-075 | 布放交接箱成端电缆（600对以下） | 条 | 1.0 |
| 4 | TXL4-048 | 布放引上电缆（杆上或墙上引200对以上） | 条 | 1.0 |
| 5 | TXL4-019 | 人工敷设管道电缆（800对以下） | 1000米条 | 0.12 |
| 6 | TXL5-128 | 电缆芯线接续（0.60mm以下模块式） | 100对 | 6.0 |
| 7 | TXL5-145 | 充油套管接续（$\phi$130×900以下） | 个 | 1.0 |
| 8 | TXL5-178 | 配线电缆全程测试 | 100对 | 6.0 |

### 3. 建立项目

1）新建项目：在“工程”菜单中选择“新建项目”或直接在弹出的“快速向导”窗口中，根据工程性质选中“通信线路工程”，并输入工程名称“交接箱配线单项工程”，单击“确定”按钮。

2）打开已有项目：单击“工程”菜单中的“打开项目”子菜单，在弹出的窗口中选择已有项目，单击“打开”按钮。

### 4. 设置工程属性

在“快速向导”窗口建立项目后或单击工具栏上的“工程设置”按钮，都会弹出“工程设置”窗口。

1）设置项目“基本信息”：按照工程项目的实际情况，在“工程设置”窗口中填写“基本信息”对话框，完成后如图 7-5 所示。

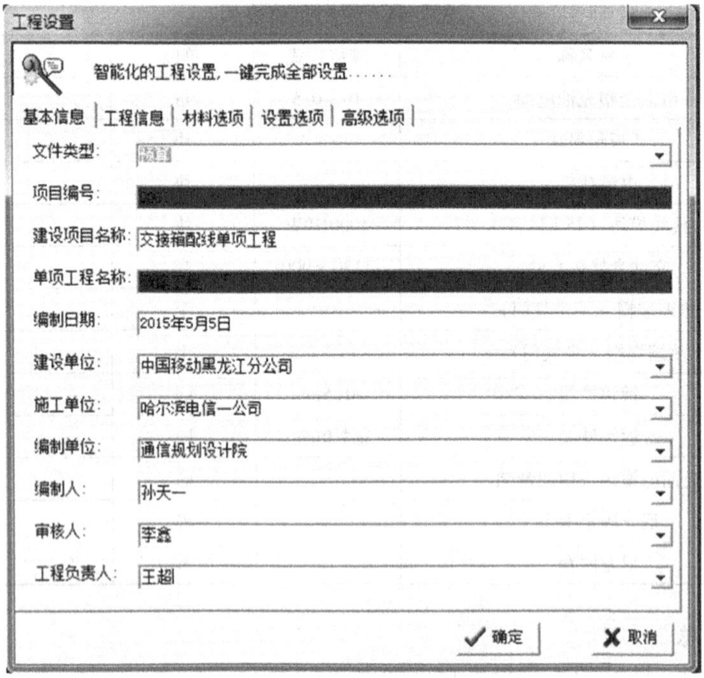


图 7-5　“基本信息”对话框

填写说明如下所述。

① 文件类型：分为概算、预算、结算和决算，根据设计类型选择。

② 项目编号：是唯一识别一个项目的编号（不可重复），用户无法创建相同项目编号的项目。用户在创建完一个新项目后，还可以更改该项目的项目编号，但是更改后的项目编号不能与已有的项目编号重复。

③ 单项工程名称：不能重复，应保持当前项目中单项工程名称的唯一性。

2）设置项目“工程信息”：在“工程设置”窗口中填写“工程信息”对话框，完成后如图 7-6 所示。

填写说明如下所述。

① 新建工程或改扩建工程：（表三）甲对改扩建工程进行工日调整。

② 项目承包方式：分为包工包料和包工不包料两种情况，该选项会影响施工项目承包费（表一）、材料采购及保管费（表四）。

③ 工程类型：分为通信线路、设备安装、通信管道。

④ 施工调遣里程：按施工企业基地至工程所在地的里程计算，即工程距施工企业基地距离，该数值会影响（表二）甲的临时设施费、施工队伍调遣费以及大型施工机械调遣费。

⑤ 施工地区调整：只对通信线路工程有效。

⑥ 海拔高度：只对高原地区设置才有效。

3）设置项目“材料选项”：在“工程设置”窗口中填写“材料选项”对话框，完成后

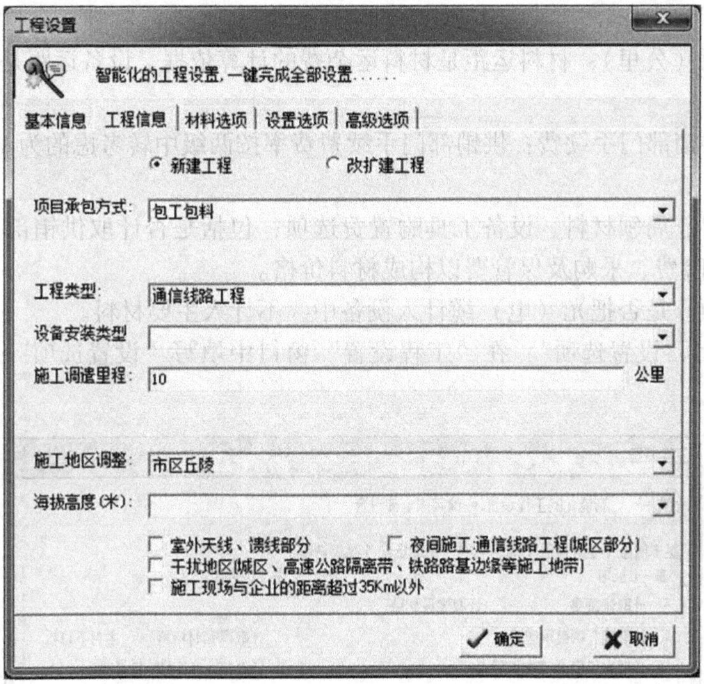


图 7-6 “工程信息”对话框

如图 7-7 所示。

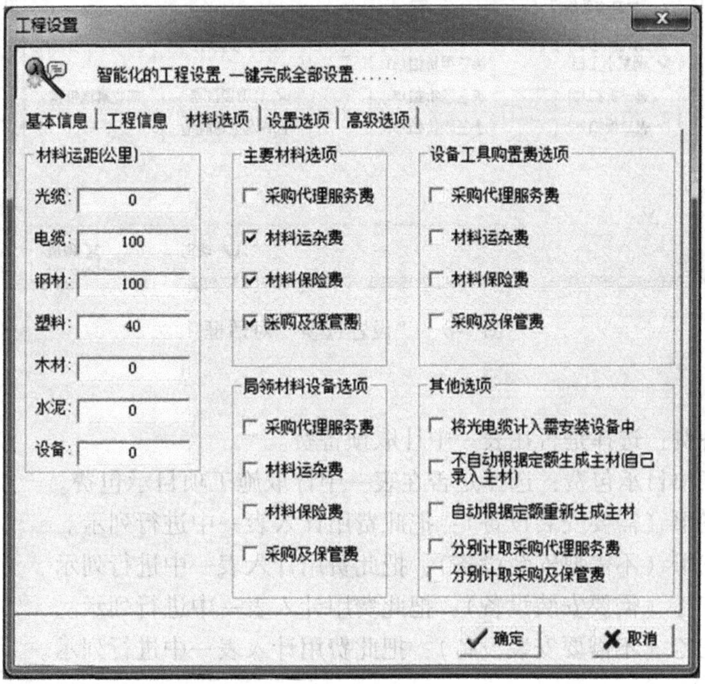


图 7-7 “材料选项”对话框

填写说明如下所述。

① 材料运距（公里）：材料运距是材料运杂费的计算依据，设备运距是设备、工器具运杂费的计算依据。

② 设备的供销部门手续费：供销部门手续费费率按两级中转考虑的为1.5%；不需中转的考虑为1%。

③ 主要材料、局领材料、设备工具购置费选项：包括是否计取供销部门手续费、材料运杂费、材料保险费、采购及保管费以构成材料价格。

④ 其他选项：是否把光（电）缆计入设备中，不计入主要材料。

4）设置项目“设置选项”：在“工程设置”窗口中填写“设置选项”对话框，完成后如图7-8所示。

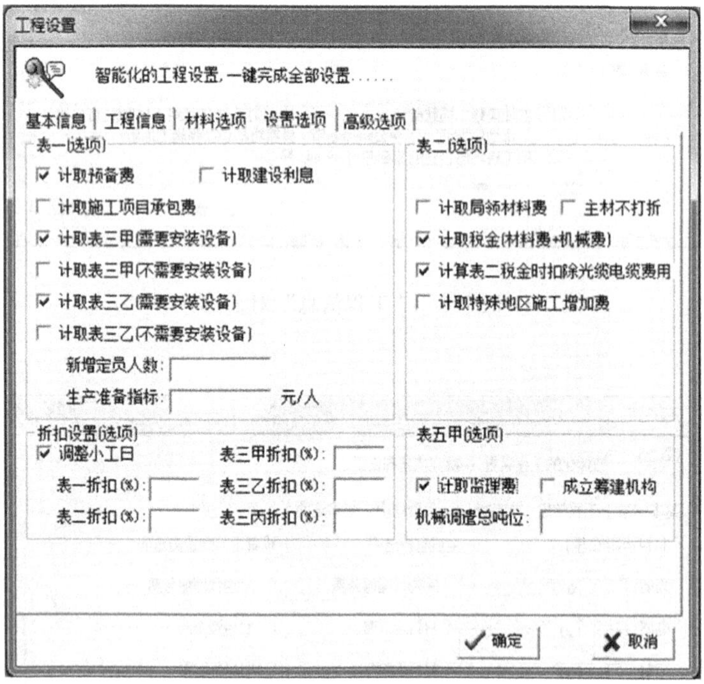


图7-8 “设置选项”对话框

表一（选项）。

① 计取预备费：选择是否在表一中计取预备费。

② 计取施工项目承包费：选择是否在表一中计取施工项目承包费。

③ 计取表三甲（需要安装设备）：把此费用计入表一中进行列示。

④ 计取表三甲（不需要安装设备）：把此费用计入表一中进行列示。

⑤ 计取表三乙（需要安装设备）：把此费用计入表一中进行列示。

⑥ 计取表三乙（不需要安装设备）：把此费用计入表一中进行列示。

表二（选项）。

① 计取局领材料费：如果不选择该选项，则局领材料表不计取材料原价的合计，只计取相关费用（如运杂费、采购及保管费等）。

② 计取税金（材料费 + 机械费）：计取税金时计算基数 = 材料费 + 机械费。

③ 计算表二税金时扣除光缆电缆费用：通信线路工程计取税金时将光缆、电缆的预算价从直接工程费中核减。

④ 计取特殊地区施工增加费：选择是否计取表二中的特殊地区施工增加费。

折扣设置（选项）。

① 调整小工日：选择是否要对表三甲进行小工日调整。

② 表三甲折扣、表三乙折扣：可以对表三甲、表三乙的“合计”进行打折，选择该选项后，表格中多出一条折扣记录，打折 = 合计 × 打折率。

表五甲（选项）。

① 计取监理费：选择是否计取表五甲中的监理费。

② 成立筹建机构：该选项影响表五甲中建设单位管理费的取定。

5）设置项目“高级选项”：在“工程设置”窗口中填写“高级选项”对话框，完成后如图 7-9 所示。

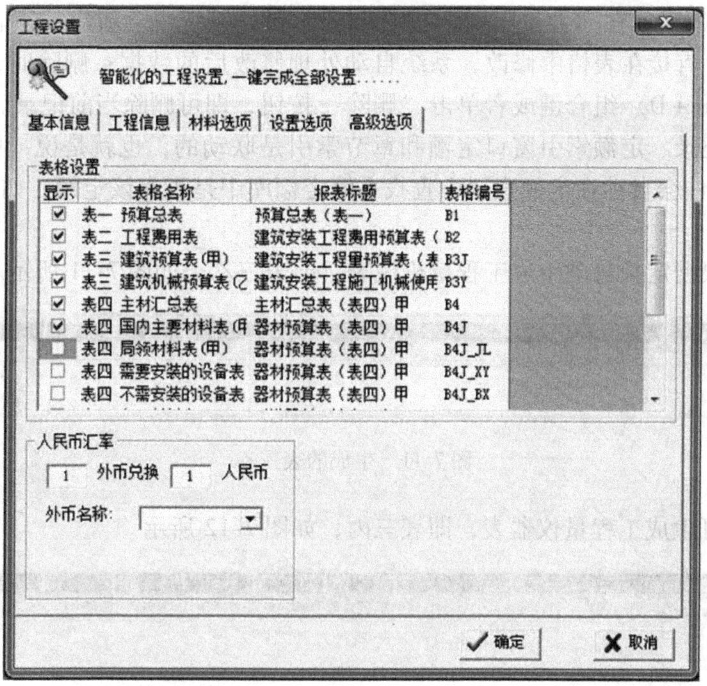


图 7-9 “高级选项”对话框

①显示：设置相关表格是否在选项页中显示。

②表格名称：表格名称，不能修改。

③报表标题：在报表输出中此表格的标题名称。

④表格编号：在报表输出中此表格的表格编号。

工程属性设置完成后，单击“确定”按钮。

**5. 录入表三甲数据**

单击主界面中左下方的预算表切换按钮“表三工程预算表”，根据计算的工程量，录入到表三甲中，完成后如图 7-10 所示。

| | | | | | | | | | | | |
|---|---|---|---|---|---|---|---|---|---|---|---|
| [illegible] | TXL1-002 | 架空光（电）缆工程施工测量 | 100m | 1.200 | .6 | .2 | 0.72 | 0.24 | 1 | 1 | |
| [illegible] | TGD1-034 | 人孔抗抽水 弱水流 | 个 | 3.000 | .5 | 3.5 | 1.50 | 10.50 | 1 | 1 | |
| [illegible] | TXL4-075 | 布放交接箱成端电缆 600对 以下 | 条 | 1.000 | 7.6 | 0 | 7.60 | 0.00 | 1 | 1 | |
| [illegible] | TXL4-048 | 穿放引上电缆 200对 以上 | 条 | 1.000 | .48 | .96 | 0.48 | 0.96 | 1 | 1 | |
| [illegible] | TXL4-019 | 人工敷设管道电缆 800对 以下 | 千米条 | 0.120 | 17.79 | 30.26 | 2.13 | 3.63 | 1 | 1 | |
| [illegible] | TXL5-128 | 电缆芯线接续 0.6 以下 模块式 | 百对 | 6.000 | .66 | 0 | 3.96 | 0.00 | 1 | 1 | |
| [illegible] | TXL5-145 | 充油膏套管接续 Φ130×900 以下 | 个 | 1.000 | 1.53 | .38 | 1.53 | 0.38 | 1 | 1 | |
| [illegible] | TXL5-178 | 配线电缆 | 百对 | 6.000 | 1.5 | 0 | 9.00 | 0.00 | 1 | 1 | |
| 9 | | 小计 | | | | | 26.92 | 15.71 | 1 | 1 | |
| 10 | | 市话工程小工日调整(小计×15%) | | | | | 4.04 | 2.36 | .15 | .15 | |
| 11 | | 合计 | | | | | 30.96 | 18.07 | 1 | 1 | |
| 12 | | 总计 | | | | | 30.96 | 18.07 | 1 | 1 | |

图 7-10　表三甲项目记录

填写说明如下所述。

① 在定额索引窗口的定额列表中找到要录入的定额，用鼠标双击该定额，弹出“输入工程量”对话框，输入工程量以及涉及的主材后，单击“确定”按钮即可。

② 单击“插入”快捷按钮，即可新建一个记录，同时光标定位到“数量”字段，等待用户输入；当输入光标在“数量”时，按〈Enter〉键，系统也会新建一条记录。

③ 编辑时，直接在表格中修改，系统自动处理修改后的数据；删除时，先选择要删除的记录，按〈Ctrl + D〉组合键或者单击“删除”按钮，即可删除当前记录。

④ 表三甲记录、定额索引窗口定额和章节索引是联动的，也就是说，单击表三甲的某个定额记录，软件会自动在定额索引中查找系统定额库中是否有该定额，如果有，则定位到该定额。

⑤ 软件可根据定额自动生成工程量机械表，即表三乙，如图 7-11 所示。

| | | | | | | | | | | | |
|---|---|---|---|---|---|---|---|---|---|---|---|
| 1 | TGD1-034 | 人孔抗抽水 弱水流 | 污水泵 | 台班 | 3 | 4 | 56 | 12.00 | 672.00 | | ✔ |
| [illegible] | | 小计 | | | | | | 0.00 | 672.00 | | ✔ |
| 3 | | 总计 | | | | | | 0.00 | 672.00 | | ✔ |

图 7-11　生成的表三乙

⑥ 同样，可生成工程量仪器表，即表三丙，如图 7-12 所示。

| | | | | | | | | | | | |
|---|---|---|---|---|---|---|---|---|---|---|---|
| 1 | TXL1-002 | 架空光（电）缆工程施工测量 | 地下管线探测仪 | 台班 | 1.2 | .05 | 173 | 0.06 | 10.38 | | ✔ |
| [illegible] | | 小计 | | | | | | 0.00 | 10.38 | | ✔ |
| 3 | | 总计 | | | | | | 0.00 | 10.38 | | ✔ |

图 7-12　生成的表三丙

**6. 填写表四**

单击主界面中的预算表切换按钮“表四 器材预算表”，在“主材汇总表”中填写主材价格，完成后如图 7-13 所示。

填写说明如下所述。

① 主材汇总表中列出了（表三）甲工程量所关联的所有材料。

② 用户可以在中间表中修改材料记录，按〈Delete〉键可以删除当前材料记录，按〈Insert〉键可以新建一条材料记录。

| 序号 | 材料编号 | 名称 | 规格型号 | 单位 | 数量 | 单价 | 合计 | 类别 | 主材类型 | 备注 | 显示 |
|---|---|---|---|---|---|---|---|---|---|---|---|
| 1 | 101 | 充油膏接头套管 | Φ130×900 | 套 | 1.010 | 800.00 | 808.00 | 钢材及其他 | 自购主材 | | ☑ |
| 2 | 143 | 电缆 | T6-5 | m | 121.800 | 120.00 | 14616.00 | 电缆 | 自购主材 | | ☑ |
| 3 | 149 | 电缆托板 | | 块 | 4.242 | 2.00 | 8.48 | 钢材及其他 | 自购主材 | | ☑ |
| 4 | 191 | 镀锌铁线 Φ1.5 | | kg | 0.466 | 4.00 | 1.86 | 钢材及其他 | 自购主材 | | ☑ |
| 5 | 194 | 镀锌铁线 Φ4.0 | | kg | 5.969 | 3.00 | 17.91 | 钢材及其他 | 自购主材 | | ☑ |
| 6 | 344 | 接线模块（25回线） | 4000DWP | 块 | 24.240 | 20.00 | 484.80 | 钢材及其他 | 自购主材 | | ☑ |
| 7 | 412 | 尼龙固定卡带 | | 根 | 2.020 | 1.00 | 2.02 | 塑料及塑料 | 自购主材 | | ☑ |
| 8 | 413 | 尼龙网套 | | m | 1.800 | 7.00 | 12.60 | 塑料及塑料 | 自购主材 | | ☑ |
| 9 | 466 | 热缩端帽（不带气门） | | 个 | 1.980 | 20.00 | 39.59 | 塑料及塑料 | 自购主材 | | ☑ |
| 10 | 467 | 热缩端帽（带气门） | | 个 | 2.990 | 25.00 | 74.74 | 塑料及塑料 | 自购主材 | | ☑ |
| 11 | 579 | 油膏剂 | | kg | 4.670 | 19.00 | 88.73 | 钢材及其他 | 自购主材 | | ☑ |
| 12 | 592 | 托板塑料垫 | | 块 | 4.242 | 1.00 | 4.24 | 钢材及其它 | 自购主材 | | ☑ |

图 7-13　主材汇总表

单击“表四 器材预算表”中的“主要材料表”，如图 7-14 所示。

| 序号 | 材料编号 | 名称 | 规格程式 | 单位 | 数量 | 单价 | 合计 | 类别 | 备注 | 显示 |
|---|---|---|---|---|---|---|---|---|---|---|
| 1 | | 电缆 | | | | | 0.00 | 电缆 | | ☑ |
| 2 | 143 | 电缆 | T6-5 | m | 121.800 | 120.00 | 14616.00 | 电缆 | | ☑ |
| 3 | | 电缆(小计) | | | | | 14616.00 | 电缆 | | ☑ |
| 4 | | 电缆运杂费(类小计×1.50%) | | | | | 219.24 | 电缆 | | ☑ |
| 5 | | 钢材及其他 | | | | | 0.00 | 钢材及其他 | | ☑ |
| 6 | 101 | 充油膏接头套管 | Φ130×900 | 套 | 1.010 | 800.00 | 808.00 | 钢材及其他 | | ☑ |
| 7 | 149 | 电缆托板 | | 块 | 4.242 | 2.00 | 8.48 | 钢材及其他 | | ☑ |
| 8 | 191 | 镀锌铁线 Φ1.5 | | kg | 0.466 | 4.00 | 1.86 | 钢材及其他 | | ☑ |
| 9 | 194 | 镀锌铁线 Φ4.0 | | kg | 5.969 | 3.00 | 17.91 | 钢材及其他 | | ☑ |
| 10 | 344 | 接线模块（25回线） | 4000DWP | 块 | 24.240 | 20.00 | 484.80 | 钢材及其他 | | ☑ |
| 11 | 579 | 油膏剂 | | kg | 4.670 | 19.00 | 88.73 | 钢材及其他 | | ☑ |
| 12 | 592 | 托板塑料垫 | | 块 | 4.242 | 1.00 | 4.24 | 钢材及其他 | | ☑ |
| 13 | | 钢材及其他(小计) | | | | | 1414.03 | 钢材及其他 | | ☑ |
| 14 | | 钢材及其他运杂费(类小计×3.60%) | | | | | 50.90 | 钢材及其他 | | ☑ |
| 15 | | 塑料及塑料制品 | | | | | 0.00 | 塑料及塑料 | | ☑ |
| 16 | 412 | 尼龙固定卡带 | | 根 | 2.020 | 1.00 | 2.02 | 塑料及塑料 | | ☑ |
| 17 | 413 | 尼龙网套 | | m | 1.800 | 7.00 | 12.60 | 塑料及塑料 | | ☑ |
| 18 | 466 | 热缩端帽（不带气门） | | 个 | 1.980 | 20.00 | 39.59 | 塑料及塑料 | | ☑ |
| 19 | 467 | 热缩端帽（带气门） | | 个 | 2.990 | 25.00 | 74.74 | 塑料及塑料 | | ☑ |
| 20 | | 塑料及塑料制品(小计) | | | | | 128.95 | 塑料及塑料 | | ☑ |
| 21 | | 塑料及塑料制品运杂费(类小计×4.30%) | | | | | 5.54 | 塑料及塑料制品 | | ☑ |
| 22 | | 分类小计 | | | | | 16158.98 | 小计 | | ☑ |
| 23 | | 采购及保管费(小计×1.10%) | | | | | 177.75 | 小计 | | ☑ |
| 24 | | 运输保险费(小计×0.10%) | | | | | 16.16 | 小计 | | ☑ |
| 25 | | 合计 | | | | | 469.60 | 小计 | | ☑ |
| 26 | | 总计 | | | | | 16628.58 | 小计 | | ☑ |

图 7-14　主要材料表

**7. 表五甲的填写**

表五甲的数据都是程序根据基础费率自动生成的，不需要手动修改，但是在一些特殊情况下，用户也可以手动修改表五甲的数据。修改时双击要修改的表格单元，再输入需要的内容即可。填写完成后的表五甲如图 7-15 所示。

**8. 工程费用表**（表二）

软件能够根据工程设置自动生成工程费用表（表二），但有些费用需要手工填写，例如施工用水电蒸汽费、已完工程及设备保护费等。完成后的工程费用表（表二）如图 7-16 所示。

| | | | | | |
|---|---|---|---|---|---|
| 1 | 建设用地及综合赔补费 | 不计取 | 0.00 | | ✔ |
| 2 | 建设单位管理费 | 工程费×1.5% | 324.39 | | ✔ |
| 3 | 可行性研究费 | 不计取 | 0.00 | | ✔ |
| 4 | 研究试验费 | 不计取 | 0.00 | | ✔ |
| 5 | 勘察设计费 | 2500 | 2500.00 | 协商 | ✔ |
| 6 | 环境影响评价费 | 不计取 | 0.00 | | ✔ |
| 7 | 劳动安全卫生评价费 | 200 | 200.00 | | ✔ |
| 8 | ⊟ 建设工程监理费 | | 951.53 | | ✔ |
| | (1)设计阶段(含设计招标) | Ⅱ×0.40% | 86.50 | | ✔ |
| | (2)施工(含施工招标)及保修 | Ⅱ×4.00% | 865.03 | | ✔ |
| 9 | 安全生产费 | 建筑安装工程费×1% | 216.26 | | ✔ |
| 10 | 工程质量监督费 | 不计取 | 0.00 | | ✔ |
| 11 | 定额编制管理费 | 不计取 | 0.00 | | ✔ |
| 12 | 引进技术和引进设备其他费 | 不计取 | 0.00 | | ✔ |
| 13 | 工程保险费 | 不计取 | 0.00 | | ✔ |
| 14 | 工程招标代理费 | 不计取 | 0.00 | | ✔ |
| 15 | 专利及专用技术使用费 | 不计取 | 0.00 | | ✔ |
| | 总计 | | 4192.18 | | ✔ |

图 7-15　填写完成后的表五甲

| | | | | |
|---|---|---|---|---|
| | ⊟ 建筑安装工程费 | 一+二+三+四 | 22039.46 | |
| | ⊟ 直接费 | (一)+(二) | 20111.63 | |
| | ⊟ 直接工程费 | ①+②+③+④ | 19190.26 | |
| | ⊟ 人工费 | (1)+(2) | 1829.41 | |
| | 技工费 | 技工总工日×48.00 | 1486.08 | |
| | 普工费 | 普工总工日×19.00 | 343.33 | |
| | ⊟ 材料费 | (1)+(2) | 16678.47 | |
| | 主要材料费 | 国内主材 | 16628.58 | |
| | 辅助材料费 | 主材费×0.3% | 49.89 | |
| | 机械使用费 | 机械费合计 | 672.00 | |
| | 仪表使用费 | 仪表费合计 | 10.38 | |
| | ⊟ 措施费 | | 921.37 | |
| | 环境保护费 | 人工费×1.5% | 27.44 | |
| | 文明施工费 | 人工费×1% | 18.29 | |
| | 工地器材搬运费 | 人工费×5% | 91.47 | |
| | 工程干扰费 | | | |
| | 工程点交、场地清理费 | 人工费×5% | 91.47 | |
| | 临时设施费 | 人工费×5% | 91.47 | |
| | 工程车辆使用费 | 人工费×6% | 109.76 | |
| | 夜间施工增加费 | | | |
| | 冬雨季施工增加费 | 人工费×2% | 36.59 | |
| | 生产工具用具使用费 | 人工费×3% | 54.88 | |
| | 施工用水电蒸汽费 | 400 | 400.00 | |
| | 已完工程及设备保护费 | 不计取 | 0.00 | |
| | 运土费 | 不计取 | 0.00 | |
| | 施工队伍调遣费 | 单位调遣费定额×调遣人数×2 | 0.00 | |
| | 大型施工机械调遣费 | 2×0.62×调遣运距×总吨位 | 0.00 | |
| | ⊟ 间接费 | (一)+(二) | 1134.22 | |
| | ⊟ 规费 | | 585.40 | |
| | 工程排污费 | 人工费×0% | 0.00 | |
| | 社会保障费 | 人工费×26.81% | 490.46 | |
| | 住房公积金 | 人工费×4.19% | 76.65 | |
| | 危险作业意外伤害保险费 | 人工费×1% | 18.29 | |
| | 企业管理费 | 人工费×30% | 548.82 | |
| | 利润 | 人工费×30% | 548.82 | |
| 四 | 税金 | (一+二+三-光电缆费)×3.41% | 244.79 | |

图 7-16　完成后的工程费用表（表二）

**9. 预算总表**

单击主界面中的预算表切换按钮“表一预算总表”，表一的数据都是程序根据表二、表五自动生成的，不需要手动修改。自动生成的表一如图 7-17 所示。

| [illegible] | [illegible] | [illegible] | [illegible] | [illegible] | [illegible] | [illegible] | [illegible] | [illegible] | [illegible] | [illegible] | [illegible] |
|---|---|---|---|---|---|---|---|---|---|---|---|
| 1 | B2 | 建筑安装工程费 | 0.00 | 0.00 | 0.00 | 22039.46 | 0.00 | 0.00 | 22039.46 | 22039.46 | ☑ |
| [illegible] | B4J_XY | (国内)需要安装的设备 | 0.00 | 0.00 | 0.00 | 0.00 | 0.00 | 0.00 | 0.00 | 0.00 | ☑ |
| [illegible] | B4Y_XY | (引进)需要安装的设备 | 0.00 | 0.00 | 0.00 | 0.00 | 0.00 | 0.00 | 0.00 | 0.00 | ☑ |
| [illegible] | B4Y_BX | (引进)不需安装的设备 | 0.00 | 0.00 | 0.00 | 0.00 | 0.00 | 0.00 | 0.00 | 0.00 | ☑ |
| [illegible] | | 工程费(建筑安装工程费+设备费) | 0.00 | 0.00 | 0.00 | 22039.46 | 0.00 | 0.00 | 22039.46 | 22039.46 | ☑ |
| [illegible] | B5J | 工程建设其他费 | 0.00 | 0.00 | 0.00 | 0.00 | 4220.72 | 0.00 | 4220.72 | 4220.72 | ☑ |
| [illegible] | B5y | 引进工程建设其他费 | 0.00 | 0.00 | 0.00 | 0.00 | 0.00 | 0.00 | 0.00 | 0.00 | ☑ |
| [illegible] | | 小计(工程费+其他费) | 0.00 | 0.00 | 0.00 | 22039.46 | 4220.72 | 0.00 | 26260.18 | 26260.18 | ☑ |
| [illegible] | | 预备费[(工程费+其他费)×4%] | 0.00 | 0.00 | 0.00 | 0.00 | 0.00 | 1050.41 | 1050.41 | 1050.41 | ☑ |
| 10 | | 总计 | 0.00 | 0.00 | 0.00 | 22039.46 | 4220.72 | 1050.41 | 27310.59 | 27310.59 | ☐ |

图 7-17　自动生成的表一

要预览报表打印效果，可以单击主界面中的预算表切换按钮“报表输出”，可以预览报表的打印效果。

## 7.4　习题

1. 编写×××新建市话架空电缆线路单项工程的一阶段设计预算，计算结果精确到两位小数。工程已知条件如下：

1）本工程为新建市话架空电缆线路单项工程，只敷设镀锌钢绞线，暂不敷设电缆。

2）本工程建设单位为××市电话局。施工地点在城区内，施工企业基地距工程所在地为 24km。

3）设计图样如图 7-18 所示。

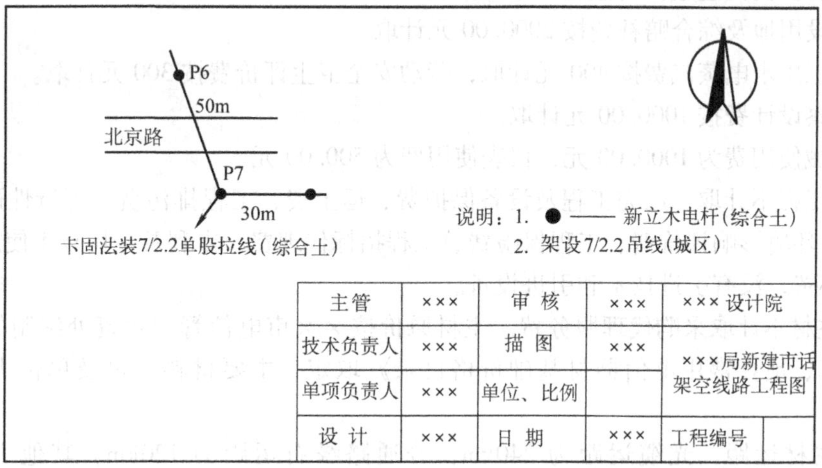


图 7-18　设计图样

4）机械使用费为600元、仪表使用费为400元，施工用水电蒸气费按200元计取，劳动安全卫生评价费按300元计取，不计取建设工程监理费和勘察设计费。

5）建设单位管理费的计费基础为建筑安装工程工程费。

6）本工程不计取建设用地及综合赔补费、大型施工机械调遣费、已完工程及设备保护费、运土费、工程排污费、可行性研究费、研究试验费、环境影响评价费、工程保险费、工程招标代理费、专利及专用技术使用费、生产准备及开办费，没有引进技术和引进设备。

7）主材不计取采购代理服务费。主材原价按××市电信管理物资处编制的《电信建设工程概算、预算常用电信器材基础价格目录》取定。主要材料用量及单价表如表7-43所示。

**表7-43　主要材料用量及单价表**

| 序　号 | 材料名称 | 单　位 | 数　量 | 价格/元 | |
|---|---|---|---|---|---|
| | | | | 单价 | 预算价 |
| 1 | 8m水泥杆（梢径13～17cm） | 根 | 3.03 | 200 | 606.00 |
| 2 | 水泥32.5 | kg | 0.60 | 5 | 3.00 |
| 3 | 镀锌钢绞线7/2.2 | kg | 50 | 10 | 500.00 |
| 4 | 其他主要材料 | 批 | 1 | | 200.00 |

8）主材运距。水泥及水泥构件运距为50km，其他材料运距均为60km。

2. 编写××公司长途埋式光缆线路单项工程的施工图预算，计算结果精确到两位小数。工程已知条件如下。

1）本工程为××公司长途埋式光缆线路单项工程。

2）本工程在城外施工，施工所在地为非特殊地区，施工企业基地距施工现场50km。

3）大型施工机械调遣总吨位为10.5t。

4）本工程委托监理公司监理，监理费按建筑工程费的3.5%计取。

5）建设用地及综合赔补费按2000.00元计取。

6）施工用水电蒸汽费按400元计取，劳动安全卫生评价费按300元计取。

7）勘察设计费按1000.00元计取。

8）机械使用费为1000.00元，仪表使用费为500.00元。

9）本工程不计取：已完工程及设备保护费、运土费、工程排污费、可行性研究费、研究试验费、环境影响评价费、工程保险费、工程招标代理费、专利及专用技术使用费、生产准备及开办费，没有引进技术和引进设备。

10）主材不计取采购代理服务费。主材原价按××市电信管理物资处编制的《电信建设工程概算、预算常用电信器材基础价格目录》取定。主要材料用量及单价表如表7-44所示。

11）主材运距。光缆运距为240km，普通路缘石运距为120km，其他主材运距均为160km。

12）设计图样及说明：工程路由示意图如图7-19所示。

**表 7-44　主要材料用量及单价表**

| 序　号 | 名　　称 | 规格程式 | 单　位 | 数　量 | 价格/元 | |
|---|---|---|---|---|---|---|
| | | | | | 单价 | 预算价 |
| 1 | 埋式光缆 | 36 芯 | km | 1.0 | 10.0 | |
| 2 | 普通路缘石 | 140×140×1000（mm） | 个 | 10 | 10 | |
| 3 | 镀锌铁线 | $\phi$1.5mm | kg | 1.0 | 5.0 | |
| 4 | 镀锌铁线 | $\phi$3.0mm | kg | 1.0 | 5.0 | |
| 5 | 镀锌铁线 | $\phi$4.0mm | kg | 1.0 | 5.0 | |
| 6 | 其他主要材料 | | 批 | 1 | | 200.00 |

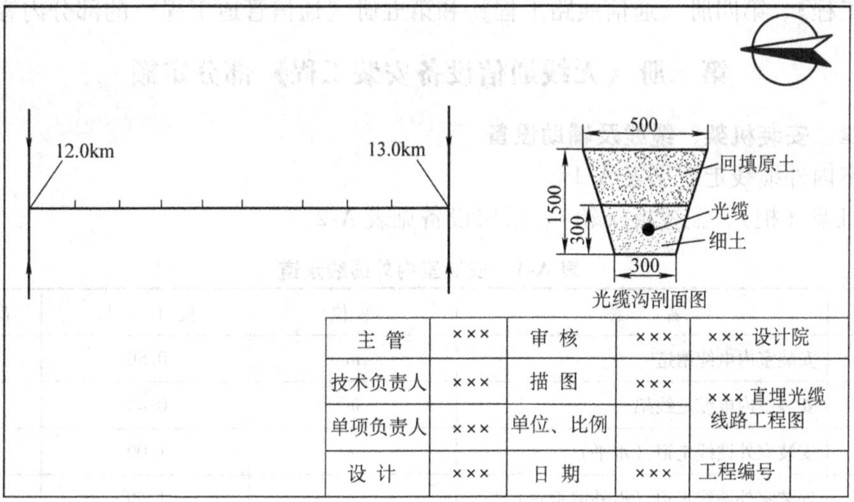


图 7-19　工程路由示意图

图样说明如下。

① 光缆沟上口宽为 0.5m，沟底宽为 0.3m，沟深为 1.5m。

② 土质为普通土，采用“挖松填方式”人工放缆。

③ 本工程不接续、不测试。

# 附　　录

## 附录 A　通信工程预算定额

通信工程预算定额的内容较多，这里仅根据本书的教学需要，收录第三册《无线通信设备安装工程》、第四册《通信线路工程》和第五册《通信管道工程》的部分内容。

### 第三册《无线通信设备安装工程》部分定额

**第一章　安装机架、缆线及辅助设备**

安装室内外缆线走道见表 A-1。

安装机架（柜）、配线板（箱）、附属设备见表 A-2。

**表 A-1　安装室内外缆线走道**

| 编号 | 名　　称 | 单位 | 技工工日 | 普工工日 |
|---|---|---|---|---|
| TSW1-001 | 安装室内电缆槽道 | m | 0.50 | |
| TSW1-002 | 安装室内电缆走线架 | m | 0.40 | |
| TSW1-003 | 安装室外馈线走道（水平） | m | 1.00 | |
| TSW1-004 | 安装室外馈线走道（沿外墙垂直） | m | 1.50 | |
| TSW1-005 | 安装软光纤走线槽 | m | 0.30 | |

**表 A-2　安装机架（柜）、配线板（箱）、附属设备**

| 编号 | 名　　称 | 单位 | 技工工日 | 普工工日 |
|---|---|---|---|---|
| TSW1-006 | 安装综合架、柜 | 架 | 2.5 | |
| TSW1-008 | 安装电源分配柜、箱（落地式） | 架 | 3 | |
| TSW1-009 | 安装电源分配柜、箱（壁挂式） | 架 | 2 | |
| TSW1-010 | 安装数字分配架、箱（落地式） | 架 | 5 | |
| TSW1-011 | 安装数字分配架、箱（壁挂式） | 架 | 2.5 | |
| TSW1-012 | 安装数字、光分配架单元 | 个 | 0.25 | |
| TSW1-013 | 安装壁挂式外围告警监控箱 | 个 | 1.5 | |

**第二章　安装移动通信设备**

安装移动通信天线见表 A-3。

安装移动通信馈线见表 A-4。

安装、调测天线、馈线附属设备见表 A-5。

调测天线、馈线系统见表 A-6。

安装、调测基站设备见表 A-7。

**表 A-3 安装移动通信天线**

| 编号 | 名称 | 单位 | 技工工日 | 普工工日 |
|---|---|---|---|---|
| TSW2-001 | 安装全向天线 楼顶铁塔上（高度）（20m 以下） | 副 | 7 | |
| TSW2-002 | 安装全向天线 楼顶铁塔上（高度）（20m 以上每增加 10m） | 副 | 1 | |
| TSW2-003 | 安装全向天线 地面铁塔上（高度）（40m 以下） | 副 | 8 | |
| TSW2-004 | 安装全向天线 地面铁塔上（高度）（40m 以上至 80m 以下每增加 10m） | 副 | 1 | |
| TSW2-005 | 安装全向天线 地面铁塔上（高度）（80m 以上至 90m 以下） | 副 | 16 | |
| TSW2-006 | 安装全向天线 地面铁塔上（高度）（90m 以上每增加 10m） | 副 | 2 | |
| TSW2-009 | 安装定向天线 楼顶铁塔上（高度）（20m 以下） | 副 | 8 | |
| TSW2-010 | 安装定向天线 楼顶铁塔上（高度）（20m 以上每增加 10m） | 副 | 1 | |
| TSW2-011 | 安装定向天线 地面铁塔上（高度）（40m 以下） | 副 | 9 | |
| TSW2-012 | 安装定向天线 地面铁塔上（高度）（40m 以上至 80m 以下每增加 10m） | 副 | 1 | |
| TSW2-013 | 安装定向天线 地面铁塔上（高度）（80m 以上至 90m 以下） | 副 | 17 | |
| TSW2-014 | 安装定向天线 地面铁塔上（高度）（90m 以上每增加 10m） | 副 | 2 | |

**表 A-4 安装移动通信馈线**

| 编号 | 名称 | 单位 | 技工工日 | 普工工日 |
|---|---|---|---|---|
| TSW2-021 | 布放射频同轴电缆 1/2″以下（布放 10m） | 10 米条 | 0.5 | |
| TSW2-022 | 布放射频同轴电缆 1/2″以下（每增加 10m） | 10 米条 | 0.3 | |
| TSW2-023 | 布放射频同轴电缆 7/8″以下（布放 10m） | 条 | 1.5 | |
| TSW2-024 | 布放射频同轴电缆 7/8″以下（每增加 10m） | 10 米条 | 0.8 | |
| TSW2-025 | 布放射频同轴电缆 7/8″以上（布放 10m） | 条 | 2.5 | |
| TSW2-026 | 布放射频同轴电缆 7/8″以上（每增加 10m） | 10 米条 | 1.2 | |

**表 A-5 安装、调测天线、馈线附属设备**

| 编号 | 名称 | 单位 | 技工工日 | 普工工日 |
|---|---|---|---|---|
| TSW2-027 | 安装调测室内天、馈线附属设备（放大器或中继器） | 个 | 1 | |
| TSW2-028 | 安装调测室内天、馈线附属设备（分路器（功分器、耦合器）） | 个 | 0.5 | |
| TSW2-029 | 安装调测室内天、馈线附属设备（分路器（匹配器（假负载）） | 个 | 0.5 | |
| TSW2-030 | 安装调测室内天、馈线附属设备（光纤分布主控单元） | 架 | 3 | |
| TSW2-031 | 安装调测室内天、馈线附属设备（光纤分布远端单元） | 单元 | 1 | |

**表 A-6 调测天线、馈线系统**

| 编号 | 名称 | 单位 | 技工工日 | 普工工日 |
|---|---|---|---|---|
| TSW2-032 | 基站天、馈线系统调测 | 条 | 4 | |
| TSW2-033 | 分布式天、馈线系统调测 | 副 | 1.5 | |
| TSW2-034 | 泄漏式电缆调测 | 100 米条 | 3 | |
| TSW2-035 | 配合调测天、馈线系统 | 站 | 3 | |

**表 A-7　安装、调测基站设备**

| 编 号 | 名　　称 | 单 位 | 技工工日 | 普工工日 |
|---|---|---|---|---|
| TSW2-036 | 安装基站设备（落地式） | 架 | 10 | |
| TSW2-037 | 安装基站设备（壁挂式） | 架 | 8 | |
| TSW2-038 | 安装室外基站设备（杆高≤20m） | 套 | 10 | |
| TSW2-039 | 安装室外基站设备（杆高>20m） | 套 | 12 | |
| TSW2-040 | 安装信道板 | 载频 | 1 | |
| TSW2-041 | 安装调测直放站设备 | 站 | 12 | |
| TSW2-042 | 安装室外射频拉远单元 | 套 | 4 | |
| TSW2-043 | GSM 基站系统调测（3 个载频以下） | 站 | 30 | |
| TSW2-044 | GSM 基站系统调测（6 个载频以下） | 站 | 50 | |
| TSW2-045 | GSM 基站系统调测（6 个载频以上每增加一个载频） | 载频 | 3 | |
| TSW2-046 | CDMA 基站系统调测（6 个扇载以下） | 站 | 60 | |
| TSW2-047 | CDMA 基站系统调测（每增加一个扇载） | 扇载 | 4 | |

# 第四册《通信线路工程》部分定额

## 第一章　施工测量与开挖路面

施工测量见表 A-8。

开挖路面见表 A-9。

**表 A-8　施工测量**

| 编 号 | 名　　称 | 单 位 | 技工工日 | 普工工日 |
|---|---|---|---|---|
| TXL1-001 | 直埋光（电）工程施工测量 | 100m | 0. 70 | 0. 30 |
| TXL1-002 | 架空光（电）工程施工测量 | 100m | 0. 60 | 0. 20 |
| TXL1-003 | 管道光（电）工程施工测量 | 100m | 0. 50 | |
| TXL1-006 | GPS 定位 | 点 | 0. 05 | |

**表 A-9　开挖路面**

| 编 号 | 名　　称 | 单 位 | 技工工日 | 普工工日 |
|---|---|---|---|---|
| TXL1-007 | 人工开挖路面（混凝土路面 150mm 以下） | $100m^2$ | 6. 88 | 61. 92 |
| TXL1-008 | 人工开挖路面（混凝土路面 250mm 以下） | $100m^2$ | 16. 16 | 104. 80 |
| TXL1-011 | 人工开挖路面（沥青柏油路面 150mm 以下） | $100m^2$ | 3. 80 | 34. 20 |
| TXL1-012 | 人工开挖路面（沥青柏油路面 250mm 以下） | $100m^2$ | 6. 90 | 62. 10 |
| TXL1-015 | 人工开挖路面（砂石路面 150mm 以下） | $100m^2$ | 1. 60 | 14. 40 |
| TXL1-016 | 人工开挖路面（砂石路面 250mm 以下） | $100m^2$ | 3. 00 | 27. 00 |
| TXL1-017 | 人工开挖路面（混凝土砌块路面） | $100m^2$ | 0. 60 | 5. 40 |
| TXL1-018 | 人工开挖路面（水泥花砖路面） | $100m^2$ | 0. 50 | 4. 50 |
| TXL1-019 | 人工开挖路面（条石路面） | $100m^2$ | 4. 40 | 39. 60 |

## 第二章　敷设埋式光（电）缆

挖、填光（电）缆沟及接头坑见表 A-10。

敷设埋式光（电）缆见表 A-11。

专用塑料管道内敷设光缆见表 A-12。

埋式光（电）缆保护与防护见表 A-13。

**表 A-10　挖、填光（电）缆沟及接头坑**

| 编　号 | 名　称 | 单　位 | 技工工日 | 普工工日 |
|---|---|---|---|---|
| TXL2-001 | 挖、松填光（电）缆沟及接头坑（普通土） | $100m^3$ |  | 42.00 |
| TXL2-002 | 挖、松填光（电）缆沟及接头坑（硬土） | $100m^3$ |  | 59.00 |
| TXL2-003 | 挖、松填光（电）缆沟及接头坑（砂砾土） | $100m^3$ |  | 81.00 |
| TXL2-004 | 挖、松填光（电）缆沟及接头坑（冻土） | $100m^3$ |  | 150.00 |
| TXL2-005 | 挖、松填光（电）缆沟及接头坑（软石） | $100m^3$ | 5.00 | 185.00 |
| TXL2-008 | 挖、夯填光（电）缆沟及接头坑（普通土） | $100m^3$ |  | 45.00 |
| TXL2-009 | 挖、夯填光（电）缆沟及接头坑（硬土） | $100m^3$ |  | 62.00 |
| TXL2-010 | 挖、夯填光（电）缆沟及接头坑（砂砾土） | $100m^3$ |  | 84.00 |
| TXL2-011 | 挖、夯填光（电）缆沟及接头坑（冻土） | $100m^3$ |  | 160.00 |
| TXL2-012 | 挖、夯填光（电）缆沟及接头坑（软石） | $100m^3$ | 5.00 | 197.00 |
| TXL2-015 | 石质沟铺盖细土 | 沟千米 |  | 6.00 |
| TXL2-016 | 手推车倒运土方 | $100m^3$ | 1.00 | 16.00 |

**表 A-11　敷设埋式光（电）缆**

| 编　号 | 名　称 | 单　位 | 技工工日 | 普工工日 |
|---|---|---|---|---|
| TXL2-017 | 平原地区敷设埋式光缆（12 芯以下） | 千米条 | 12.20 | 35.70 |
| TXL2-018 | 平原地区敷设埋式光缆（36 芯以下） | 千米条 | 16.68 | 37.86 |
| TXL2-019 | 平原地区敷设埋式光缆（60 芯以下） | 千米条 | 21.16 | 40.02 |
| TXL2-023 | 丘陵、水田、城区架设敷设埋式光缆（12 芯） | 千米条 | 14.36 | 41.37 |
| TXL2-024 | 丘陵、水田、城区架设敷设埋式光缆（36 芯） | 千米条 | 19.68 | 43.89 |
| TXL2-025 | 丘陵、水田、城区架设敷设埋式光缆（60 芯） | 千米条 | 25.00 | 46.41 |
| TXL2-029 | 山区敷设埋式光缆（12 芯以下） | 千米条 | 17.94 | 50.78 |
| TXL2-030 | 山区敷设埋式光缆（36 芯以下） | 千米条 | 24.66 | 53.90 |
| TXL2-031 | 山区敷设埋式光缆（60 芯以下） | 千米条 | 31.38 | 57.20 |
| TXL2-035 | 敷设埋式电缆（200 对以下） | 千米条 | 8.35 | 22.84 |
| TXL2-036 | 敷设埋式电缆（400 对以下） | 千米条 | 9.49 | 25.91 |
| TXL2-037 | 敷设埋式电缆（600 对以下） | 千米条 | 11.08 | 30.23 |
| TXL2-038 | 敷设埋式电缆（600 对以上） | 千米条 | 13.51 | 36.76 |

**表 A-12　专用塑料管道内敷设光缆**

| 编　　号 | 名　　称 | 单　位 | 技工工日 | 普工工日 |
|---|---|---|---|---|
| TXL2-047 | 平原地区人工敷设小口径塑料管（4 管） | km | 21.22 | 64.25 |
| TXL2-048 | 平原地区人工敷设小口径塑料管（5 管） | km | 27.06 | 81.77 |
| TXL2-049 | 平原地区人工敷设小口径塑料管（6 管） | km | 31.85 | 96.15 |
| TXL2-050 | 平原地区人工敷设小口径塑料管（7 管） | km | 36.64 | 110.53 |
| TXL2-092 | 小口径塑料管试通 | 孔千米 | 1 | 2 |
| TXL2-093 | 小口径塑料管道充气试验 | 孔千米 | 0.5 | 0.5 |
| TXL2-094 | 平原地区气流法穿放光缆（24 芯以下） | 千米条 | 8.94 | 1.27 |
| TXL2-095 | 平原地区气流法穿放光缆（48 芯以下） | 千米条 | 10.01 | 1.43 |

**表 A-13　埋式光（电）缆保护与防护**

| 编　　号 | 名　　称 | 单　位 | 技工工日 | 普工工日 |
|---|---|---|---|---|
| TXL2-111 | 地下定向钻孔敷管 $\phi$240mm 以下（30m 以下） | 处 | 3.96 | 10.26 |
| TXL2-112 | 地下定向钻孔敷管 $\phi$240mm 以下（每增加 10m） | 10m | 0.79 | 2.05 |
| TXL2-113 | 地下定向钻孔敷管 $\phi$360mm 以下（30m 以下） | 处 | 5.94 | 13.34 |
| TXL2-114 | 地下定向钻孔敷管 $\phi$360mm 以下（每增加 10m） | 10m | 1.19 | 2.67 |
| TXL2-119 | 桥挂钢管 | m | 0.1 | 0.2 |
| TXL2-120 | 桥挂塑料管 | m | 0.05 | 0.1 |
| TXL2-121 | 桥挂槽道 | m | 0.08 | 0.15 |
| TXL2-122 | 人工顶管 | m | 1 | 2 |
| TXL2-123 | 机械顶管 | m | 0.6 | 0.2 |
| TXL2-124 | 铺管保护（铺钢管） | m | 0.03 | 0.1 |
| TXL2-125 | 铺管保护（铺塑料管） | m | 0.01 | 0.1 |
| TXL2-126 | 铺管保护铺（大长度半硬塑料管） | 100m | 1.5 | 2.5 |
| TXL2-127 | 铺砖保护（横铺砖） | km | 2 | 15 |
| TXL2-128 | 铺砖保护（竖铺砖） | km | 2 | 10 |
| TXL2-129 | 铺水泥盖板 | km | 2 | 13 |
| TXL2-130 | 铺水泥槽 | m | 0.05 | 0.1 |

## 第三章　敷设架空光（电）缆

立杆见表 A-14。

安装拉线见表 A-15。

架设吊线见表 A-16。

架设光（电）缆见表 A-17。

**表 A-14 立杆**

| 编 号 | 名 称 | 单 位 | 技工工日 | 普工工日 |
|---|---|---|---|---|
| TXL3-001 | 立 9m 以下水泥杆（综合土） | 根 | 0.61 | 0.61 |
| TXL3-002 | 立 9m 以下水泥杆（软石） | 根 | 0.64 | 1.28 |
| TXL3-003 | 立 9m 以下水泥杆（坚石） | 根 | 1.18 | 1.18 |
| TXL3-004 | 立 11m 以下水泥杆（综合土） | 根 | 0.88 | 0.88 |
| TXL3-005 | 立 11m 以下水泥杆（软石） | 根 | 0.94 | 1.88 |
| TXL3-006 | 立 11m 以下水泥杆（坚石） | 根 | 1.76 | 1.76 |
| TXL3-010 | 立 13m 以下水泥 H 杆（综合土） | 座 | 3.02 | 3.02 |
| TXL3-011 | 立 13m 以下水泥 H 杆（软石） | 座 | 3.09 | 6.18 |
| TXL3-012 | 立 13m 以下水泥 H 杆（坚石） | 座 | 5.68 | 5.68 |
| TXL3-036 | 电杆根部加固及保护（石笼） | 处 | 3.6 | 3 |
| TXL3-037 | 电杆根部加固及保护（石护墩） | 处 | 1.9 | 3.6 |
| TXL3-038 | 电杆根部加固及保护（卡盘） | 块 | 0.14 | 0.14 |
| TXL3-039 | 电杆根部加固及保护（底盘） | 块 | 0.1 | 0.1 |
| TXL3-040 | 电杆根部加固及保护（水泥帮桩） | 根 | 0.48 | 0.48 |

**表 A-15 安装拉线**

| 编 号 | 名 称 | 单 位 | 技工工日 | 普工工日 |
|---|---|---|---|---|
| TXL3-051 | 水泥杆夹板法装 7/2.2 单股拉线（综合土） | 条 | 0.78 | 0.6 |
| TXL3-052 | 水泥杆夹板法装 7/2.2 单股拉线（软石） | 条 | 0.85 | 1.5 |
| TXL3-053 | 水泥杆夹板法装 7/2.2 单股拉线（坚石） | 条 | 1.76 | 0.07 |
| TXL3-054 | 水泥杆夹板法装 7/2.6 单股拉线（综合土） | 条 | 0.84 | 0.6 |
| TXL3-055 | 水泥杆夹板法装 7/2.6 单股拉线（软石） | 条 | 0.92 | 1.6 |
| TXL3-056 | 水泥杆夹板法装 7/2.6 单股拉线（坚石） | 条 | 1.82 | 0.11 |
| TXL3-057 | 水泥杆夹板法装 7/3.0 单股拉线（综合土） | 条 | 0.98 | 0.6 |
| TXL3-058 | 水泥杆夹板法装 7/3.0 单股拉线（软石） | 条 | 1.07 | 1.7 |
| TXL3-059 | 水泥杆夹板法装 7/3.0 单股拉线（坚石） | 条 | 1.96 | 0.11 |
| TXL3-060 | 水泥杆另缠法装 7/2.2 单股拉线（综合土） | 条 | 0.86 | 0.6 |
| TXL3-061 | 水泥杆另缠法装 7/2.2 单股拉线（软石） | 条 | 0.94 | 1.5 |
| TXL3-062 | 水泥杆另缠法装 7/2.2 单股拉线（坚石） | 条 | 1.76 | 0.06 |
| TXL3-105 | 装设 2×7/2.6 拉线（综合土） | 处 | 1.42 | 0.8 |
| TXL3-106 | 装设 2×7/2.6 拉线（软石） | 处 | 1.75 | 2.6 |
| TXL3-107 | 装设 2×7/2.6 拉线（坚石） | 处 | 2.38 | 0.13 |
| TXL3-108 | 装设 2×7/3.0 拉线（综合土） | 处 | 1.67 | 1 |
| TXL3-109 | 装设 2×7/3.0 拉线（软石） | 处 | 1.81 | 2.8 |
| TXL3-110 | 装设 2×7/3.0 拉线（坚石） | 处 | 2.63 | 0.16 |
| TXL3-135 | 制作横木拉线地锚（7/2.6 单条单下） | 个 | 0.4 | 0.2 |
| TXL3-136 | 制作横木拉线地锚（7/3.0 单条单下） | 个 | 0.42 | 0.2 |
| TXL3-137 | 制作横木拉线地锚（7/2.2 单条双下） | 个 | 0.3 | 0.2 |
| TXL3-138 | 制作横木拉线地锚（7/2.6 单条双下） | 个 | 0.32 | 0.2 |

**表 A-16 架设吊线**

| 编 号 | 名 称 | 单 位 | 技工工日 | 普工工日 |
|---|---|---|---|---|
| TXL3-163 | 水泥杆架设 7/2.2 吊线（平原） | 千米条 | 5.42 | 5.64 |
| TXL3-164 | 水泥杆架设 7/2.2 吊线（丘陵） | 千米条 | 7.05 | 7.34 |
| TXL3-165 | 水泥杆架设 7/2.2 吊线（山区） | 千米条 | 8.07 | 8.46 |
| TXL3-166 | 水泥杆架设 7/2.2 吊线（城区） | 千米条 | 8 | 8.5 |
| TXL3-167 | 水泥杆架设 7/2.6 吊线（平原） | 千米条 | 5.6 | 5.82 |
| TXL3-168 | 水泥杆架设 7/2.6 吊线（丘陵） | 千米条 | 7.28 | 7.57 |
| TXL3-169 | 水泥杆架设 7/2.6 吊线（山区） | 千米条 | 8.4 | 8.74 |
| TXL3-170 | 水泥杆架设 7/2.6 吊线（城区） | 千米条 | 8.5 | 9 |
| TXL3-171 | 水泥杆架设 7/3.0 吊线（平原） | 千米条 | 5.76 | 6.05 |
| TXL3-172 | 水泥杆架设 7/3.0 吊线（丘陵） | 千米条 | 7.49 | 7.79 |
| TXL3-173 | 水泥杆架设 7/3.0 吊线（山区） | 千米条 | 8.64 | 9 |
| TXL3-174 | 水泥杆架设 7/3.0 吊线（城区） | 千米条 | 8.64 | 9 |
| TXL3-175 | 架设 100 米以内辅助吊线 | 条档 | 1 | 1 |

**表 A-17 架设光（电）缆**

| 编 号 | 名 称 | 单 位 | 技工工日 | 普工工日 |
|---|---|---|---|---|
| TXL3-177 | 架设架空光缆（平原 36 芯以下） | 千米条 | 11.79 | 9.6 |
| TXL3-178 | 架设架空光缆（平原 60 芯以下） | 千米条 | 13.23 | 10.77 |
| TXL3-181 | 架设架空光缆 丘陵、城区、水田（36 芯以下） | 千米条 | 16.55 | 12.79 |
| TXL3-182 | 架设架空光缆 丘陵、城区、水田（60 芯以下） | 千米条 | 18.15 | 14.34 |
| TXL3-185 | 架设架空光缆 山区（36 芯以下） | 千米条 | 19.21 | 14.97 |
| TXL3-186 | 架设架空光缆 山区（60 芯以下） | 千米条 | 21.57 | 16.82 |
| TXL3-189 | 架设自承式架空光缆（36 芯以下） | 千米条 | 18.15 | 20.9 |
| TXL3-190 | 架设自承式架空光缆（60 芯以下） | 千米条 | 20.28 | 23.35 |
| TXL3-192 | 吊线式架空电缆（200 对以下） | 千米条 | 11.84 | 13.89 |
| TXL3-193 | 吊线式架空电缆（400 对以下） | 千米条 | 13.58 | 15.95 |

## 第四章 敷设管道及其他光（电）缆

敷设管道光（电）缆见表 A-18。

打墙洞、安装支撑物、引上管及保护设施见表 A-19。

引上光（电）缆见表 A-20。

墙壁光（电）缆见表 A-21。

布放成端电缆见表 A-22。

**表 A-18 敷设管道光（电）缆**

| 编　　号 | 名　　称 | 单　位 | 技工工日 | 普工工日 |
|---|---|---|---|---|
| TXL4-003 | 人工敷设塑料子管（3 孔子管） | km | 11.1 | 18.98 |
| TXL4-004 | 人工敷设塑料子管（4 孔子管） | km | 12.84 | 23.32 |
| TXL4-005 | 人工敷设塑料子管（5 孔子管） | km | 14.58 | 27.66 |
| TXL4-006 | 布放光（电）缆人孔抽水（积水） | 个 | 0 | 1 |
| TXL4-007 | 布放光（电）缆人孔抽水（流水） | 个 | 0 | 2 |
| TXL4-008 | 布放光（电）缆人孔抽水 | 个 | 0 | 0.5 |
| TXL4-009 | 敷设管道光缆（12 芯以下） | 千米条 | 11.3 | 21.63 |
| TXL4-010 | 敷设管道光缆（36 芯以下） | 千米条 | 13.66 | 26.16 |
| TXL4-017 | 人工敷设管道电缆（200 对以下） | 千米条 | 11.76 | 20.03 |
| TXL4-018 | 人工敷设管道电缆（400 对以下） | 千米条 | 13.94 | 23.74 |
| TXL4-019 | 人工敷设管道电缆（800 对以下） | 千米条 | 17.79 | 30.26 |

**表 A-19 打墙洞、安装支撑物、引上管及保护设施**

| 编　　号 | 名　　称 | 单　位 | 技工工日 | 普工工日 |
|---|---|---|---|---|
| TXL4-031 | 打人（手）孔墙洞砖砌人孔（3 孔管以下） | 处 | 0.36 | 0.36 |
| TXL4-032 | 打人（手）孔墙洞砖砌人孔（3 孔管以上） | 处 | 0.54 | 0.54 |
| TXL4-033 | 打人（手）孔墙洞混凝土人孔（3 孔管以下） | 处 | 0.6 | 0.6 |
| TXL4-034 | 打人（手）孔墙洞混凝土人孔（3 孔管以上） | 处 | 0.9 | 0.9 |
| TXL4-036 | 打穿楼墙洞（混凝土墙） | 个 | 0.3 | 0.3 |
| TXL4-038 | 打穿楼层洞（混凝土楼层） | 个 | 0.3 | 0.3 |
| TXL4-039 | 增装支承物（终端支承物） | 套 | 0.3 | 0.3 |
| TXL4-040 | 增装支承物（中间支承物） | 套 | 0.15 | 0.15 |
| TXL4-041 | 安装引上钢管（杆上） | 根 | 0.25 | 0.25 |
| TXL4-042 | 安装引上钢管（墙上） | 根 | 0.35 | 0.35 |
| TXL4-043 | 钉固皮线塑料槽板 | 百米条 | 3.46 | 3.46 |
| TXL4-044 | 进局光（电）缆防水封堵 | 处 | 0.5 | 0.5 |
| TXL4-045 | 光（电）缆上线洞楼层间防火封堵 | 处 | 0.08 | 0 |

**表 A-20 引上光（电）缆**

| 编　　号 | 名　　称 | 单　位 | 技工工日 | 普工工日 |
|---|---|---|---|---|
| TXL4-046 | 穿放引上光缆 | 条 | 0.6 | 0.6 |
| TXL4-047 | 电杆和墙壁引上电缆（200 对以下） | 条 | 0.43 | 0.43 |
| TXL4-048 | 电杆和墙壁引上电缆（200 对以上） | 条 | 0.48 | 0.96 |

**表 A-21 墙壁光（电）缆**

| 编　　号 | 名　　称 | 单　位 | 技工工日 | 普工工日 |
|---|---|---|---|---|
| TXL4-049 | 架设吊线式墙壁光缆 | 百米条 | 5.23 | 5.23 |
| TXL4-050 | 架设钉固式墙壁光缆 | 百米条 | 3.34 | 3.33 |
| TXL4-051 | 架设自承式墙壁光缆 | 百米条 | 4.81 | 4.81 |

（续）

| 编　号 | 名　称 | 单　位 | 技工工日 | 普工工日 |
|---|---|---|---|---|
| TXL4-052 | 架设吊线式墙壁电缆（200 对以下） | 百米条 | 5.23 | 5.23 |
| TXL4-053 | 架设吊线式墙壁电缆（200 对以上） | 百米条 | 5.48 | 5.48 |
| TXL4-054 | 架设钉固式墙壁电缆（200 对以下） | 百米条 | 3.34 | 3.33 |
| TXL4-055 | 架设钉固式墙壁电缆（200 对以上） | 百米条 | 3.59 | 3.58 |
| TXL4-056 | 架设自承式墙壁电缆（100 对以下） | 百米条 | 4.81 | 4.81 |
| TXL4-057 | 架设自承式墙壁电缆（100 对以上） | 百米条 | 5.06 | 5.06 |

**表 A-22　布放成端电缆**

| 编　号 | 名　称 | 单　位 | 技工工日 | 普工工日 |
|---|---|---|---|---|
| TXL4-066 | 布放总配线架成端电缆（600 对以下） | 条 | 9.12 | |
| TXL4-067 | 布放总配线架成端电缆（800 对以下） | 条 | 11.52 | |
| TXL4-075 | 布放交接箱成端电缆（600 对以下） | 条 | 7.6 | |
| TXL4-076 | 布放交接箱成端电缆（800 对以下） | 条 | 10.4 | |
| TXL4-080 | 布放组线箱成端电缆（50 对以下） | 条 | 1.08 | |
| TXL4-081 | 布放组线箱成端电缆（100 对以下） | 条 | 1.55 | |
| TXL4-082 | 布放组线箱成端电缆（100 对以上） | 条 | 2.6 | |

## 第五章　光（电）缆接续与测试

光缆接续与测试见表 A-23。

电缆接续与测试见表 A-24。

**表 A-23　光缆接续与测试**

| 编　号 | 名　称 | 单　位 | 技工工日 | 普工工日 |
|---|---|---|---|---|
| TXL5-003 | 光缆接续（36 芯以下） | 头 | 6.84 | |
| TXL5-004 | 光缆接续（48 芯以下） | 头 | 8.58 | |
| TXL5-005 | 光缆接续（60 芯以下） | 头 | 10.2 | |
| TXL5-006 | 光缆接续（72 芯以下） | 头 | 11.7 | |
| TXL5-015 | 光缆成端接头 | 芯 | 0.25 | |
| TXL5-016 | 8 芯带以下带状光缆接续（48 芯以下） | 头 | 3.94 | |
| TXL5-017 | 8 芯带以下带状光缆接续（72 芯以下） | 头 | 5.09 | |
| TXL5-037 | 带状光缆成端接头 | 带 | 0.25 | |
| TXL5-040 | 40km 以上中继段光缆测试（36 芯以下） | 中继段 | 16.8 | |
| TXL5-041 | 40km 以上中继段光缆测试（48 芯以下） | 中继段 | 19.32 | |
| TXL5-042 | 40km 以上中继段光缆测试（60 芯以下） | 中继段 | 21.84 | |
| TXL5-069 | 40km 以下光缆中继段测试（36 芯以下） | 中继段 | 14 | |
| TXL5-070 | 40km 以下光缆中继段测试（48 芯以下） | 中继段 | 16.1 | |
| TXL5-071 | 40km 以下光缆中继段测试（60 芯以下） | 中继段 | 18.2 | |
| TXL5-098 | 用户光缆测试（36 芯以下） | 段 | 6.1 | |
| TXL5-099 | 用户光缆测试（48 芯以下） | 段 | 7.6 | |
| TXL5-100 | 用户光缆测试（60 芯以下） | 段 | 9 | |

**表 A-24　电缆接续与测试**

| 编　号 | 名　称 | 单 位 | 技工工日 | 普工工日 |
|---|---|---|---|---|
| TXL5-125 | 成端电缆芯线接续（0.6 以下） | 百对 | 1.2 | |
| TXL5-126 | 成端电缆芯线接续（0.9 以下） | 百对 | 1.35 | |
| TXL5-127 | 塑隔电缆芯线接续 0.6 以下（接线子式） | 百对 | 1.1 | |
| TXL5-128 | 塑隔电缆芯线接续 0.6 以下（模块式） | 百对 | 0.66 | |
| TXL5-129 | 塑隔电缆芯线接续 0.9 以下（接线子式） | 百对 | 1.4 | |
| TXL5-130 | 塑隔电缆芯线接续 0.9 以下（模块式） | 百对 | 0.84 | |
| TXL5-131 | 电缆芯线改接 0.6 以下 | 百对 | 3.5 | |
| TXL5-132 | 电缆芯线改接 0.9 以下 | 百对 | 4 | |
| TXL5-149 | 封焊热可缩套（包）管（$\phi$50×900 以下） | 个 | 0.56 | 0.14 |
| TXL5-150 | 封焊热可缩套（包）管（$\phi$70×900 以下） | 个 | 0.72 | 0.18 |
| TXL5-151 | 封焊热可缩套（包）管（$\phi$90×900 以下） | 个 | 0.96 | 0.24 |
| TXL5-152 | 封焊热可缩套（包）管（$\phi$110×900 以下） | 个 | 1.12 | 0.28 |
| TXL5-153 | 封焊热可缩套（包）管（$\phi$130×900 以下） | 个 | 1.28 | 0.32 |
| TXL5-154 | 封焊热可缩套（包）管（$\phi$150×900 以下） | 个 | 1.52 | 0.38 |
| TXL5-155 | 封焊热可缩套（包）管（$\phi$170×900 以下） | 个 | 1.6 | 0.4 |
| TXL5-156 | 封焊热可缩套（包）管（$\phi$180×900 以下） | 个 | 1.76 | 0.44 |

### 第六章　安装线路设备

安装光（电）缆进线室设备见表 A-25。

**表 A-25　安装光（电）缆进线室设备**

| 编　号 | 名　称 | 单 位 | 技工工日 | 普工工日 |
|---|---|---|---|---|
| TXL6-004 | 安装架空交接箱（600 对以下） | 个 | 4.5 | 4.5 |
| TXL6-005 | 安装架空交接箱（1200 对以下） | 个 | 5.9 | 5.9 |
| TXL6-008 | 安装落地式交接箱（1200 对以下） | 个 | 3.2 | 3.2 |
| TXL6-009 | 安装落地式交接箱（2400 对以下） | 个 | 4.1 | 4.1 |
| TXL6-012 | 安装墙挂式交接箱（600 对以下） | 个 | 2.9 | 2.9 |
| TXL6-013 | 安装墙挂式交接箱（1200 对以下） | 个 | 3.85 | 3.85 |

## 第五册《通信管道工程》部分定额

### 第一章　施工测量与挖、填管道沟及人孔坑

施工测量与开挖路面见表 A-26。

开挖与回填管道沟及人（手）孔坑见表 A-27。

挡土板及抽水见表 A-28。

**表 A-26 施工测量与开挖路面**

| 编 号 | 名 称 | 单 位 | 技工工日 | 普工工日 |
|---|---|---|---|---|
| TGD1-001 | 施工测量 | km | 30 | 0 |
| TGD1-002 | 人工开挖路面混凝土路面（150 以下） | $100m^2$ | 6.88 | 61.92 |
| TGD1-003 | 人工开挖路面混凝土路面（250 以下） | $100m^2$ | 16.16 | 104.8 |
| TGD1-004 | 人工开挖路面混凝土路面（350 以下） | $100m^2$ | 25.44 | 147.68 |
| TGD1-005 | 人工开挖路面混凝土路面（450 以下） | $100m^2$ | 34.72 | 190.56 |
| TGD1-006 | 人工开挖路面柏油路面（150 以下） | $100m^2$ | 3.8 | 34.2 |
| TGD1-007 | 人工开挖路面柏油路面（250 以下） | $100m^2$ | 6.9 | 62.1 |
| TGD1-008 | 人工开挖路面柏油路面（350 以下） | $100m^2$ | 10 | 90 |
| TGD1-009 | 人工开挖路面柏油路面（450 以下） | $100m^2$ | 13.1 | 117.9 |
| TGD1-010 | 人工开挖路面砂石路面（150 以下） | $100m^2$ | 1.6 | 14.4 |
| TGD1-011 | 人工开挖路面砂石路面（250 以下） | $100m^2$ | 3 | 27 |
| TGD1-012 | 人工开挖路面混凝土砌块路面 | $100m^2$ | 0.6 | 5.4 |
| TGD1-013 | 人工开挖路面水泥花砖路面 | $100m^2$ | 0.5 | 4.5 |
| TGD1-014 | 人工开挖路面条石路面 | $100m^2$ | 4.4 | 39.6 |

**表 A-27 开挖与回填管道沟及人（手）孔坑**

| 编 号 | 名 称 | 单 位 | 技工工日 | 普工工日 |
|---|---|---|---|---|
| TGD1-015 | 开挖管道沟及人（手）孔坑（普通土） | $100m^3$ | 0 | 26 |
| TGD1-016 | 开挖管道沟及人（手）孔坑（硬土） | $100m^3$ | 0 | 43 |
| TGD1-017 | 开挖管道沟及人（手）孔坑（砂砾土） | $100m^3$ | 0 | 65 |
| TGD1-018 | 开挖管道沟及人（手）孔坑（软石） | $100m^3$ | 5 | 170 |
| TGD1-019 | 开挖管道沟及人（手）孔坑坚石（人工） | $100m^3$ | 24 | 458 |
| TGD1-020 | 开挖管道沟及人（手）孔坑坚石（爆破） | $100m^3$ | 50 | 180 |
| TGD1-021 | 开挖管道沟及人（手）孔坑（冻土） | $100m^3$ | 0 | 124.03 |
| TGD1-022 | 回填土方（松填原土） | $100m^3$ | 0 | 16 |
| TGD1-023 | 回填土方（夯填原土） | $100m^3$ | 0 | 26 |
| TGD1-024 | 回填土方（夯填灰土（2:8）） | $100m^3$ | 10 | 55 |
| TGD1-025 | 回填土方（夯填灰土（3:7）） | $100m^3$ | 10 | 60 |
| TGD1-026 | 回填土方（夯填级配砂石） | $100m^3$ | 9 | 55 |
| TGD1-027 | 回填土方（夯填碎石） | $100m^3$ | 10 | 60 |
| TGD1-028 | 手推车倒运土方 | $100m^3$ | 1 | 16 |

**表 A-28 挡土板及抽水**

| 编 号 | 名 称 | 单 位 | 技工工日 | 普工工日 |
|---|---|---|---|---|
| TGD1-029 | 挡土板（管道沟） | 100m | 3.31 | 6.69 |
| TGD1-030 | 挡土板（人孔坑） | 个 | 1.72 | 1.72 |
| TGD1-031 | 管道沟抽水（弱水流） | 100m | 0.5 | 1.5 |

（续）

| 编　号 | 名　称 | 单　位 | 技工工日 | 普工工日 |
|---|---|---|---|---|
| TGD1-032 | 管道沟抽水（中水流） | 100m | 0.5 | 3.5 |
| TGD1-033 | 管道沟抽水（强水流） | 100m | 0.5 | 5.5 |
| TGD1-034 | 人孔坑抽水（弱水流） | 个 | 0.5 | 3.5 |
| TGD1-035 | 人孔坑抽水（中水流） | 个 | 0.5 | 5.5 |
| TGD1-036 | 人孔坑抽水（强水流） | 个 | 0.5 | 7.5 |
| TGD1-037 | 手孔坑抽水（弱水流） | 个 | 0.5 | 1.5 |
| TGD1-038 | 手孔坑抽水（中水流） | 个 | 0.5 | 2.5 |
| TGD1-039 | 手孔坑抽水（强水流） | 个 | 0.5 | 3.5 |

## 第二章　敷设通信管道

混凝土管道基础见表 A-29。

敷设水泥管道见表 A-30。

敷设塑料管道（包括硬管、波纹管、栅格管、蜂窝管）见表 A-31。

敷设镀锌钢管管道见表 A-32。

管道填充水泥砂浆、混凝土包封见表 A-33。

砌筑通信光（电）缆通道见表 A-34。

**表 A-29　混凝土管道基础**

| 编　号 | 名　称 | 单　位 | 技工工日 | 普工工日 |
|---|---|---|---|---|
| TGD2-001 | 管道碎石底基一立型（350 宽） | 100m | 2.19 | 3.29 |
| TGD2-002 | 管道碎石底基一平型（460 宽） | 100m | 2.78 | 4.18 |
| TGD2-010 | 混凝土管道基础一立型（350 宽）（C20） | 100m | 5.48 | 8.21 |
| TGD2-011 | 混凝土管道基础一立型（350 宽）（C25） | 100m | 5.48 | 8.21 |
| TGD2-014 | 混凝土管道基础一平型（460 宽）（C20） | 100m | 6.96 | 10.43 |
| TGD2-015 | 混凝土管道基础一平型（460 宽）（C25） | 100m | 6.96 | 10.43 |
| TGD2-036 | 混凝土管道基础加筋一立型（350 宽） | 100m | 0.57 | 0.85 |
| TGD2－037 | 混凝土管道基础加筋一平型（460 宽） | 100m | 0.71 | 1.07 |

**表 A-30　敷设水泥管道**

| 编　号 | 名　称 | 单　位 | 技工工日 | 普工工日 |
|---|---|---|---|---|
| TGD2-042 | 敷设水泥管道四孔管 | 100m | 3.82 | 5.73 |
| TGD2-043 | 敷设水泥管道一立型 | 100m | 4.32 | 6.48 |
| TGD2-044 | 敷设水泥管道一平型 | 100m | 4.72 | 7.08 |
| TGD2-045 | 敷设水泥管道二立型 | 100m | 8.21 | 12.31 |
| TGD2-046 | 敷设水泥管道二平型 | 100m | 8.97 | 13.45 |

**表 A-31　敷设塑料管道**（包括硬管、波纹管、栅格管、蜂窝管）

| 编　号 | 名　称 | 单　位 | 技工工日 | 普工工日 |
| --- | --- | --- | --- | --- |
| TGD2-061 | 敷设塑料管道 2 孔（2×1） | 100m | 1.12 | 1.68 |
| TGD2-062 | 敷设塑料管道 3 孔（3×1） | 100m | 1.6 | 2.4 |
| TGD2-063 | 敷设塑料管道 4 孔（2×2） | 100m | 2.13 | 3.19 |
| TGD2-064 | 敷设塑料管道 6 孔（3×2） | 100m | 3.04 | 4.56 |
| TGD2-065 | 敷设塑料管道 9 孔（3×3） | 100m | 4.41 | 6.61 |
| TGD2-066 | 敷设塑料管道 12 孔（4×3） | 100m | 5.78 | 8.66 |

**表 A-32　敷设镀锌钢管管道**

| 编　号 | 名　称 | 单　位 | 技工工日 | 普工工日 |
| --- | --- | --- | --- | --- |
| TGD2-076 | 敷设镀锌钢管管道 2 孔（2×1） | 100m | 1.28 | 1.92 |
| TGD2-077 | 敷设镀锌钢管管道 3 孔（3×1） | 100m | 1.82 | 2.74 |
| TGD2-078 | 敷设镀锌钢管管道 4 孔（2×2） | 100m | 2.43 | 3.65 |
| TGD2-079 | 敷设镀锌钢管管道 6 孔（3×2） | 100m | 3.46 | 5.2 |
| TGD2-080 | 敷设镀锌钢管管道 9 孔（3×3） | 100m | 5.02 | 7.54 |
| TGD2-081 | 敷设镀锌钢管管道 12 孔（4×3） | 100m | 6.58 | 9.87 |
| TGD2-082 | 敷设镀锌钢管管道 18 孔（6×3） | 100m | 9.54 | 14.32 |

**表 A-33　管道填充水泥砂浆、混凝土包封**

| 编　号 | 名　称 | 单　位 | 技工工日 | 普工工日 |
| --- | --- | --- | --- | --- |
| TGD2-087 | 管道填充水泥砂浆 1:2.5 | $m^3$ | 1.54 | 1.54 |
| TGD2-088 | 管道填充水泥砂浆 1:3 | $m^3$ | 1.54 | 1.54 |
| TGD2-090 | 管道混凝土包封 C15 | $m^3$ | 1.74 | 1.74 |
| TGD2-091 | 管道混凝土包封 C20 | $m^3$ | 1.74 | 1.74 |
| TGD2-092 | 管道混凝土包封 C25 | $m^3$ | 1.74 | 1.74 |

**表 A-34　砌筑通信光（电）缆通道**

| 编　号 | 名　称 | 单　位 | 技工工日 | 普工工日 |
| --- | --- | --- | --- | --- |
| TGD2-094 | 砖砌通信光（电）缆通道（240mm 砖砌体、无人孔口圈部分 1.6m 宽通道） | 100m | 218.09 | 235.31 |
| TGD2-095 | 砖砌通信光（电）缆通道（240mm 砖砌体、无人孔口圈部分 1.5m 宽通道） | 100m | 213.13 | 229.97 |
| TGD2-098 | 砖砌通信光（电）缆通道（370mm 砖砌体、无人孔口圈部分 1.6m 宽通道） | 100m | 263.37 | 303.4 |
| TGD2-099 | 砖砌通信光（电）缆通道（37mm 砖砌体、无人孔口圈部分 1.5m 宽通道） | 100m | 258.41 | 298.06 |
| TGD2-102 | 砖砌通信光（电）缆通道（240mm 砖砌体、人孔口圈部分 1.6m 宽通道） | 2m/处 | 5.57 | 6.13 |
| TGD2-103 | 砖砌通信光（电）缆通道（240mm 砖砌体、人孔口圈部分 1.5m 宽通道） | 2m/处 | 5.17 | 5.69 |
| TGD2-106 | 砖砌通信光（电）缆通道（370mm 砖砌体、人孔口圈部分 1.6m 宽通道） | 2m/处 | 6.48 | 7.49 |

（续）

| 编　号 | 名　称 | 单　位 | 技工工日 | 普工工日 |
|---|---|---|---|---|
| TGD2-107 | 砖砌通信光（电）缆通道（370mm砖砌体、人孔口圈部分1.5m宽通道） | 2m/处 | 6.08 | 7.05 |
| TGD2-110 | 砖砌通信光（电）缆通道（240mm砖砌体、两端头侧墙部分1.6m宽通道） | 两端 | 1.77 | 1.91 |
| TGD2-111 | 砖砌通信光（电）缆通道（240mm砖砌体、两端头侧墙部分1.5m宽通道） | 两端 | 1.66 | 1.79 |
| TGD2-114 | 砖砌通信光（电）缆通道（370mm砖砌体、两端头侧墙部分1.6m宽通道） | 两端 | 2.41 | 2.87 |
| TGD2-115 | 砖砌通信光（电）缆通道（370mm砖砌体、两端头侧墙部分1.5m宽通道） | 两端 | 2.26 | 2.69 |

## 第三章　砌筑人（手）孔

砖砌人（手）孔（现场浇筑上覆）见表A-35。

砖砌人（手）孔（现场吊装上覆）见表A-36。

砌筑混凝土砌块人孔（现场吊装上覆）见表A-37。

砖砌配线手孔见表A-38。

**表A-35　砖砌人（手）孔（现场浇筑上覆）**

| 编　号 | 名　称 | 单　位 | 技工工日 | 普工工日 |
|---|---|---|---|---|
| TGD3-001 | 砖砌人孔（现场浇灌上覆）小号直通型 | 个 | 9.99 | 12.2 |
| TGD3-002 | 砖砌人孔（现场浇灌上覆）小号三通型 | 个 | 14.32 | 17.5 |
| TGD3-003 | 砖砌人孔（现场浇灌上覆）小号四通型 | 个 | 14.61 | 17.85 |
| TGD3-009 | 砖砌人孔（现场浇筑上覆）中号直通型 | 个 | 12.89 | 13.9 |
| TGD3-010 | 砖砌人孔（现场浇筑上覆）中号三通型 | 个 | 22.32 | 24.08 |
| TGD3-011 | 砖砌人孔（现场浇筑上覆）中号四通型 | 个 | 23.06 | 24.88 |
| TGD3-017 | 砖砌人孔（现场浇筑上覆）大号直通型 | 个 | 20.58 | 22.21 |
| TGD3-018 | 砖砌人孔（现场浇筑上覆）大号三通型 | 个 | 27.91 | 30.12 |
| TGD3-019 | 砖砌人孔（现场浇筑上覆）大号四通型 | 个 | 28.34 | 30.57 |

**表A-36　砖砌人（手）孔（现场吊装上覆）**

| 编　号 | 名　称 | 单　位 | 技工工日 | 普工工日 |
|---|---|---|---|---|
| TGD3-027 | 砖砌人孔（现场吊装上覆）小号直通型 | 个 | 7.96 | 9.75 |
| TGD3-028 | 砖砌人孔（现场吊装上覆）小号三通型 | 个 | 11.22 | 13.72 |
| TGD3-029 | 砖砌人孔（现场吊装上覆）小号四通型 | 个 | 11.43 | 13.98 |
| TGD3-035 | 砖砌人孔（现场吊装上覆）中号直通型 | 个 | 10.34 | 11.16 |
| TGD3-036 | 砖砌人孔（现场吊装上覆）中号三通型 | 个 | 18.28 | 19.72 |
| TGD3-037 | 砖砌人孔（现场吊装上覆）中号四通型 | 个 | 18.71 | 20.18 |
| TGD3-043 | 砖砌人孔（现场吊装上覆）大号直通型 | 个 | 16.65 | 17.97 |
| TGD3-044 | 砖砌人孔（现场吊装上覆）大号三通型 | 个 | 22.57 | 24.36 |
| TGD3-045 | 砖砌人孔（现场吊装上覆）大号四通型 | 个 | 22.88 | 24.68 |
| TGD3-054 | 砖砌手孔（现场吊装上覆）90×120手孔 | 个 | 6.4 | 6.14 |
| TGD3-055 | 砖砌手孔（现场吊装上覆）120×170手孔 | 个 | 8.67 | 8.33 |

**表 A-37　砌筑混凝土砌块人孔（现场吊装上覆）**

| 编　号 | 名　称 | 单　位 | 技工工日 | 普工工日 |
|---|---|---|---|---|
| TGD3-056 | 砌筑混凝土砌块人孔（现场吊装上覆）1.5×0.9×1.2 | 个 | 2.93 | 3.22 |
| TGD3-057 | 砌筑混凝土砌块人孔（现场吊装上覆）1.8×1.2×1.8 | 个 | 3.51 | 3.86 |
| TGD3-058 | 砌筑混凝土砌块人孔（现场吊装上覆）2.0×1.4×1.8 | 个 | 3.98 | 4.38 |
| TGD3-059 | 砌筑混凝土砌块人孔（现场吊装上覆）2.4×1.4×1.8 | 个 | 4.78 | 5.26 |
| TGD3-060 | 砌筑混凝土砌块人孔（现场吊装上覆）3.0×1.5×1.8 | 个 | 6.2 | 6.83 |
| TGD3-061 | 砌筑混凝土砌块人孔（现场吊装上覆）4.0×2.0×1.8 | 个 | 10.34 | 11.38 |
| TGD3-062 | 砌筑混凝土砌块人孔（现场吊装上覆）6.2×2.0×1.8 | 个 | 15.23 | 16.76 |
| TGD3-063 | 砌筑混凝土砌块人孔（现场吊装上覆）8.5×2.0×1.8 | 个 | 20.87 | 22.97 |

**表 A-38　砖砌配线手孔**

| 编　号 | 名　称 | 单　位 | 技工工日 | 普工工日 |
|---|---|---|---|---|
| TGD3-064 | 砖砌配线手孔小手孔 | 个 | 0.91 | 1.19 |
| TGD3-065 | 砖砌配线手孔一号手孔 | 个 | 1.48 | 1.95 |
| TGD3-066 | 砖砌配线手孔二号手孔 | 个 | 2.65 | 3.6 |
| TGD3-067 | 砖砌配线手孔三号手孔 | 个 | 3.28 | 4.45 |
| TGD3-068 | 砖砌配线手孔四号手孔 | 个 | 4.08 | 5.43 |

## 第四章　管道防护工程及其他

防水见表 A-39。

拆除及其他见表 A-40。

**表 A-39　防水**

| 编　号 | 名　称 | 单　位 | 技工工日 | 普工工日 |
|---|---|---|---|---|
| TGD4-001 | 防水砂浆抹面法（五层）混凝土墙面 | $m^2$ | 0.08 | 0.24 |
| TGD4-002 | 防水砂浆抹面法（五层）砖砌墙 | $m^2$ | 0.08 | 0.24 |
| TGD4-003 | 油毡防水法二油一毡 | $m^2$ | 0.1 | |
| TGD4-004 | 油毡防水法三油二毡 | $m^2$ | 0.14 | |
| TGD4-005 | 油毡防水法增一油一毡 | $m^2$ | 0.07 | |
| TGD4-006 | 玻璃布防水法二油一布 | $m^2$ | 0.21 | |
| TGD4-007 | 玻璃布防水法三油二布 | $m^2$ | 0.28 | |
| TGD4-008 | 玻璃布防水法增一油一布 | $m^2$ | 0.14 | |
| TGD4-009 | 聚氨酯防水一布一面 | $m^2$ | 0.48 | |
| TGD4-010 | 聚氨酯防水增一布一面 | $m^2$ | 0.28 | |

表 A-40 拆除及其他

| 编　号 | 名　称 | 单　位 | 技工工日 | 普工工日 |
|---|---|---|---|---|
| TGD4-011 | 人（手）孔碎石底基 | $m^2$ | 0.05 | 0.05 |
| TGD4-012 | 砂浆砖砌体（C10） | $m^3$ | 0.85 | 1.28 |
| TGD4-013 | 砂浆抹面（1:2.5） | $m^2$ | 0.1 | 0.15 |
| TGD4-015 | 人孔壁开窗口 | 处 | 0 | 2 |
| TGD4-016 | 拆除旧人孔 | 处 | 0 | 12 |
| TGD4-017 | 拆除旧手孔 | 个 | 0 | 6 |
| TGD4-018 | 拆除旧管道 | 百孔米 | 0 | 1 |

# 附录B　通信工程施工机械、仪表台班定额

## 1. 通信工程机械台班单价定额

通信工程机械台班单价定额见表 B-1。

表 B-1　通信工程机械台班单价定额

| 编号 | 名　称 | 规格（型号） | 台班单价/元 |
|---|---|---|---|
| TXJ0001 | 光纤熔接机 | | 168 |
| TXJ0002 | 带状光纤熔接机 | | 409 |
| TXJ0003 | 电缆模块接续机 | | 74 |
| TXJ0004 | 交流电焊机 | 21kVA | 58 |
| TXJ0005 | 交流电焊机 | 30kVA | 69 |
| TXJ0006 | 汽油发电机 | 10kW | 290 |
| TXJ0007 | 柴油发电机 | 30kW | 323 |
| TXJ0008 | 柴油发电机 | 50kW | 333 |
| TXJ0009 | 电动卷扬机 | 3t | 57 |
| TXJ0010 | 电动卷扬机 | 5t | 60 |
| TXJ0011 | 汽车式起重机 | 5t | 400 |
| TXJ0012 | 汽车式起重机 | 8t | 575 |
| TXJ0013 | 汽车式起重机 | 16t | 868 |
| TXJ0014 | 汽车式起重机 | 25t | 1052 |
| TXJ0015 | 载重汽车 | 5t | 154 |
| TXJ0016 | 载重汽车 | 8t | 220 |
| TXJ0017 | 载重汽车 | 12t | 294 |
| TXJ0018 | 叉式装载车 | 3t | 331 |
| TXJ0019 | 叉式装载车 | 5t | 401 |
| TXJ0020 | 光缆接续车 | | 242 |
| TXJ0021 | 电缆工程车 | | 574 |
| TXJ0022 | 电缆拖车 | | 69 |

（续）

| 编号 | 名　　称 | 规 格（型号） | 台班单价/元 |
|---|---|---|---|
| TXJ0023 | 滤油机 | | 57 |
| TXJ0024 | 真空滤油机 | | 247 |
| TXJ0025 | 真空泵 | | 120 |
| TXJ0026 | 台式电钻机 | $\phi$25mm | 61 |
| TXJ0027 | 立式钻床 | $\phi$25mm | 62 |
| TXJ0028 | 金属切割机 | | 54 |
| TXJ0029 | 氧炔焊接设备 | | 81 |
| TXJ0030 | 燃油式路面切割机 | | 121 |
| TXJ0031 | 电动式空气压缩机 | 0.6$m^3$/min | 51 |
| TXJ0032 | 燃油式空气压缩机 | 6$m^3$/min | 326 |
| TXJ0033 | 燃油式空气压缩机（含风镐） | 6$m^3$/min | 330 |
| TXJ0034 | 污水泵 | | 56 |
| TXJ0035 | 抽水机 | | 57 |
| TXJ0036 | 夯实机 | | 53 |
| TXJ0037 | 气流敷设设备（含空气压缩机） | | 1449 |
| TXJ0038 | 微管微缆气吹设备 | | 1715 |
| TXJ0039 | 微控钻孔敷管设备（套） | 25t 以下 | 1803 |
| TXJ0040 | 微控钻孔敷管设备（套） | 25t 以上 | 2168 |
| TXJ0041 | 水泵冲槽设备（套） | | 417 |
| TXJ0042 | 水下光（电）缆沟挖冲机 | | 1682 |
| TXJ0043 | 液压顶管机 | 5t | 348 |

### 2. 通信工程仪表台班单价定额

通信工程仪表台班单价定额见表 B-2。

**表 B-2　通信工程仪表台班单价定额**

| 编号 | 名　　称 | 规 格（型号） | 台班单价/元 |
|---|---|---|---|
| TXY0001 | 数字传输分析仪 | 155M/622M | 1002 |
| TXY0002 | 数字传输分析仪 | 2.5G | 1956 |
| TXY0003 | 数字传输分析仪 | 10G | 2909 |
| TXY0004 | 稳定光源 | | 72 |
| TXY0005 | 误码测试仪 | 2M | 66 |
| TXY0006 | 光可变衰耗器 | | 99 |
| TXY0007 | 光功率计 | | 62 |
| TXY0008 | 数字频率计 | | 169 |
| TXY0009 | 数字宽带示波器 | 20G | 873 |
| TXY0010 | 数字宽带示波器 | 50G | 1956 |

（续）

| 编号 | 名 称 | 规 格（型号） | 台班单价/元 |
|---|---|---|---|
| TXY0011 | 光谱分析仪 | | 626 |
| TXY0012 | 多波长计 | | 333 |
| TXY0013 | 信令分析仪 | | 257 |
| TXY0014 | 协议分析仪 | | 66 |
| TXY0015 | ATM 性能分析仪 | | 1002 |
| TXY0016 | 网络测试仪 | | 105 |
| TXY0017 | PCM 通道测试仪 | | 198 |
| TXY0018 | 用户模拟呼叫器 | | 626 |
| TXY0019 | 数据业务测试仪 | | 1193 |
| TXY0020 | 漂移测试仪 | | 1765 |
| TXY0021 | 中继模拟呼叫器 | | 742 |
| TXY0022 | 光时域反射仪 | | 306 |
| TXY0023 | 偏振模色散测试仪 | | 626 |
| TXY0024 | 操作测试终端（计算机） | | 74 |
| TXY0025 | 音频振荡器 | | 72 |
| TXY0026 | 音频电平表 | | 80 |
| TXY0027 | 射频功率计 | | 127 |
| TXY0028 | 天馈线测试仪 | | 193 |
| TXY0029 | 频谱分析仪 | | 78 |
| TXY0030 | 微波信号发生器 | | 149 |
| TXY0031 | 微波/标量网络分析仪 | | 695 |
| TXY0032 | 微波频率计 | | 145 |
| TXY0033 | 噪声测试仪 | | 157 |
| TXY0034 | 数字微波分析仪（SDH） | | 145 |
| TXY0035 | 射频/微波步进衰耗器 | | 92 |
| TXY0036 | 微波传输测试仪 | | 364 |
| TXY0037 | 数字示波器 | 350M | 95 |
| TXY0038 | 数字示波器 | 500M | 121 |
| TXY0039 | 微波线路分析仪 | | 466 |
| TXY0040 | 视频、音频测试仪 | | 187 |
| TXY0041 | 视频信号发生器 | | 193 |
| TXY0042 | 音频信号发生器 | | 165 |
| TXY0043 | 绘图仪 | | 76 |
| TXY0044 | 中频信号发生器 | | 113 |
| TXY0045 | 中频噪声发生器 | | 72 |
| TXY0046 | 测试变频器 | | 145 |

（续）

| 编号 | 名　　称 | 规格（型号） | 台班单价/元 |
|---|---|---|---|
| TXY0047 | TEMS 路测设备（测试手机配套使用） | | 1956 |
| TXY0048 | 网络优化测试仪 | | 1048 |
| TXY0049 | 综合布线线路分析仪 | | 153 |
| TXY0050 | 经纬仪 | | 68 |
| TXY0051 | GPS 定位仪 | | 56 |
| TXY0052 | 地下管线探测仪 | | 173 |
| TXY0053 | 对地绝缘探测仪 | | 173 |

# 参 考 文 献

[1] 谢相吾，谢文博. 通信工程概预算与项目管理 [M]. 北京：电子工业出版社，2014.
[2] 戴海兵，张桂荣，薛水冰. 通信工程建设与维护手册 [M]. 北京：人民邮电出版社，2013.
[3] 董兵，秦文胜. 基站主设备及配套设备维护 [M]. 北京：人民邮电出版社，2013.
[4] 孙青华. 通信工程项目管理及监理 [M]. 北京：人民邮电出版社，2013.
[5] 李立高. 通信工程概预算 [M]. 北京：北京邮电大学出版社，2010.
[6] 高华. 通信工程概预算 [M]. 北京：化学工业出版社，2012.
[7] 吴晓岚. 通信工程项目管理 [M]. 北京：机械工业出版社，2013.